気象ブックス 048

榊原　保志
SAKAKIBARA Yasushi

気象教育

観測・実験・モデルで伝える

成山堂書店

口絵1 牛乳パック製の放射除けと、気温観測の様子

（本文 17 ページ）

口絵3 長野市街地の日没後の気温分布

（本文 39 ページ）

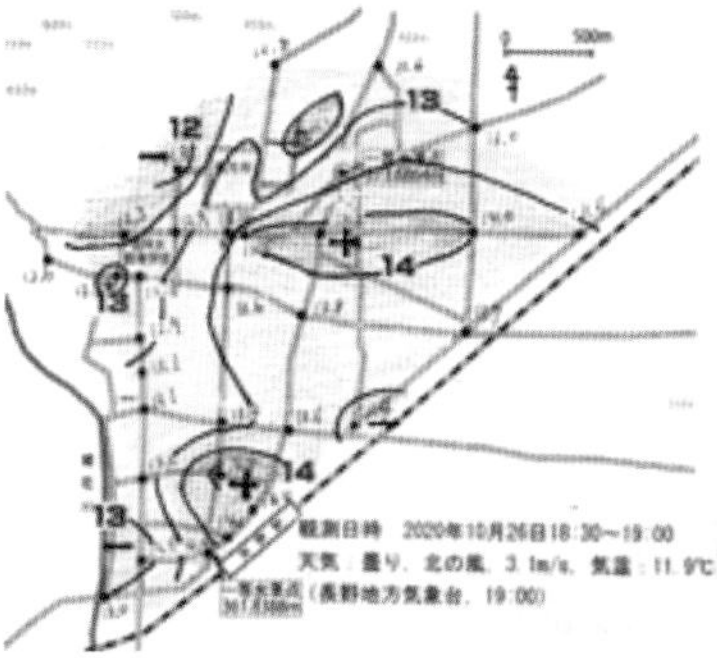

口絵2 東京農工大学キャンパス内外の気温分布

（本文 36 ページ）

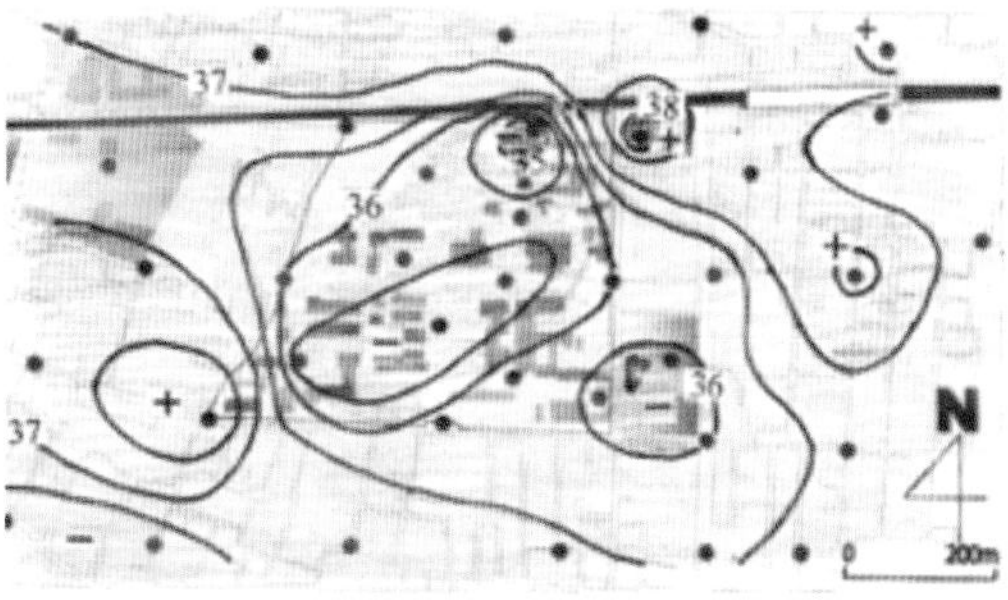

2011 年 8 月 18 日 16 時、 天気 ： 晴れ

口絵4 脱脂綿による雲模型

（本文 103 ページ）

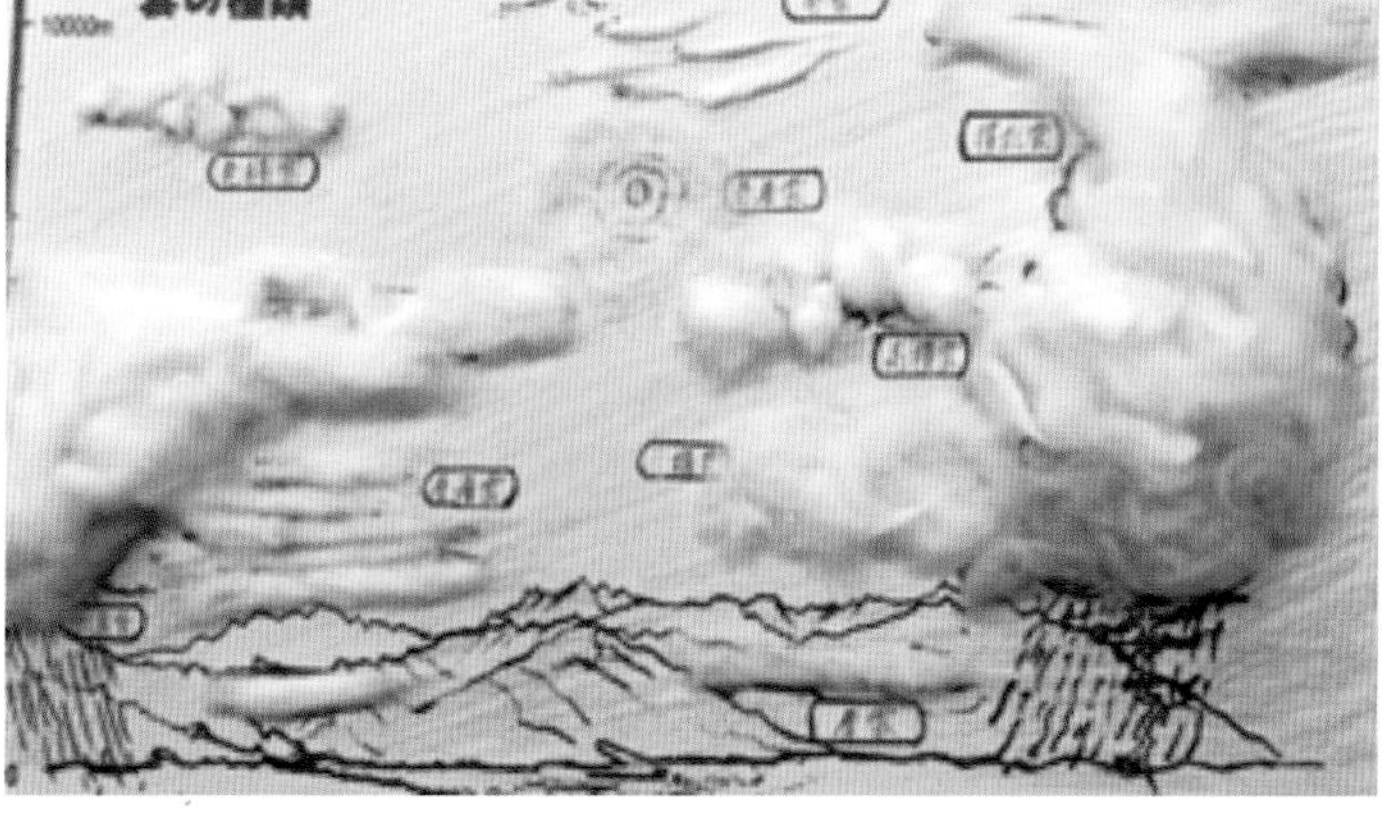

口絵5 筋状雲を発生させるモデル実験装置

（本文 117 ページ）

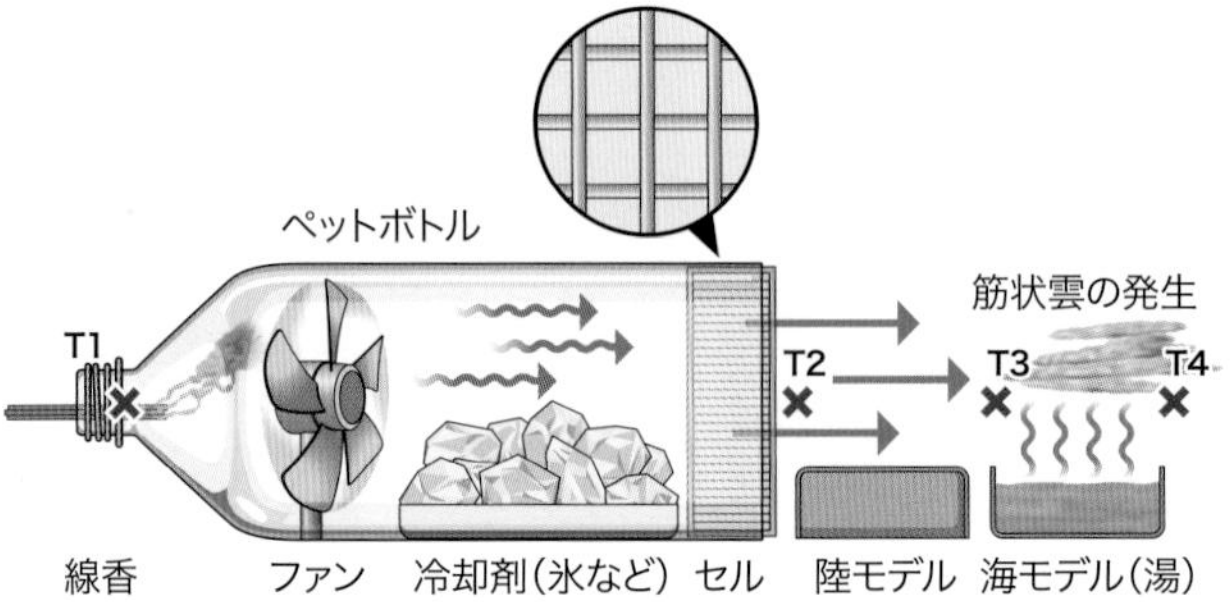

口絵6 筋状雲の発生の様子

（本文 131 ページ）

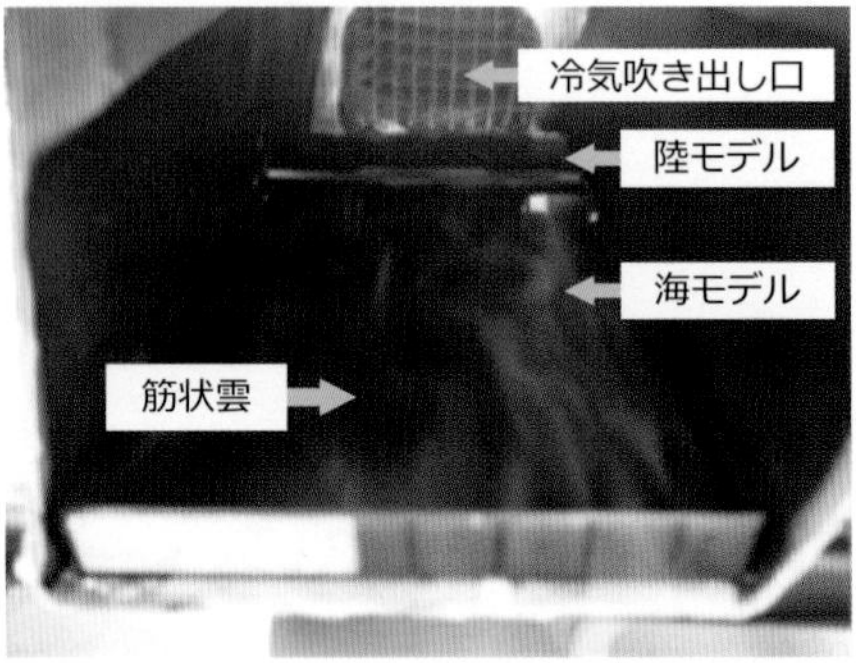

口絵7 台風の移動に伴う風向変化

（本文 186 ページ）

台風が①から③に進むにつれて、進行の右側の地点の風向は時計回り、左側は反時計回りに変化するのがわかる。

はじめに

近年、自然災害が毎年のように起こっている。火山の噴火、地震・津波、台風などの地学的自然現象によるものである。自然現象の仕組みを理解することは、自然災害から身を守る基礎になる。特に、気象は火山噴火や地震発生と比べ、予測精度が高いので、天気予報・気象警報を上手に利用し、自分の身を守るという防災・減災が可能といえる。その基礎となるのが気象の知識である。人間を含む生物の地球環境とのかかわりを考える時にも、気象の知識は不可欠である。

本書は、主に教育学部や教職課程に在籍する学生や教育現場の教師を対象として、気象の授業をいかに魅力的にするかについて書いた。学校教育では、理科の科学的見方、考え方を働かせ、身近な気象の観察などを行い、その観測記録や資料を基に気象要素と天気の変化に着目しながら天気変化や日本の天気の特徴を、大気中の水の状態変化や大気の動きと関連付けて理解させる。さらに、観察、実験などに関する技能を身に付けさせ、思考力、判断力、表現力を育成することがねらいである。

児童・生徒に理科が好きな理由を尋ねると、観察、実験があるから、と答えることが多い。観察、実験などの活動は児童・生徒が自ら目的、問題意識をもって意図的に自然の事象に働きかけていく活動である。そこで得られた結果を比較することで、問題を見いだしたり、既習内容と関連付けて根拠を示すことで課題の解決につなげたり、原因と結果の関係といった観点から探究の過程を振り返ったりすることが考えられる。そこで、気温、湿度、風向・風速（風力）、気圧などの気象観測の授業について取り扱った。

気象は、児童・生徒の観測記録だけでは調べられないスケールが大きい現象が多い。モデル実験で調べる授業についても取り上げた。また、気象災害を取り扱った授業も取り上げた。防災教育は社会科、保健体育、家庭科などでも取り組まれているが、本書では、気象災害に限定し自然災害の仕組みを理解させるという視点で取り扱った授業を紹介する。

一方、観察、実験の器具が十分に揃っていない学校が多い。教育現場は予算が十分にあるわけではないので、本書で紹介した教材は身近に手に入るものを利用した自作教材である。教材の作り方、教材を利用した授業展開の例などを紹介した。小中学校の気象学習を念頭に書いたが、高等学校地学の探求学習に役立つ内容も含まれている。

本書が読者の興味を引き、授業づくりの参考になれば幸いである。

２０２３年11月

榊原　保志

目　次

第3章　気象観測（風向・風速（風力）・気圧）

注 小・中・高・大は授業可能な学校種を示す。

第1章

学校における気象教育

図 1.1　運動会の様子

私たちは日々、天気予報を見て、どのような服装にするのか、傘を持っていくかどうか、といった選択をする。台風や大雨のときは気象情報を見て、避難するかどうかの行動を決める。遠足や運動会（図1・1）の実施もしくは延期なども天気予報を見て判断する。気象現象は大人にとっても子どもにとっても、身近な存在である。

子どもたちは小学校に入学して初めて本格的に科学を学ぶ。実際に実験器具や測定装置を使って自分で調べることができるので理科が好きだという児童が多い。科学に関する教育は小学校で始まり、中学校で科学教育の基礎を学習することになる。ここでは、小中学校の理科の授業で気象学習

がどのように行われているのか見ることにする。

1.1 気象教育の目的と目標

気象教育は理科の教育の一部である。小学校理科の目標は小学校学習指導要領（平成29年告示）解説理科編に次のように書かれてある。

「自然に親しみ、理科の見方・考え方を働かせ、見通しをもって観察、実験を行うことなどを通して、自然の事物・現象についての問題を科学的に解決するために必要な資質・能力を次のとおり育成することを目指す。

（１）自然の事物・現象についての理解を図り、観察、実験などに関する基本的な技能を身に付けるようにする。

（２）観察、実験などを行い、問題解決の力を養う。

（３）自然を愛する心情や主体的に問題解決しようとする態度を養う。」

このことから、気象教育の目標を考えると、気象観測の技能を身に付け、気象観測を行い、問題解決能力を養うことになる。中学校の目標もおおむね同様な内容となっている。

図1.2　うろこ雲

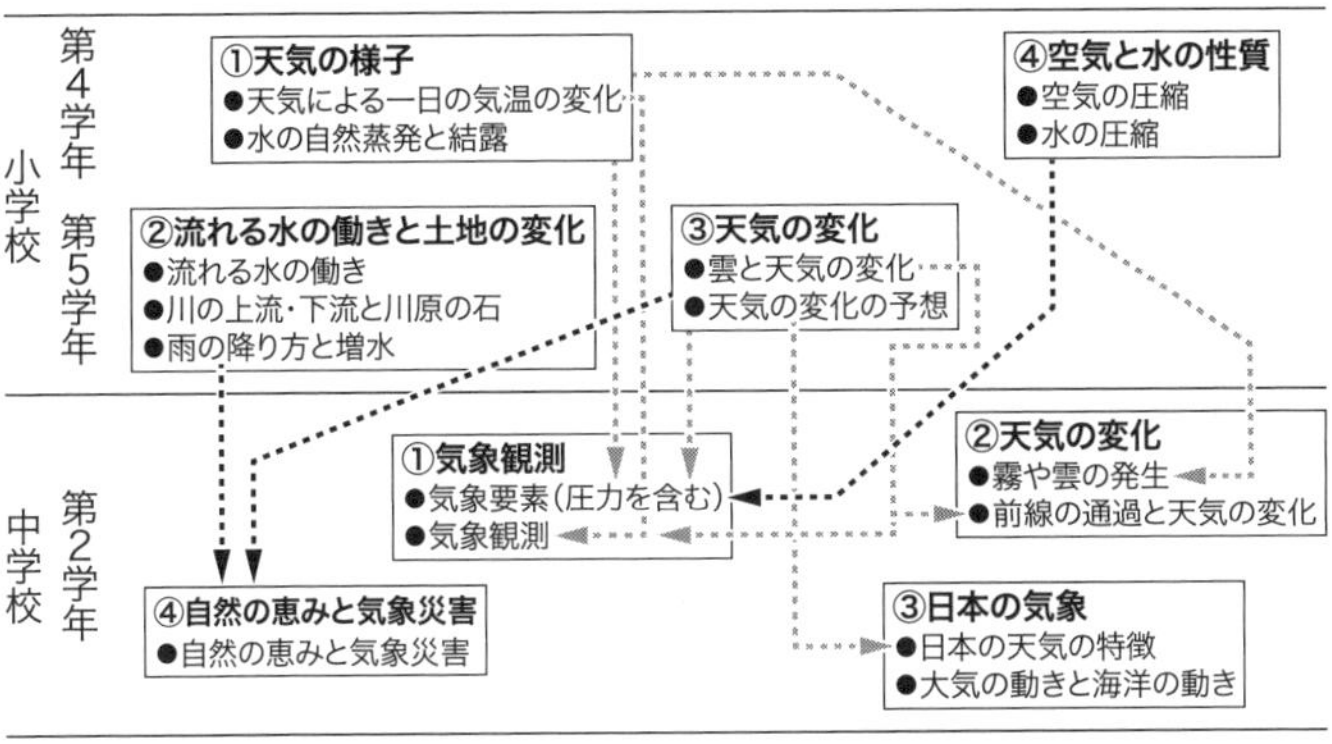

図 1.3　小中学校における気象に関わる単元

1.2　小中学校で学ぶ気象の内容

小中学校で気象に関わる単元のつながりを図1・3に示す。小学校では児童の興味をどのように教材に結び付けるか配慮しながら授業を進める。気象学の知識をやさしく教え暗記させるだけではなく、子どもの興味関心や理解度に応じ、子どもにとって身近な事象、目に見える事象、自分で調べられるものなどを中心に単元内容が設定されている。中学校では小学校で学んだことを踏まえ、気象観測、天気の変化、気象災害、日本の気象などを学ぶ。

(1) 小学校における気象単元

理科の「観察と実験」に先立ち、小学校では、観察と実験に求められる思考力、判断力、表現力など、学ぶ力を付ける必要がある。実験のためには、比較（小学校第3学年）、関係付け（小学校第4学年）、条件を制御する（小学校第5学年）、多面的に調べる（小学校第6学年）などの手法を学ぶ。

①　天気の様子

小学校第４学年の単元「天気の様子」では、天気と気温の変化に着目して、それらを関係付けて、1日の気温の変化を調べさせる。これらの活動を通して、天気の様子と気温との関係について、既習の内容や生活経験をもとに、予想や仮説を発想し、表現するとともに、天気によって1日の気温の変化の仕方に違いがあることを捉えるようにさせる。そして、湿った地面が乾くなどの水の行方に着目して、気温と関係付けて、自然界の水の様子を調べる。水は、水面や地面などから蒸発し、水蒸気になって空気中に含まれていくことや、空気中の水蒸気は、結露して再び水になって現れることがあることを捉えさせる。温度計などを用いて場所を決めて定点で気温を観測することを通し、正しい観測の技能を身に付けさせる。

②　流れる水の働きと土地の変化

第５学年の単元「流れる水の働きと土地の変化」では、地表面に降った雨が川となって流れる際、土地を変化させる働きを調べさせる。この単元の内容は「地球の大気と水の循環」に関わるものである。

③　天気の変化

同学年の単元「天気の変化」では、雲の様子を野外で観測したり、映像などの気象情報を活用したりする中で、雲の量や動きに着目して、雲の観察などに関する技能を身に付け、天気の変化には雲の量や動きと関係があることや映像などの気象情報を用いて予想できることを学ばせる。天気はおよそ西から東へ変化していくという規則性があるが、台風の進路についてはこの規則性が当てはまらないことや、台風がもたらす降雨は短時間に多量になることにも触れる。また、日常生活との関連としては、長雨や集中豪雨、台風などの気象情報から、自然災害に触れる。

（2）中学校における気象単元

中学校では、自然科学の体系を考慮し科学的な見方や方法に重きを置く内容となっている。気象の内容と取り扱う単元「気象とその変化」は①気象観測、②天気の変化、③日本の気象、④自然の恵みと気象災害の４つの中単元から構成される。

図 1.4　風速計と百葉箱

①　気象観測

気象要素である気温、湿度、気圧、風向、風速について理解させ、観測器具（図1・4）の基本的な扱い方や観測方法と、観測から得られた気象データの記録の仕方を身に付けさせる。気圧については、圧力は力の大きさと面積に関係があることを見いだして理解させる。湿度については大気中に水蒸気が含まれている度合いを表し、風向については観測地点に吹いてくる風の方位を表し、風速については空気が1秒あたりに進む距離として表すことを理解させる。

また、校庭などで継続的な気象観測を行い、様々な気象の中に規則性があ

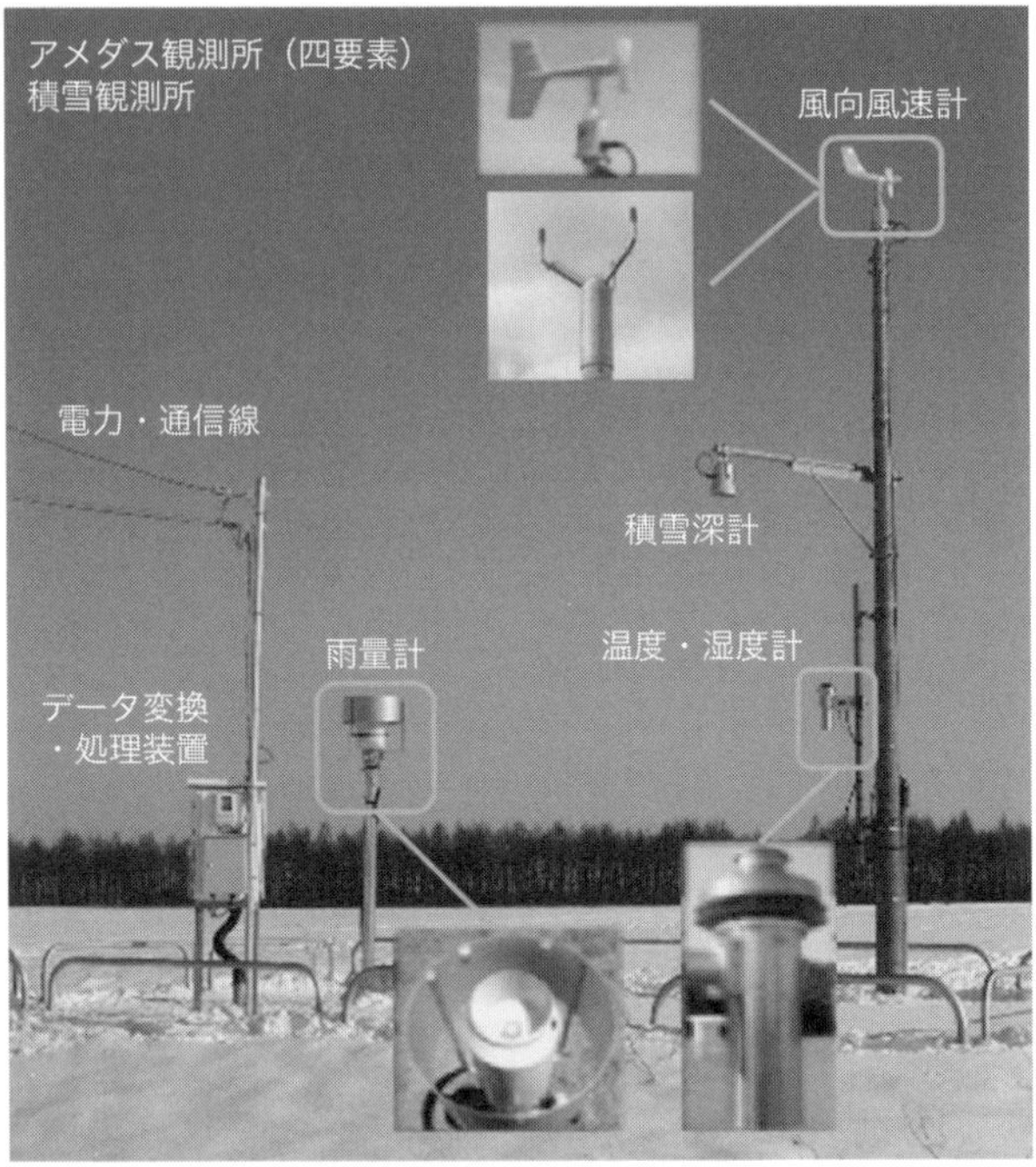

図1.5　アメダス観測所の例

四要素（降水量、風向・風速、気温、湿度）と積雪深を観測（出典：気象庁ホームページ https://www.jma.go.jp/jma/kishou/know/amedas/kaisetsu.html）

ることを見いだして理解させるとともに、観測方法や記録の仕方を身に付けさせる。その際、例えばデータの連続性を補うため、自記温度計、自記湿度計、自記気圧計などの活用を図ることも考えられる。また、アメダス（AMeDAS（Automated Meteorological Data Acquisition System）、地域気象観測システム）（図1・5）などの地域の気象情報を、自らの観測結果に加えて考察させることも考えられる。

② 天気の変化

霧や雲の発生についての観察、実験を行い、大気中の水蒸気が凝結する現象を気圧、気温および湿度の変化と関連付けて理解させる。霧については、気温が下がると飽和水蒸気量が小さくなるため湿度が上がるという規則性を理解させ、気温の低下に伴って大気中の水蒸気が凝結して霧が発生することを理解させる。

雲の成因については、高度による大気圧の変化と、大気の上昇に伴う気温の低下を取り上げる。例えば、密閉された袋が高度変化に伴う気圧の低下によって膨らむ現象などを取り上げることが考えられる。

次に、前線の通過によって起こる気温、湿度、気圧、風向、天気の変化などを、暖気や寒気と関連付けて理解させる。気象観測などのデータや天気図から、前線付近の暖気と寒気の動きに気付かせ、前線の通過に伴う天気の変化について理解させる。その際、高気圧、低気圧のまわりの風の吹き方に触れる。前線の構造については、前線が通過する際の気温、湿度、気圧、風向、風速、天気の変化、雲の種類の観測結果や実際の経験と関連付けて理解させる。

③　日本の気象

天気図や気象衛星画像から、気圧配置と風の吹き方や天気の特徴との関係を見いださせるとともに、日本の天気の特徴を日本周辺の気団と関連付けて理解させる。気団の特徴は、それが発生した場所の気温や大気中に含まれる水蒸気の量によって決まることを取り上げる。気団が発達したり衰退したりすることで、季節に特徴的な気圧配置が形成され、日本の天気に特徴が生じることを、天気図や気象衛星画像、気象データを比較することで理解させる。次に、日本の気象を日本付近の大気の動きや海洋の影響に関連付けて理解させる。日本付近の大気の動きについては、1週間程度の天気図や気象衛星画像の変化、上空の風向などの観測データを用いて捉えさせる。また、日本の気象への海洋の影響については、日本の天気に影響を与える気団の性質や季節風の発生、日本海側の多雪などの特徴的な気象に、海洋が関わっていることを理解させる。

④　**自然の恵みと気象災害**

気象は、住みよい環境や水資源などの恩恵をもたらしていることを調べさせ、自然が人々の豊かな生活に寄与していることに気付かせる。また、資料などをもとに、台風や前線などによる大雨・大雪や強風による気象災害について調べさせ、天気の変化や日本の気象と関連付けて理解させる。

1.3　小中学校における気象単元の実験

例として、大日本図書の小中学校の理科の教科書の中から、気象の実験を取り上げる。

小学校では基本的に実験観察を行い、話し合いにより授業が進められる。小学校第4学年では、観察「天気と1日の気温の変化を調べる」があり、午前10時から午後3時まで、おおいを付けた温度計や百葉箱の中の温度計で気温を測る方法で、天気と気温の観測を行う。小学校第5学年では、屋外に出て天気と雲の様子の観察を行う。

中学校では、教科書の中に「実験」・「観察」と「やってみよう」の実習があり、前者は授業の中で生徒が行い、後者はやってもやらなくてもよいとされるものである。気象の単元では「気象観測」「露点の測定」「雲のでき方」の3つが「実験」・「観察」として設定されている。

1.4 気象観測の目的と課題

気象単元の実験・観察には気象観測がある。気象観測とは、観測者が科学的な方法によって、自然に働きかけ、大気の状態についての知識を引き出すことである。気象官署が行う気象観測は気象災害の防止・軽減、交通の安全確保、農業をはじめとする産業への積極的利用、大気や海洋の積極的利用という気象業務の目的に適するように行われ、学校の気象観測の目的とは異なる。

小学校では気温、中学校では気温、湿度、気圧、風向・風速などの気象要素について、直接観測する活動を行う。この気象観測を実際に行う直接的な意義は、気象観測の方法と観測の記録の仕方を身に付けることとされる。自らが観測を行うことは、その後学習するスケールが大きい現象においても具体的なイメージとして気象を捉えやすくする。気象観測の意味は、子どもたちに直接体験の場を与え、自然の調べ方を獲得する経験をさせ、科学的な方法を学ばせることである（表1・1）。

小学校の教科書のうちには、天気と1日の気温の変化の関係を調べるために、簡易放射除けを利用した1時間ごとの観測や、百葉箱に入った棒状温度計による連続観測が示されているものがある。しかし、中学校や高等学校では一部の気象に熱心な教師がいる学校を除き、気象観測の実習はあまり行われていない。大学生に小中高等学校での気象観測の経験を尋ねると「全くない」という回答が多い。教員

表 1.1　理科教育における気象観測の意味[1)]

気象観測の意味	内容
生徒に直接体験の場を与える	これは生徒の興味・関心や学習意欲に灯をともすだけでなく、五感を通じその環境認識の大事な過程を体験させる
科学的な観察能力を培い、自然の調べ方を身体を使って獲得する経験を持つ	理論や知識の伝授でなく生徒自身が活動を通して自然を読み取る力を身に付ける意味は大きい
観測という作業を通して、計画・実施・処理・分析・推論・傾向性規則性の発見などの一連の科学的方法を学ぶ	これらの作業は慣れない生徒にとっては、失敗の連続になるかもしれない。また知識の獲得法からいえば非能率的なことであろう。しかし、観測を通して実践的活動により生徒が学ぶ科学の方法はかなり確実なものとして定着する

研修会に参加した教師に気象観測実習の実施状況を質問したところ、「教師が百葉箱の近くに生徒を連れて行き、気温の観測の方法を紹介する程度です」とする回答だった。これでは、子どもたち一人一人が主体的に気象観測の実習に参加できていない状況であるといわざるを得ない。

そのようになる原因に以下のものが考えられる。

①　授業での班ごとの実習で利用するとなると必要な気象測器の台数を揃えるだけの予算がない（気温の調査で使用されるアスマン通風乾湿計（図２・16(c)）は１台７万円以上する）。

②　児童・生徒自身が校内で観測して得られたデータを授業で活用するのが望ましいが、１地点の観測では天気の変化をうまく説明しにくい。

③　小学校は学校教員の人数が少なく、理科を得意とする教師が配置されない学校もあり、理科の授業の準備や仕方を他の教師に教えてもらえない。

④　小学校では全科教員（クラス担任）が授業を行うときは、理科の時間を柔軟に設定できる。一方、教科担任制の中学校や高等学校では定時観測・継続観測を実施することは難し

い。中学校では、理科の時間が週3～4時間であることもその原因になっている。

⑤　授業時間内に実習可能な、学校周辺で起こる気象が知られていない。

それぞれの改善への方法としては、①は、高価なアスマン通風乾湿計や風向風速計の代替として、自作可能な観測機器の教材開発が期待される。児童・生徒に自作させることで、測定の原理や注意点などを理解できるようになる。また、それによる身近な環境大気を調べる実習を行うことを通して、観測の技能を身に付けられる。学校気象観測の強みは、多くの人が参加でき、同時に多数地点の観測ができることである。②は、気象の特徴を知った上でアメダスなどの公開される気象観測値を利用することである。③と④は、学校教育の運用に関する問題であり、⑤は校内や学校周辺の微気象、局地気象の現象解明が必要になる。それを解明する社会的要請は少ないので、教師自身による地域の素材研究が必要である。

図 1.6　地層のイメージ

1.5　地学教育の指導の実情と課題

茨城県公立小学校の地学指導の意識調査によると、地学内容の学習指導に関して苦手と感じている教師は多いようだ（表1・2）。「観察する場所が近くにない」「準備や後片付けの時間の不足」「器具薬品の取り扱いがわからない」「設備や備品の不足」が上位を占める。これらの理由からは、教科書等に示されている学習内容の観察場所や器具・設備等を準備することができ、

表1.2　地学内容の指導を苦手と感じる理由（複数回答　N＝57）[2)]

苦手と感じる理由	数
観察する場所が近くにない	23
準備や後片付けの時間の不足	16
器具薬品の取り扱いがわからない	16
設備や備品の不足	15
指導法がわからない	13
自然現象そのものがわからない	12
実験観察の仕方がわからない	7
学習評価がわからない	5
授業時間の不足	4
実験室の不足	3
児童数が多い	2
授業態度の問題	0

教材研究や実験・観察に時間を確保することができるならば、地学内容の学習指導がある程度できると考える教員が多いことがわかる。上位に続く「学習対象の自然現象そのものがよくわからない」、「指導法がわからない」、「実験観察の仕方がわからない」は、学習対象の自然事象の原理や仕組み自体をよく理解せず学習指導をしているため、教科書を消化するだけの表面的な活動となり、その自然事象の面白さを子どもに伝えられず、ゆえに、授業や指導の設計もできない状況が考えられる。その他の苦手と感じている理由には、「観察が天候や時間に制約される」「多様な意見のまとめ方がわからない」があり、問題解決的な学習を進めるために、具体的な指導法に不安をかかえていることがわかる。

このことを踏まえ、次章以降、気象の学習指導をどのように進めたらよいかを具体的に述べる。

第2章

気象観測（気温・湿度）

気象学習の代表的なシンボルの一つに百葉箱がある（図2・1）。しかし、実情としては、実験器具といった機能性より、学校の装飾品となっていることが多いのではないだろうか。実験器具を活用し、子どもたちをわくわくさせるような気象観測の授業は、どのように行ったらよいだろうか。

2.1 気温観測の準備と方法

（1）気温の測定

地上気温は、国際的には地表上1・25～2mの高さで測定することが基準となっている。日本では約1・5mの高さと記される場合が多い。1・25～2mの高さの範囲における気温の差異は小さい。気温を測る上で大切なことは、

図 2.1　学校に設置されている百葉箱

表 2.1　気温観測の留意点[2)]

・温度計に垂直な位置に目を持ってくる
・目盛りを正しく読み取る
・感温部を手で握らない
・感温部に直射日光を当てない
・体からの熱の影響を小さくする
・示度が安定してから読む（1 分ごとに読み取り、前回の測定値と同じになったら）
・通風をする
・測定高度は 1.5 m 付近とする

①　温度計の感部に直射日光や地面、周辺の地物からの放射が当たらないようにすること

②　感部に周囲の空気を大量に当てて、えきだめ（感部もしくは球部）の温度が周囲の空気の温度と早く等しくなるようにすること

である（表２・１）。なお、温度計を百葉箱の中に入れて使用する理由は、太陽放射や地物からの放射を防ぐためである。

（２）学校教育における気温観測

大日本図書の小学校理科の教科書から、学校教育における気温測定指導の内容について解説する。温度や気温の測定技能に関連する内容は、小学校第３、４、５学年、中学校第２学年の単元に設定されている（表２・２）。

温度計の使い方は小学校第３学年で学ぶ

表 2.2 小中学校における温度・気温測定内容
「おおい」とは放射除けを意味する

学年	内容
小学校第 3 学年 「地面のようすと太陽」	◯温度計の使い方 ・測りたいものに、温度計のえきだめを入れる。えきが動かなくなったら目盛りを真横から読む。 ◯地面の温度の測り方 ・い植ごてで、土を少しほる。 ・土をほったところにえきだめを入れ、土をかぶせる。 ・日光が温度計に当たらないようにおおいをする。
小学校第 4 学年 「季節と生物」	◯気温を測るとき ・測りたいものに、温度計のえきだめを入れる。えきが動かなくなったら、目盛りを真横から読む。 ・えきの先が目盛りの線と線の間にあるときには、近い方の目盛りを読む。 ・周りがよく開けた風通しのよいところで測る。 ・地面から 1.2 m ～ 1.5 m の高さで測る。 ・日光が温度計に直接当たらないようにする。「おおいの作り方」 ・温度を測るときは温度計の上の方を持って測る。
小学校第 5 学年 「天気と情報」	記載なし
中学校 1 学年 「物質のすがた」	◯温度計の使い方 ・液だめを測定したいものに当て、真横から液面の最も低い位置を、最小目盛りの 1/10 まで目分量で読む。
中学校第 2 学年 「気象のしくみと天気の変化」	◯気象観測の方法（気温） 気温は、地上およそ 1.5 m の高さに乾湿計の感温部を置き、直射日光が当たらないようにして乾球で測る。

が、気温の測定は第4学年で初めて行う。「天気によって、1日の気温の変化にどのような違いがあるだろうか」という課題があり、晴れの日や曇りの日において10時～15時まで1時間間隔で気温の観測をする例が示されている。ここでは、「周りがよく開けた風通しのよい日光が直接当たらない場所において地面から1・2～1・5mの高さで気温を測る」とされる。

また、「温度計に日光が当たらないように画用紙で加工した放射除けの中に温度計を入れた気温測定器を作り、測定を行う」となっている。（1）気温の測定で述べた、気温を測る上で大切なこと①に対応したものであるが、大切なこと②については対応できていない。室内に置いてある気温測定器を屋外に持ち出して利用するケースでは、外気温と温度計の温度差が大きい場合、通風して大量の空気を送ることで示度が早く気温に近づく。百葉箱は常に外に置いてあるので、中に入っている温度計の示度は周りの外気温と大きな差がないと見なし、自然通風でもかまわないとされている。教科書の記載では通風の指示がないので、温度計を教室から屋外に持ち出して観測する場合は、通風がないと温度計の示度が外気温に近づくのに時間を要することに注意を払う必要がある。1分間ごとに測定し、前の示度と同じだったら示度を気温とするなど、温度計の安定したタイミングを見極める方法を指示する。

百葉箱を利用した気温観測の指導事例として次のものがある。校内に設置された百葉箱の前で児童に対し気温観測の方法を説明する。その後、当番があらかじめ決めた時刻に百葉箱で気温を観測し授業でその観測資料をもとに1日の気温の変化を考える、といった内容である。しかし、この方法では、当番になった児童はともかく、観測を行わなかった児童は気温の測定技能が身に付かない。まず、一人一人の児童がじっくり何回も温度計の示度を読む体験を設定したい。

その方法として、簡易測器を児童・生徒に自作させ観測させるものがある。気温観測の装置については、厚紙で放射除けを作り、うちわで風を送る方式である。牛乳パックを用いれば放射除けは簡単に短時間で製作できる。風を送るのは下敷きも利用できる。連続観測する場合は、装置の中にモーターとファンを取り付けて自動通風させる。このようにして、学校で気象観測をする際、児童・生徒に測器を自作させると、測定の仕組みを理解することにも役立つ。

小学生に対する気象測定指導は、目盛りの数直線の読み取りができるかどうかも大切なことである。液の上端が目盛りの線と線の間にきたときの読み方については、小学校では近い方の目盛りを読むことになっていて、中学校になると最小目盛りの1/10まで目分量で読み取るように学ぶ。目分量の読み取りができるようになると小数第1位まで気温を読み取れる。

授業の内容

まず、百葉箱と気温の読み取りについて解説した。

次に、実際の気象観測で用いられるアスマン通風乾湿計を紹介し、仕組みや使い方を説明した。さらに、うちわと牛乳パックで作った放射除けを取り出し配布した。この簡易気温測定器を用い、気温の測定を行った。うちわであおぎながら放射除けの中の空気を十分循環させ、温度計の示度が十分安定してから読むように指示した。1分間ごとに気温を読み、前と同じになったらその温度をその場所の気温とするとした。測定する高さは、1・5m程度であることも確認した。牛乳パックの放射除けを温度計に被せることで、人体や太陽光の影響を受けにくくすることができる（口絵1）。うちわで温度計の感温部に風を送ることで、観測地周辺の気温に早く近づけることができる。

［実験装置・モデルの作り方１］放射除け

用意するもの

牛乳パック（つぶさないものを2箱）、水銀温度計（０～50℃程度の目盛りで、最小目盛りが０・２℃のものが望ましい。アルコール温度計でもよい）、うちわ（下敷きでもよい）、はさみ、カッター、ガムテープ、千枚通し（図２・２(a)）

製作手順

① 牛乳パックの両端を切って本体Aを作る（図２・３(a)）。
② もう1つの牛乳パック（本体Ｂ）の上部（図では右側）に切り込みを入れ、温度計の目盛りを見るための窓を側面に作る（図２・３(b)）。
③ 本体Ａ・Ｂに温度計を差す穴を千枚通しで２カ所に開ける（図２・２(c)(d)）穴は大きすぎると温度計が下に落ちてしまうが、温度計の球部のガラスは厚みが薄く壊れやすいので、無理やり押し込まないよう、製作の前に説明をする。
④ 本体Ａ・Ｂを合体させ、ガムテープまたは糊で固定する。
⑤ 温度計を差し込み、牛乳パックの中央に球部がくる位置で固定する（図２・２(e)）。
観測結果を記録するため、画板（クリップボード）を用意すると便利である。装置を地上１・２～１・５mに保持するには手で持って行うが、同じ地点で長時間行う場合は、適当な支柱にひもなどで固定するとよい。

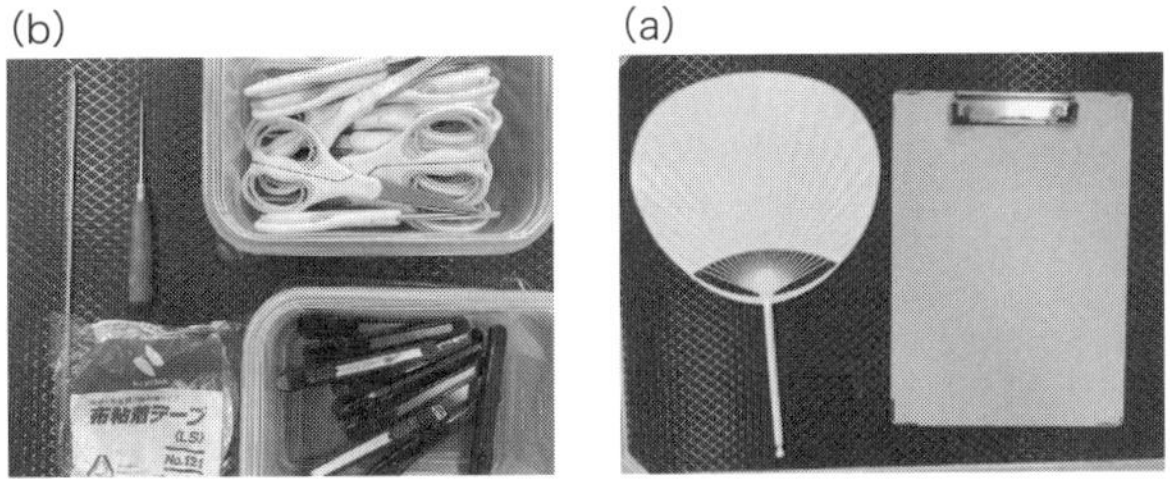

図 2.2　放射除けの製作のために用意するもの

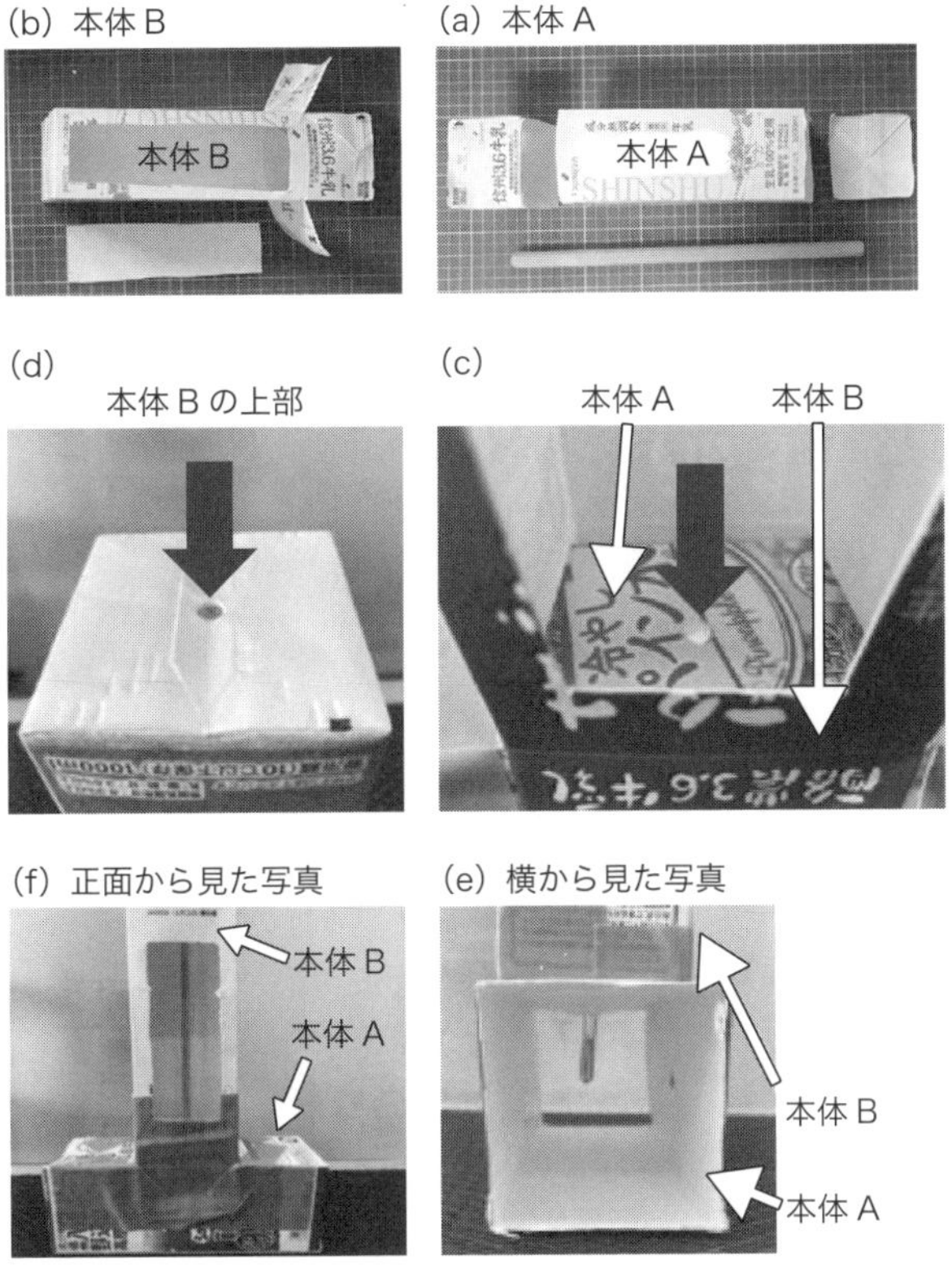

図 2.3　放射除けの製作

（3）温度計の種類

気温を測定する測器には、サーミスタや白金測温抵抗体の温度計や、ガラス製棒状温度計などがある。前者は温度によって抵抗値が変化するセンサーを利用して、電気的に温度を読み取る方式の温度計である。センサーをＡ／Ｄコンバータを介してパソコンと接続し、長期間一定時間間隔で自動継続観測でき、得られた観測値をデータ処理することが可能である。

学校教育で利用されてきた気温の測器には、ガラス製温度計とバイメタル式自記温度計がある。後者は無電源で自記記録が得られるメリットがあるが、その精度はサーミスタや白金抵抗の温度計に比べ劣る。かつては地方気象台等の気象官署において自記温度計が使われていたことがあったが、現在では使用されていない。最近では、安価なセンサー付きデータロガーが発売され、教科書でも紹介されている。学校教育では、一人一人の子どもが目盛りを読み取る操作の経験は重要なので、棒状温度計を利用した目視による気温観測を行わせたい。

ガラス製温度計には水銀温度計、アルコール温度計などの棒状温度計がある。気象観測では、経時変化が比較的小さい水銀温度計が最も広く用いられる。アルコール温度計に入っている赤い液は、色を付けた灯油である。この灯油は混合物なので融点を特定できないが、-100℃でも凍らない。一方、水銀は-38・9℃になると凍るので、極寒地ではアルコール温度計を用いる。

このほかに、赤外放射温度計という非接触型の温度計がある。体温を測定するために機器のセンサー部の前に額や手首を近づけた経験があると思う。物体から放射される赤外線のエネルギーを利用して温度を測定するものである。この機器で測定できるのは気温ではなく物体の表面温度である。

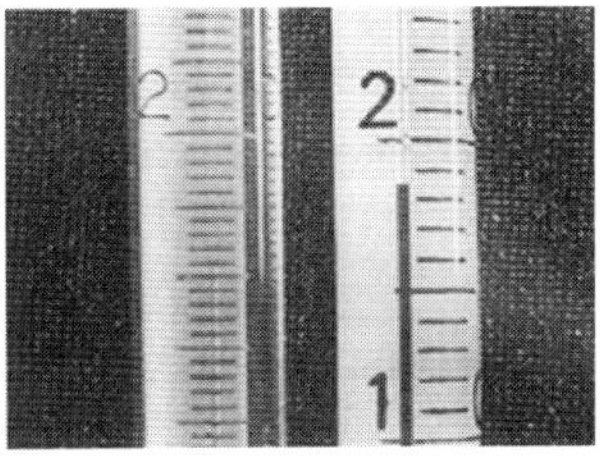

図 2.4　水銀温度計（左）とアルコール温度計（右）の目盛り[1)]

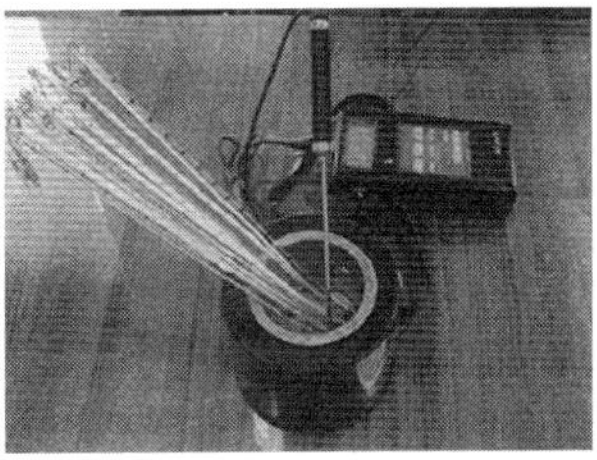

図 2.5　温度計の検定の様子[1)]

(4) ガラス製温度計の目盛りの見やすさ

計測温度範囲が-20～50℃の水銀温度計と-20～100℃のアルコール温度計を見やすさで比較する。1℃の目盛りの間隔は水銀温度計の方がアルコール温度計より広く、0・2℃きざみの補助目盛がある。一方、アルコール温度計はアルコール柱の色が赤く水銀柱より太いので、水銀温度計よりも見やすい（図2・4）。

(5) 温度計が持つ器差

ガラス温度計の精度を調べるため、水銀温度計28本とアルコール温度計7本を検定した（図2・5）。白金抵抗温度計（ソアー製、TX-500）を標準温度計とし、その温度計と検定する温度計を一緒に水槽の中に入れて、示度を比較する。実験は水温が16・3℃から16・9℃の範囲において温度計を7本ずつ5回に分けて標準温度計との差を求めた（図2・6）。アルコール温度計における最大示度差は1・6℃であるのに対して、水銀温度計では0・8℃と両者には2倍の違いがあることがわかる。このことから、1日の気温変化のような気温変化が10℃程度かそれ以上に達する現象ならばアルコール温度計でもかまわないが、場所による数℃程度の気温差を調べる実習では水銀温度計の方が適しているといえる。

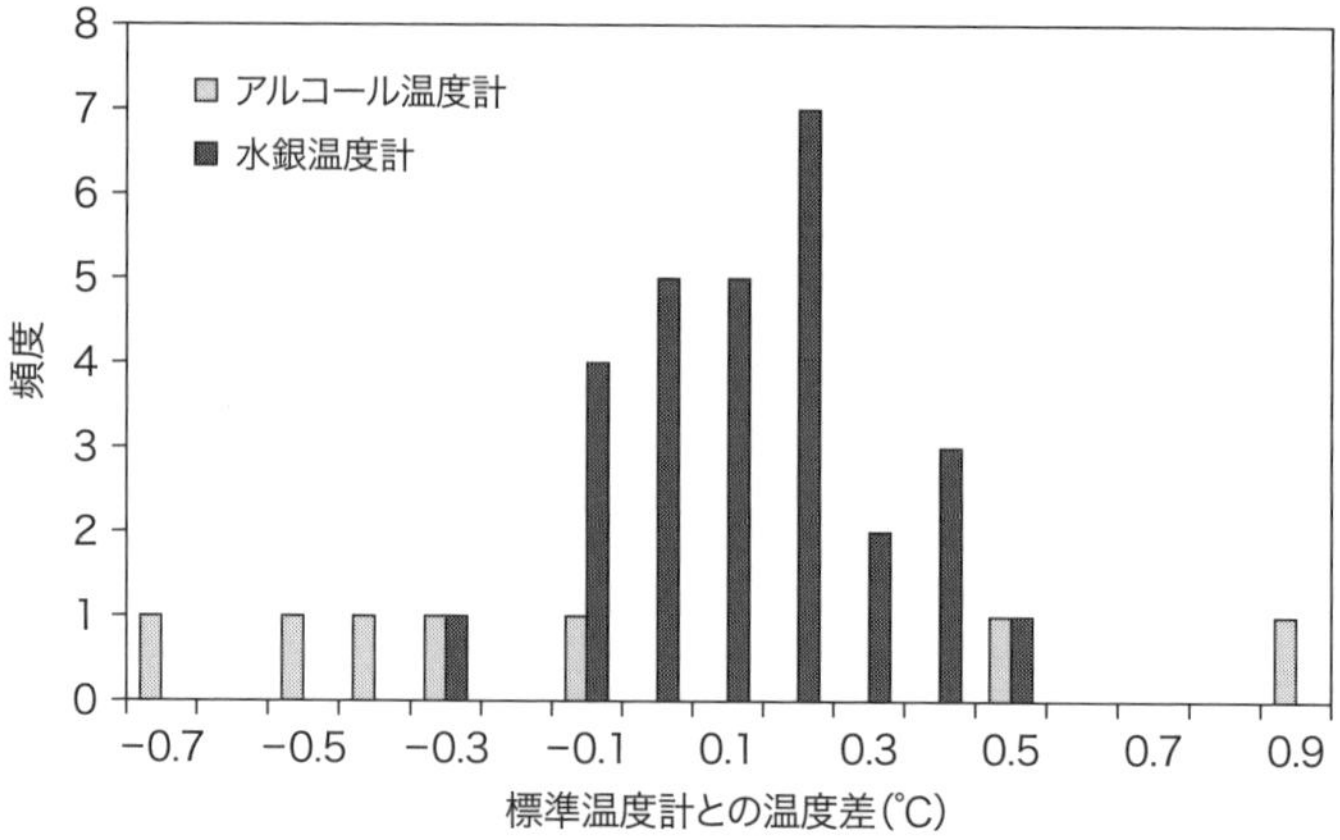

図 2.6　標準温度計との温度差の比較事例[1)]

（６）温度計の検定

温度計はさまざまな製品が市販されているが、たいていのものは検定保証が付いていない。そのため、観測前にはできれば検定付きの標準温度計との比較検定を行い、器差がどの程度見られるのかを調べておく必要がある。検定付き温度計がない場合でも１つの温度計をその学校の基準温度計と決め、検定を行えば、相対値としては信頼できる。

用意するもの

標準温度計、検定したい温度計＊、ジャーやポットなどの保温性の高い容器、氷、攪拌用のガラス棒（割りばしでも可）、お湯、コンピュータ、表計算ソフト

＊気象庁がガラス温度計を検定合格する条件の一つに、-20℃から１００℃の範囲では、一目盛りの値が1/5℃の場合の器差が０・３℃、とされる[3)]。

方法

① 標準温度計と検定する温度計の感温部をできるだけ接近させ、輪ゴムなどで固定する。そして、保温容器に水と氷を入れ、それらが混在する程度に水を張ると氷点

（0℃）ができるとされる。実際に実験してみると0・0℃を実現することは難しい。ここでは0・0℃にこだわらず十分にガラス棒などでかき混ぜ、標準温度計と検定したい温度計の示度が安定したら、両方の温度計の値を記録する。

② ジャーに水（お湯）を少しずつ入れて水温を約3～5℃上げる。そこで再び温度を記録する。お湯を注いだ後は、水温の偏りをなくすために、ガラス棒でゆっくり水（お湯）をかき混ぜつづける。

③ ②の作業を繰り返し、水温を3～5℃ずつ上げながら、その都度温度を記録していく。最終的には35℃ぐらいまで上げる。

④ データをもとに回帰線を作成する。

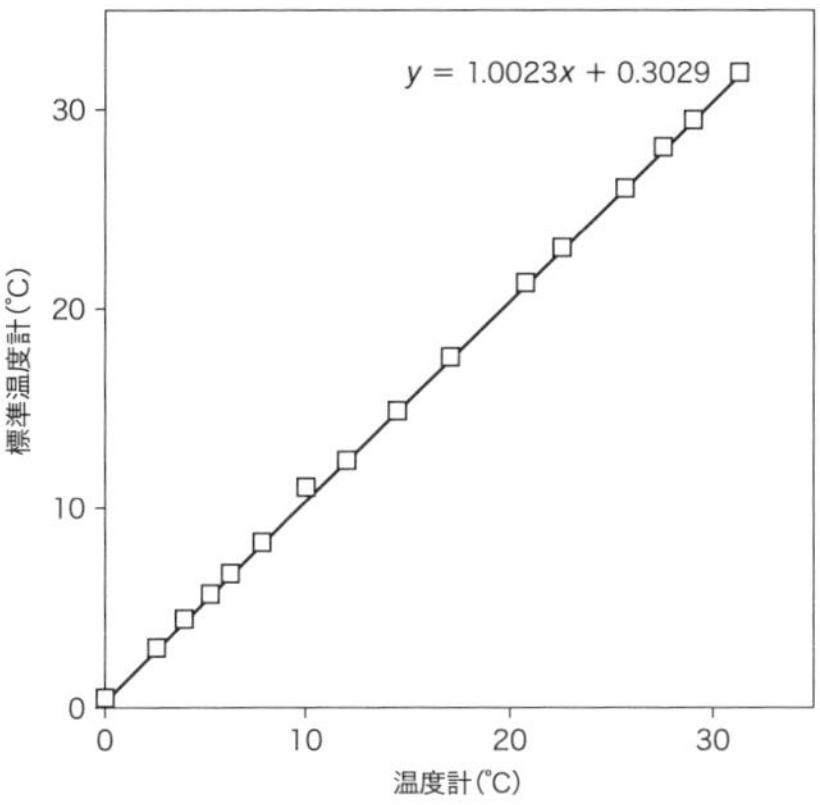

図 2.7　標準温度計と検定する温度計の示度の関係[1)]

標準温度計の値と検定する温度計の値から散布図を作成する。この関係から一次の回帰式を作成し、この回帰式を利用して観測値に補正を施す。なお、基準とした温度計から±0・2℃以内の値を示す温度計に限定して使用すれば、補正せず実習に測定値をそのまま利用しても問題はない。表計算ソフトを利用し、グラフ化したものが図2・7である。図には回帰式を算出したものを表記してある。

この回帰式を用いて、自分が観測した値を補正値に変換する。

コラム１：水銀温度計、標準温度計の使用について

水銀による地球規模での環境汚染を防止するため、２０１３年10月、「水銀に関する水俣条約」が採択され、さらに、国内での汚染防止を実施するための措置や水俣条約よりも踏み込んだ措置を講ずる「水銀による環境の汚染の防止に関する法律」（水銀汚染防止法）が２０１７年８月16日に施行された。

これにより２０２１年以降、水銀を使った温度計、体温計、血圧計の新たな製造販売ができなくなった。理科教材のカタログから水銀温度計は消え、新たに水銀温度計は入手できない。現状で水銀温度計が使えるのは、これまでに購入し保管されている学校だけとなる。その場合も水銀使用の危険性を考慮した上で、授業や実習で使用される。

このことから、理科実習で行う気温測定では、本書で紹介した水銀温度計でなく、アルコール温度計かデジタル温度計を、器差を考慮して使うことになる。

コラム２：温度計の検定：Excelグラフの作成の仕方と回帰線

温度計の検定で利用するグラフは図C2・1のような散布図である。使用したソフトはExcel2021である。

まずデータの範囲を指定し（図C2・1ⓐ）、「挿入」→「グラフ」→「散布図」を選ぶ（図C2・1ⓑ）。グラフのウインドウ上で右クリックをしてデータの選択を選ぶ。データソースの選択画面が現れるので、編集を選んで、系列Xの値

と系列Yの値を、X軸に検定したい温度計のデータ、Y軸に標準温度計のデータが選ばれているかを確認する。選ばれていない場合はここで改めて選択する。ここで適当なフォントサイズを指定する。「グラフのデザイン」→「グラフ要素を追加」を選び、X軸とY軸の軸ラベルを選択して、記入する。その後、軸の書式設定として、軸の目盛り間隔の種類などを設定するとグラフはできあがる（図C2・2ⓐ）。

(a)

標準温度計（℃）	検定する温度計（℃）
0.2	0.4
2.6	2.9
4	4.3
5.3	5.6
6.3	6.6
7.9	8.2
10.1	10.9
12.1	12.3
14.6	14.8
17.2	17.5
20.8	21.2
22.6	23
25.7	26
27.6	28
29.1	29.4
31.4	31.8

(b)

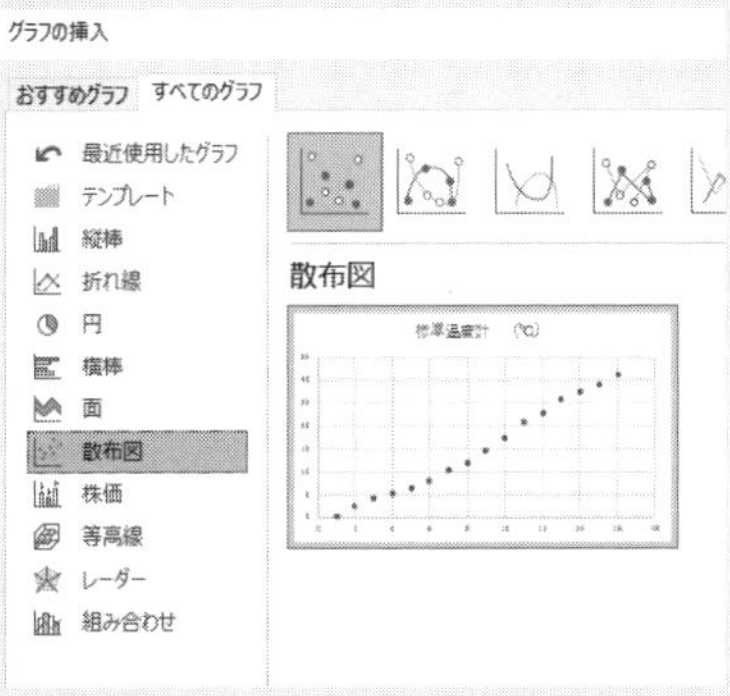

図 C2.1　Excel による散布図グラフの作成手順

(a)

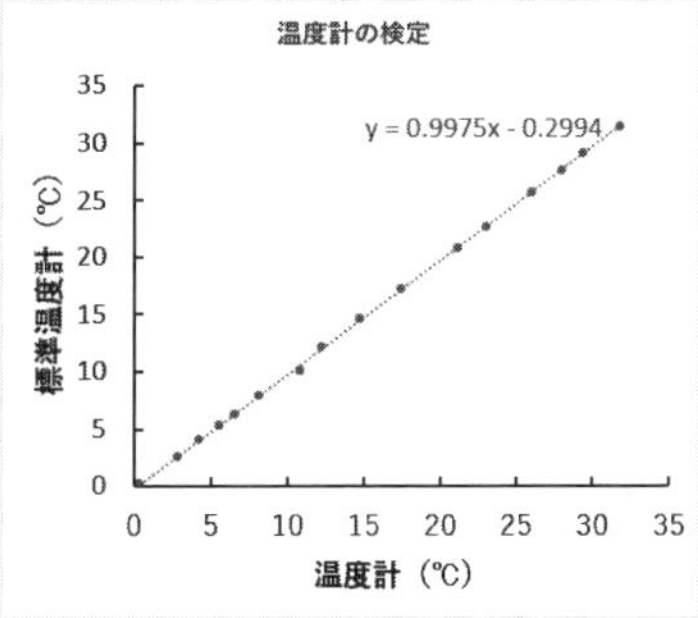

(b)

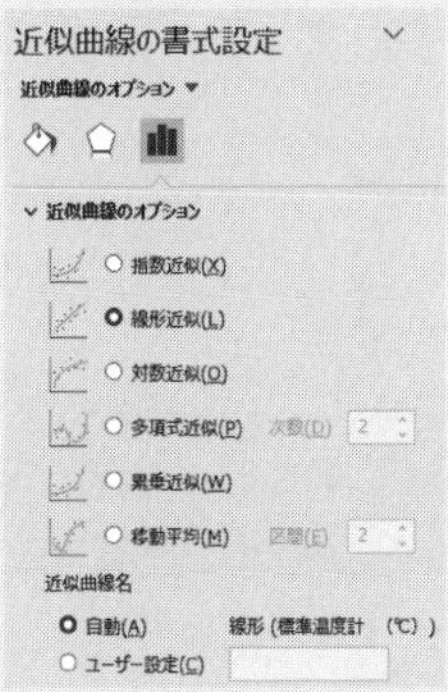

図 C2.2　Excel による散布図グラフと近似曲線の設定

また、プロットされたマーカーを選択し、マーカーの形や色、サイズなどを設定する。次に、データを選択し、近似曲線の書式設定ウインドウの中で近似曲線のオプションを選ぶ（図C2・2ⓑ）。ここでは一次式の近似として「線形近似」を、そして「グラフに数式を表示する」の前のアイコンを選んでチェックマークを付ける

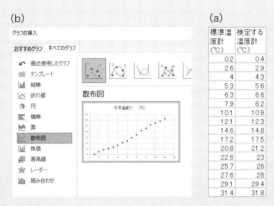

と、図２・７のようなグラフと近似式が出てくる。近似式を用いて、正しいと仮定した標準温度計の温度に変換できる。この作業が授業運用上面倒な場合は、教師が検定作業を行い、あらかじめ標準温度計と検定した温度計の示度が大きくずれている温度計を除外し、残りの温度計を利用する方法もある。

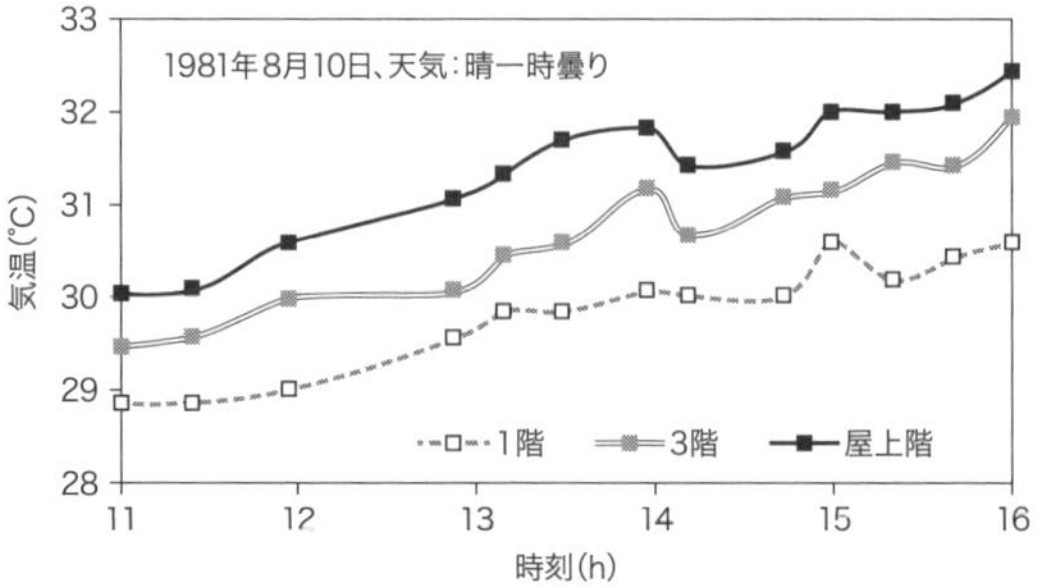

図 2.8　日中の各階ホールにおける気温の時間変化[2)]

2.2　校舎内の鉛直気温分布の実態

建物内の気候に関する研究には、中層ビル内の壁面に注目し、赤外放射温度計を用いた冷暖房がない時期の報告[4)]がある。夏季においては上の階ほど高い温度になり、冬季には最上階よりも少し下の階で最も高かった。赤外放射温度計は１回の測定に時間がかからないので、１台の測器でも短時間に多くの場所で測定できる利点がある。一方、学校教育で示されている観測要素は表面温度でなく気温なので、授業では棒状温度計による気温観測となる。以下に校舎内の鉛直気温の観測例を紹介する。

まず、夏休み中の中学校において校舎内の気温を観測した結果を図２・８に示す。校舎は４階建てであり、階段は屋上に出るための屋上部屋まで続いている。階段の前には各階ごとにホールがあり、１階から４階と屋上部屋のホールで観測をした。外気温と区別するため、室内の気

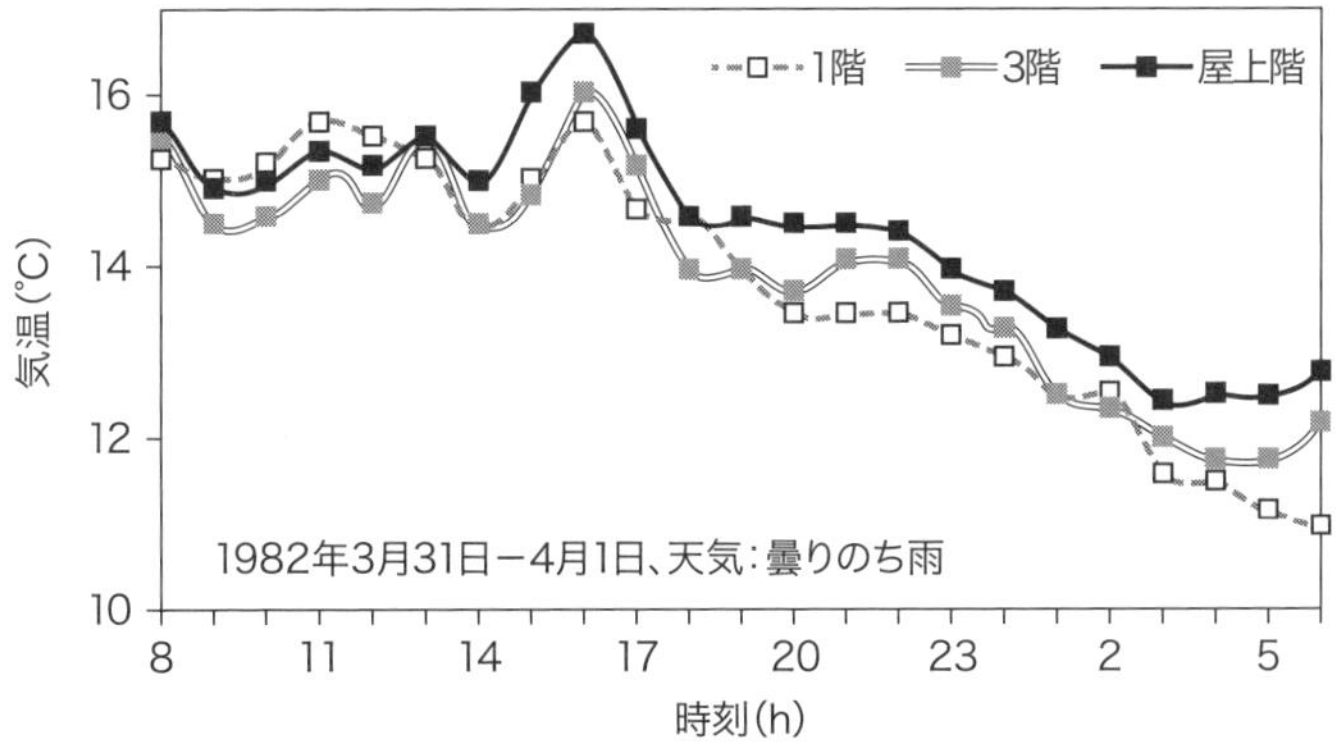

図 2.9　春休み中の各階ホールにおける気温の時間変化[2)]
9 時まで雨、14 時から天気は回復し、夜間晴れ

温を以下室温とする。当日は夏休み中なので、生徒はいない。2階も4階も観測を行っているが、以下に述べる傾向が同じであったので、図には1階、3階、屋上部屋だけの結果を示した。図からわかるように、室温はどの時刻においても上の階ほど高い。また、室温は14時または15時でも上昇し、16時になっても校舎内の気温は下がらない。

春休み中における8時から翌日の朝6時までの夜間を通した観測結果を示す（図2・9）。この日は9時まで雨が降っていたが、14時には天気は回復に向かい21時には晴れていた。気温は16時に最高になり、その後徐々に下がっている。日中の室温の上昇は夜半まで持続するのではなく16時に止まっていた。また、上の階の気温が高いことはおおむね正しいが、雨の影響がある13時までは、上の階の方が高いとはいえない。

次に、生徒が学校にいる3月4日における、授業中の時間帯を選んで行った各階の気温の観測結果を示す。朝方では上の階と下の階の温度差は大きい傾向であるが、いずれの時間でも上の階の方がやはり気温が高い（図2・10）。

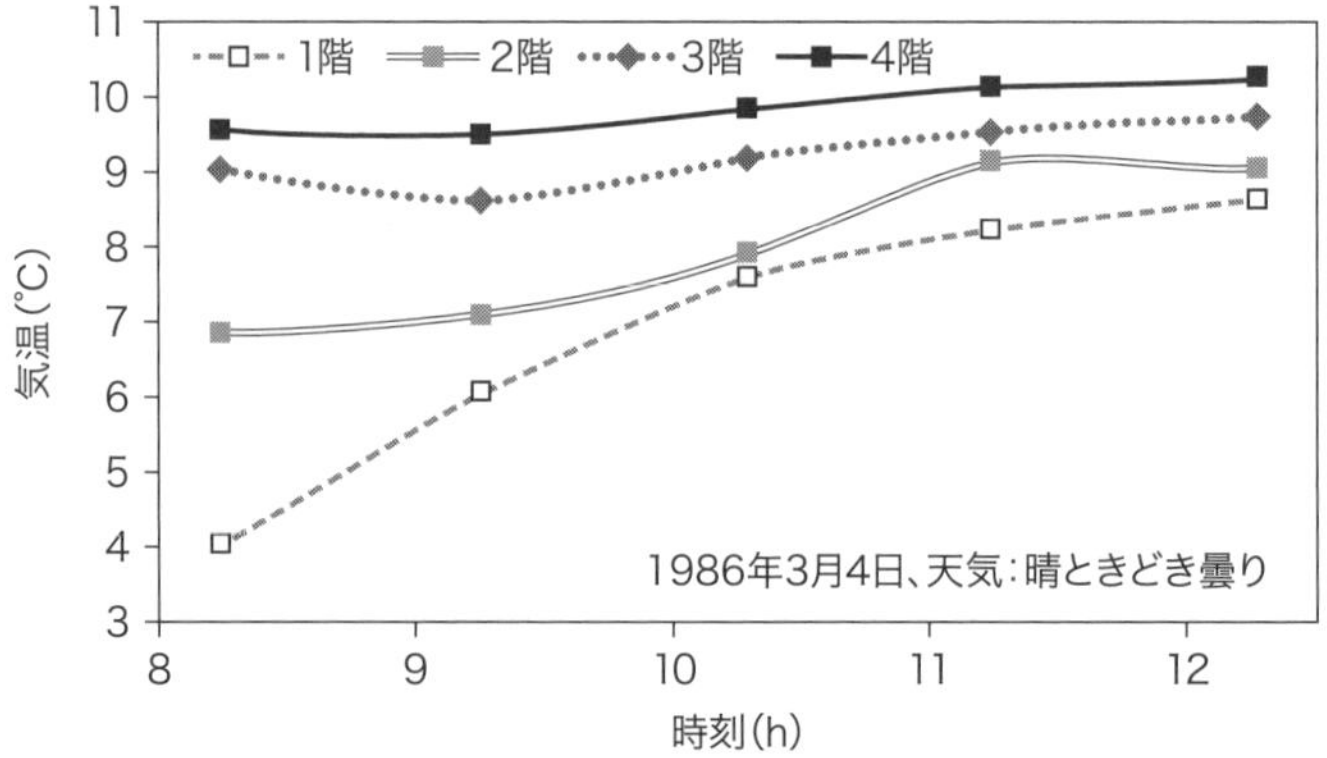

図 2.10　授業中の各階ホールにおける気温の時間変化[2)]

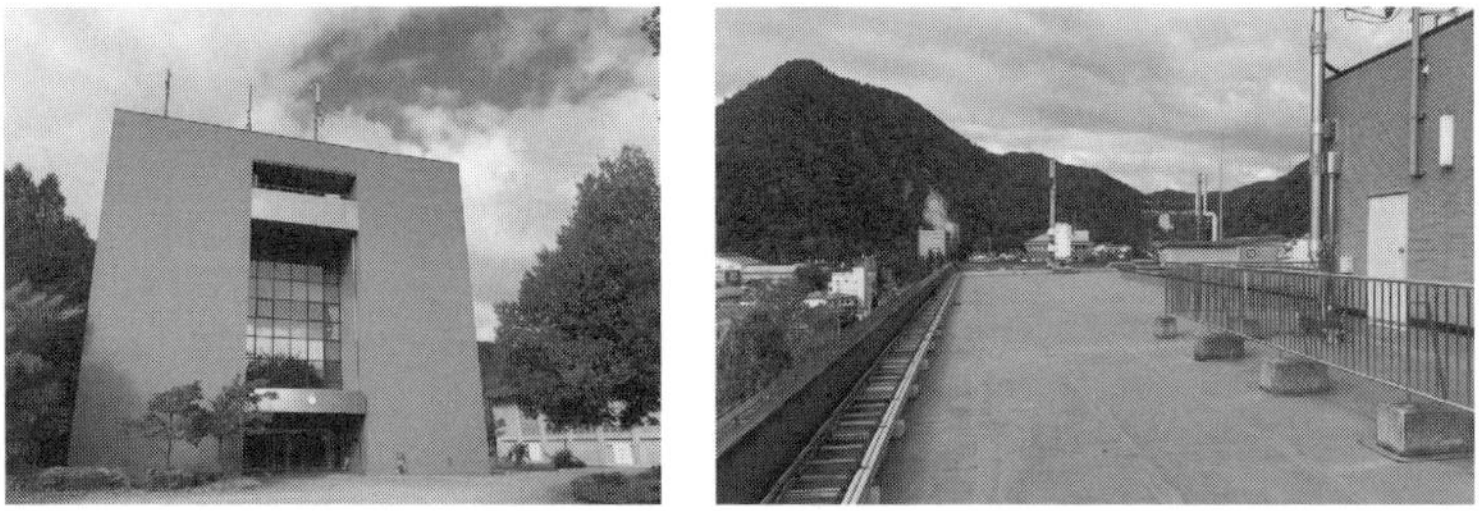

図 2.11　観測を行った信州大学教育学部校舎（左）と屋上（右）

一般に上の階ほど温かいという理由には、

①　太陽放射の主たる受光面になる屋根面が日中に高温化すること

②　暖かい空気は密度が小さく軽いので上の階ほど暖かい空気が集まること

等が考えられる。ここで①について検討するため、信州大学の西校舎（5階建て）の屋上面温度および3階にある著者の研究室（図2・11）における室温を観測した。

屋上面温度の観測のために、サーミスタ温度計センサーを屋上面の中央部に置き、その上に屋根面と同じ材質で作られた大きさ50cm×50cmの濃緑色をした合成樹脂ラバーを被

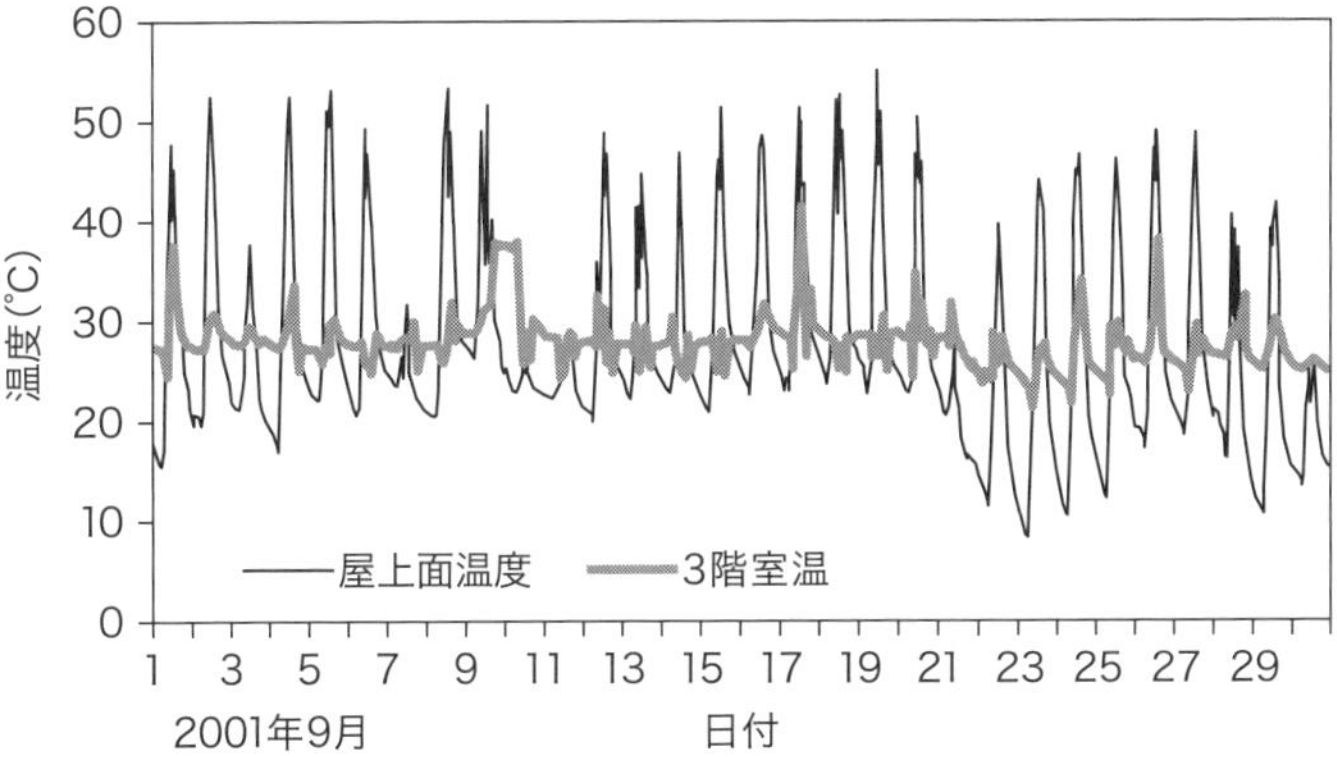

図 2.12　6 階建て校舎における屋上面温度と 3 階室温の時間変化[2)]

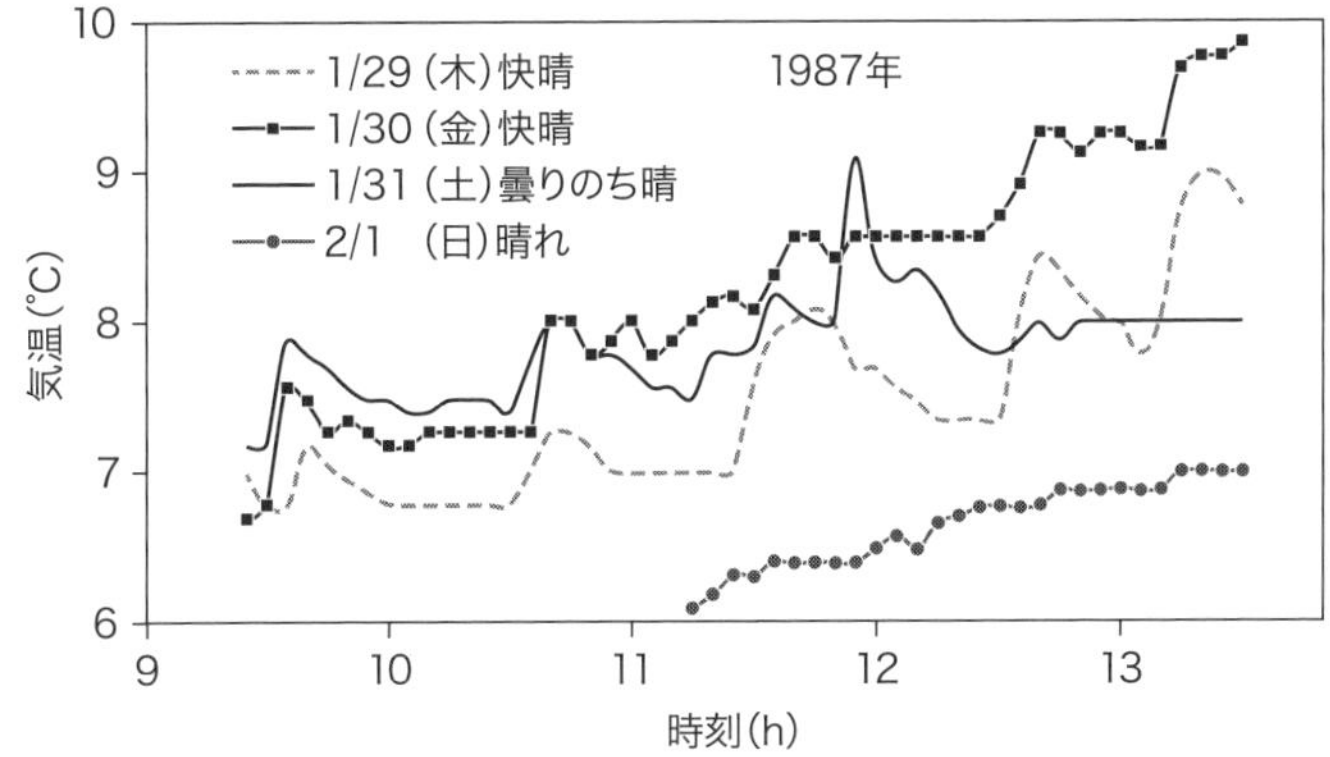

図 2.13　休日と平日の 3 階ホールにおける気温の時間変化[2)]

せ、ラバーの四方をガムテープで固定した。厳密にはこのラバーの表面温度が屋上面温度とされるが、ラバーの厚さは２mmと薄いため、センサーが示す温度はラバーの表面温度に等しいと仮定した。３階室温は今回提案する廊下前ホールの気温とは異なるが、室温と屋根面温度の定性的な比較という議論には問題はない。

　図２・12は３階室温と屋上面温度を10分ごとに観測した結果である。屋上面温度は室温より大き

な日較差を持ち、日中には50℃にしばしば達する。このことから日中の屋上面の高温は室温の鉛直分布に影響を与えることがわかる。

次に、休み時間帯も含めた気温の変化パターンについて、３階の階段前ホールに気温の自記記録計を置き、１９８７年1月29日から2月1日にかけて観測した結果を図２・13に示す。図は9時過ぎから14時前までを示した。1月29日からの4日間の天気はよく、それぞれ快晴、快晴、曇りのち晴、晴れであった。ここで1月29日の例を見ると、ところどころで、気温の上昇が読み取れる。

9時30分、10時30分、11時30分、12時30分、13時10分前後から気温の上昇が始まり、10分後に極大値になっている。気温の上昇があると、上の階が下の階より高温になることが成り立たない場合が出てくる。なお、この気温の上昇開始時刻は10分間の休憩時間のはじめの時刻に対応し、極大になる時刻はいずれも休み時間の終わりの時刻に相当する。また、観測当時授業がない土曜日の午後（1/31）や日曜日（2/1）には一時的な気温上昇が見られないことから、休み時間の生徒の移動が気温の上昇を引き起こすと考えられる。

2.3　校舎内の鉛直気温分布を調べる授業（中・高・大）

注　小・中・高・大は授業可能な学校種を示す。

大学での教員養成のための地学基礎実験の授業における、校舎の鉛直気温を調べる実習事例を紹介する。この実習の目的は観測方法を習得することであるが、もう一つの重要な目的には、上の階がなぜ高温になるかという結果を考えることを通し、自分の考えを観測事実に基づき変容させる、あるいは確信する科学的プロセスを体験することである。「校舎内の気温はどこでも同じだろうか」という課題から、実際に観測を行い、結果を考える実習である。

この実習を大学生や学校の教師に向けて行ったところ、比較的簡単に実施可能であり、興味を持たせやすいことがわかった。ともすれば暗記中心になりがちな地学分野の授業において、予想を立てて気象観測を体験できる実習である。また、この実習は、けっして特殊な環境でなければできないというものではないことが利点である。

（1）授業の導入

教師は学生に「校舎内の気温はどこでも同じだろうか」と尋ねた。エアコンの運転や窓の開閉などの影響を受けると回答があったので、条件を統一し、エアコンの運転はなく、窓は閉めていた場合はどうだろうと質問した。さらに、どのように調べたらよいかと尋ねた。

（2）気温の観測方法を考える

気温観測の留意点（表2・1）を参考に気温の測定方法を説明した。まず代表の学生に温度計の示度を読ませた。温度計の目盛りは小数第1位まで読み取ること、温度計の目盛りに垂直な位置に目を置くことを全員の学生の前で確認した。ここですべての班に温度計を配布した。そして、再び代表の学生に気温の測定をさせたところ、前回の測定値より高くなった。この理由を尋ねると、学生は、身体からの熱を指摘した。野外の観測では太陽の放射の影響を受けるので、放射除けが必要であると説明した。

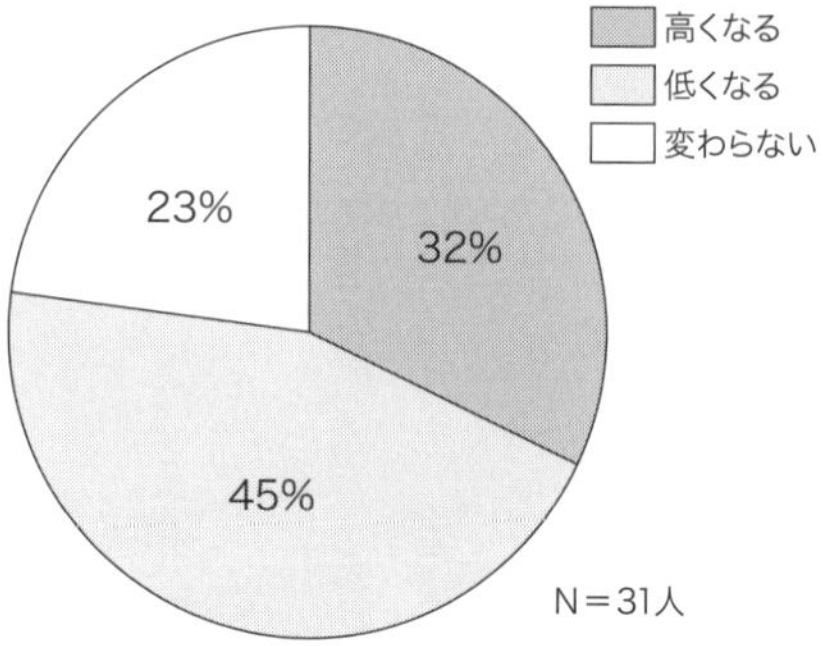

図 2.14　「校舎内の気温はどこでも同じだろうか（上の階ほど気温が高いか）」に対する回答[2)]

（3）校舎の鉛直気温の予想

冒頭の問い「校舎内の気温はどこでも同じだろうか」に対する学生の予想は、「同じ」「変わらない」とする意見もあったが、むしろ異なるとした意見が多かった。「ではどのように異なりますか」と聞くと、上の階ほど高温になると考える学生と、低くなると考える学生は、おおむね同程度であった（図２・14）。その理由をワークシートに記入してもらった。

最も回答が多かった理由は、「６階ぐらいの高さでは、温度の差異は見られない」ということであった。気温が高くなるとした理由では、「暖かい空気があると上昇気流で上に運ばれるから」というものがあった。一方、低くなるとした回答は「登山を行ったときの経験から、山の上は涼しいから」であった（図２・15）。予想と課題設定の場面において、上の階ほど高温だとする予想と低温だとする予想が半々になった。このことは、観測を行って確かめてみたいという動機付けにつながる。相反する意見を主張させることで観測の目的をしっかり持たせられる。

（4）観測の実施と観測値の共有

どの階から観測を始めるか、どのようなルートで移動するかについては各班の判断に任せると指示した。そして、13時30分から14時において観測を行うこと、観測はできるだけ交代で行うこと、観測終了

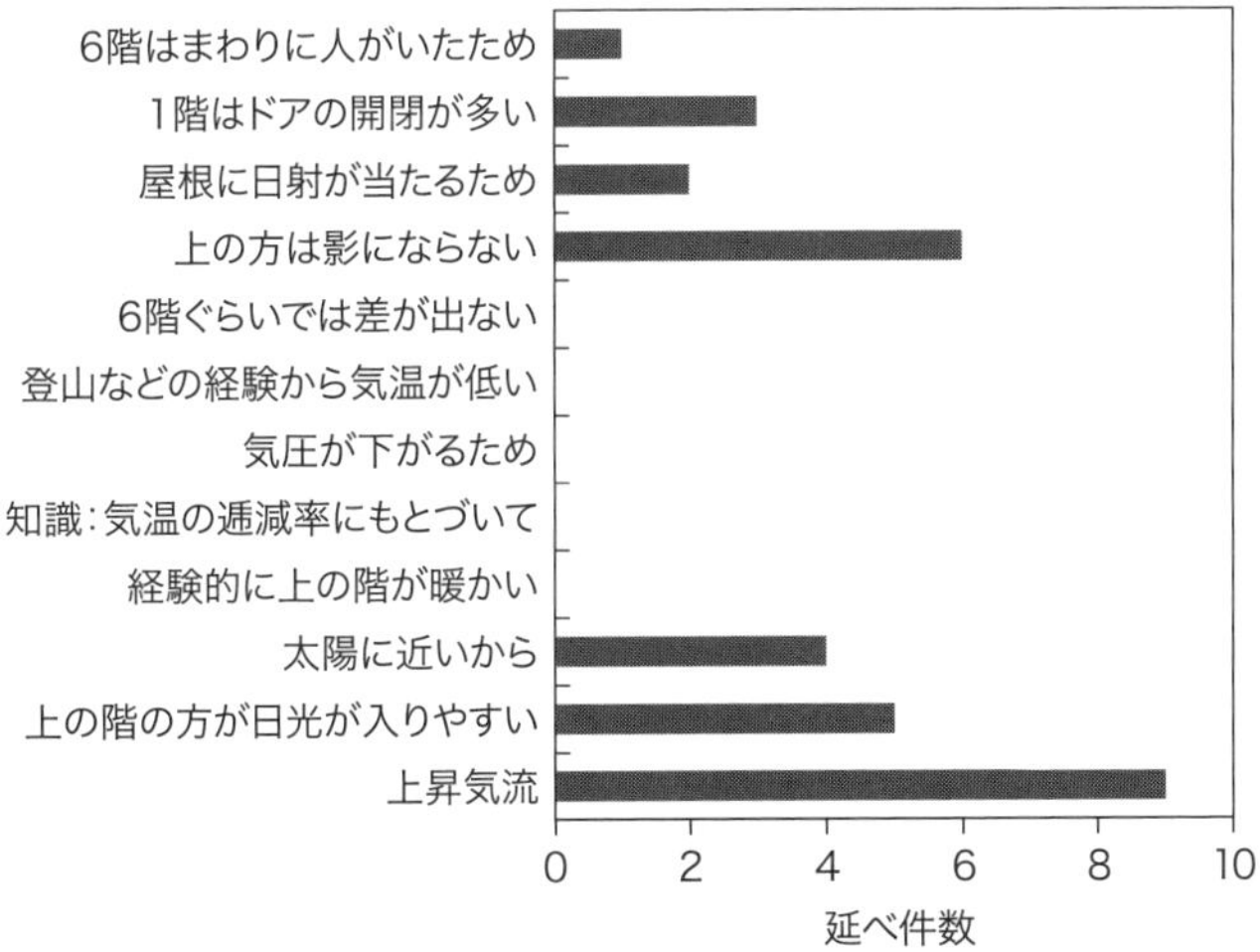

図 2.15　観測結果から考えた理由

後講義室に戻ったとき、黒板に表を書いておくので、そこに結果を記入すること、さらに、黒板に書いた各班の結果を写すことを指示した（表2・4）。14班を2つの校舎に割り振り、観測を始めることを指示した。全員が戻ったのを確認した後、今回の実験に関するレポートの章立ては「観測結果の予想とその理由・観測の方法・結果（グラフなどで工夫すること）・考察（結果をどのように考えるか）・おわりに」とすることを指示した。

表 2.4　観測データ一覧

校舎	班	1階	2階	3階	4階	5階
西校舎	1	25.8	27.0	27.6	27.8	28.6
	2	26.0	26.8	27.6	27.8	28.6
	3	25.8	27.0	27.4	27.4	28.4
	4	24.9	26.3	27.4	27.4	28.2
	5	24.6	25.5	26.6	26.8	27.6
	6	26.0	26.9	27.6	27.8	28.0
	7	24.9	25.8	26.9	27.0	27.9
東校舎	8	26.2	26.6	26.9	27.4	27.8
	9	26.1	27.0	27.4	27.6	28.0
	10	26.4	26.8	27.2	27.8	28.2
	11	26.2	26.8	27.2	27.6	28.0
	12	26.3	26.8	27.1	27.5	28.2
	13	26.4	27.0	27.4	27.9	27.9
	14	26.0	27.0	27.7	27.9	28.1

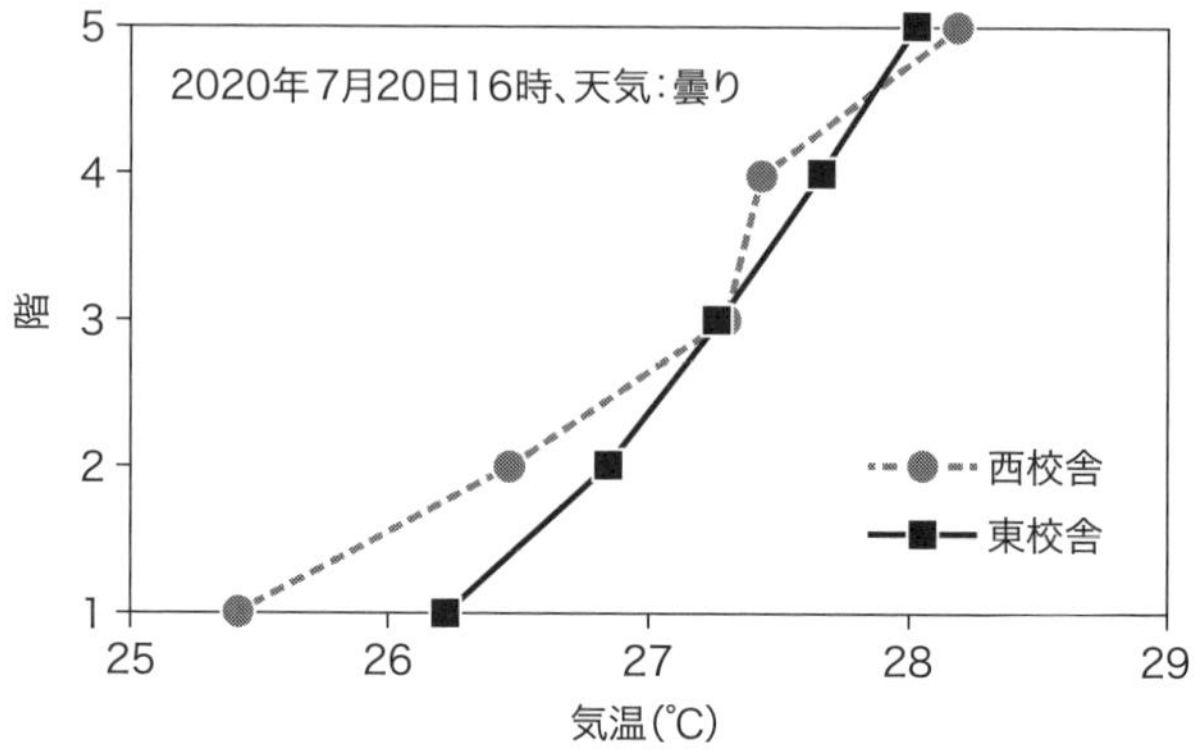

図 2.16　校舎内の鉛直気温分布

表 2.5　校舎の鉛直気温分布を調べる実習に対する学生の感想

学生	感想
A	作るのが簡単で授業の最初でやる気を起こした上で、自分たちの作った装置で気温を測るので、より積極的に気温観測に取り組めると感じた。
B	子どもたちにとって単に観測をするよりも、工作を通してできあがった観測機器を使いながら観測を行うことで、自分たちが作ったものに愛着がわいて観測をより積極的に行えると思った。
C	クラスの意見で山の頂上の方が涼しいから上の階が低いという意見を聞いて、それも確かだなと思った。実験を行う前に全員に予想を立ててもらうことは授業を行う上でとても大切な行為だと感じた。
D	牛乳パックによる放射除けは小学校の学習で子どもたちの興味を引くのにとても役に立つと思った。
E	今回の授業で気温観測に放射除けというものが必要であることを初めて知った。
F	温度計の数値を読み取るより先に気温が徐々に下がっていることを肌で体感できた。
G	今回の実習は小学生でもわかるような気温の測り方であり、それを学ぶことができた。

表 2.6 線の引き方

	手順
1	観測地点マップ上の観測点の近くに気温の値を記入する。
2	0.5℃ごとの等温線を描き、等温線図を作成する。
3	等値線図を色塗りする。 例 8℃～；赤色、7～8℃；オレンジ色、4～5℃；水色、3～4℃；青色、～3℃；紫色

（5）観測データのグラフ化

観測校舎ごとに各階の平均気温を求め、縦軸を高さ（階）、横軸を気温として、グラフで示したものを図2・16に示す。どちらの校舎も、階が高くなればなるほど気温は高くなることが読み取れる。

（6）学生の感想

実習後に提出されたレポート中の、学生の感想を紹介する（表2・5）。放射除けの製作を学生自身が行うことで気象観測に対しより積極的に取り組める（学生AとB）、観測を行う前に予想させ、学生同士がそう思う理由を述べることは大切である（学生C）、この実習は小学生でも興味を引く（学生D）、小学生でもわかる気温の測り方である（学生G）とする指摘があった。

2.4 地域の気温分布を調べる実習（中・高・大）

水平気温分布を調べる実習では水平面的な観測地点の結果が多数得られるため、等温線図を描いて、調査地域の高温部や低温部の分布の傾向について考察する。等温線は等圧線や等高度線と同じ方法で描く（表2・6）。実習を計画するに

図 2.17　東京農工大学東小金井キャンパス（GoogleMap より）

あたり、授業時間の制約から調査地域は学校およびその周辺となる。そのため調べる現象はスケールの小さい局地気候となる。局地気候には、都市ヒートアイランド、公園緑地のクールアイランド、山谷風、海陸風などがある。都市ヒートアイランドは晴天静夜に明瞭に出現し、公園緑地のクールアイランドは夏季日中の最高気温出現時に明瞭に発生する。公園緑地のクールアイランドとは、公園緑地内の樹木による日光遮蔽効果や葉面からの蒸散により、周辺の市街地に比べて公園緑地内の気温が低くなる現象である。

以下、大学の地学実験の授業で行った実習事例について紹介する。

（1）校内（キャンパス内外）の気温分布

東京農工大学の東小金井キャンパスは東京の住宅地に位置し、キャンパス内にはたくさんの樹木がある（図２・17）。観測は夏季日中に行われた。クールアイランドが明瞭に出現する時刻は最高気温出現時刻とされるが、観測は講義時刻の関係で16時前後となった。天気は晴天で風も弱かった。口絵２に示す気温分布を見ると、キャンパス（図中央部）を中心に周辺住宅地と比べ低温になり、明瞭なクールアイランドが出現していた。最も気温が高いところは、駅西側（図の右上）の大きなスーパーマーケットの駐車場である。学生の感想には、「本当にキャンパス内外で気温が違うものだなと思った。もっと涼しくするにはどうすればよいのか知りたい。私はこの実習を楽しんだが一人でやっても楽しくなかったと思う」というものがあり、実習を行うことで新たな疑問や意欲が生まれたこと、この実習の特徴である参加者が分担して地域調査を行うことの楽しさなどが読み取れる。

(2) 学生の感想

信州大学教育学部理科教育コースの学生を対象に、キャンパス内外で気温分布を調べる実習を行った。そのときの学生の感想を表2・7に示す。

感想は、場所による気温差、等値線の引き方、その他に分類できた。場所による気温差では、50m違うだけで、教育学部キャンパスの西と東の道一本を挟んだだけで、キャンパス周辺の狭い範囲で、ある地域、教育学部周辺などの局地的な範囲でも自分が想像していたより明瞭な気温差が出ることに驚いていた。そして、地面が土かアスファルトかによる地表面被覆の違い、観測地点周辺の環境の違いにより気温差が生じたのではないかと推測する学生が出てきた。

等値線については、事前に、内挿の方法、0・2℃や0・5℃といった一定の間隔ごとに描くこと、等値線は折れ曲がらないとか交わらないなどの基本的ルールの説明を受けさせた後、2つのサンプルデータを利用して等温線を描く実習を行っている。しかし、実際に観測したデータをもとに等値線を書く作

表 2.7　キャンパス内外の気温分布を調べる実習に対する学生の感想

	No	学生の感想
場所による気温差	1	50m 違うだけで気温に違いがあったことに驚いた。また、地面が土か、アスファルトかによって、気温に影響があるのではないかと思った。
	2	教育学部キャンパスの西と東で 2℃程度の差があることがわかったことに対し、体感では気温差があるように感じており、単に日当たりの問題で体感気温の違いではないかと思っていたが、実際は気温そのものが違っていたことを知り驚いた。
	3	道を一本挟んだだけでも温度が 1℃以上違うと感じた。各班の温度計の誤差、はかり方の誤差があるとはいえ、この結果は面白いなと思った。
	4	キャンパス周辺の狭い範囲でこんなにも気温に差が出ると思わず、結果に驚いた。
	5	この活動を通して気温はある地域ならどこでも同じなのではなく、その地域の中にもある環境の違いによって、気温は全く同じでないことがわかった。
	6	教育学部付近を少し調べるだけでも、自分が想像していたより、場所による気温の差が結果に表れており驚いた。
等値線の引き方	7	等温線を書くのは等圧線を書くときと比べると思ったより難しかった。しかし、できあがったものを見てみると、どこがどのような気温になっていて、どこが一番高いのか、低いのか、一目でわかりやすくなっていて、つくってみて良かったと感じた。
	8	実際に計測したデータを用いて等温線を引くことはとても難しく、おそらく正しく引くことはできなかったと思う。
	9	等温線を引くことが一番難しかった。しかし、図に表すことによってどこが一番気温が高い、低いのかがわかりやすくていいなと思った。
	10	誤り（?）であろうと思われる数値がいくつかあって等温線を引くのがとても難しかった。
その他	11	今回の実験を通して、すべての観測点を一人で観測できたわけではないが、みんなでやればこれだけのデータを集められ、考察することで、気温差について調べることができた。自分が教師になった際にも同じ場所で全員で観測するのではなく、校内のあらゆる場所で観測してみると得られる情報も増えて面白いのではないか。
	12	キャンパス付近での気温観測を行ったが、気温分布がキャンパス内で複雑になっていることがわかった。予想はすべて外れてしまい、やはり、実験を行ってみないと実際の気温はわからないので、観測の重要性を感じた。
	13	自分が教師として気温分布の授業をする時、予備実験として、各観測地点を回って気温を測ったらどれほどかかるだろうと考えると気が遠くなった。
	14	キャンパス周辺で気温観測を行ったが、気温分布がとても入り組んでいることがわかった。今回の観測では天気が良かったが、曇りや雨の時に行うとどうなるかとても気になった。

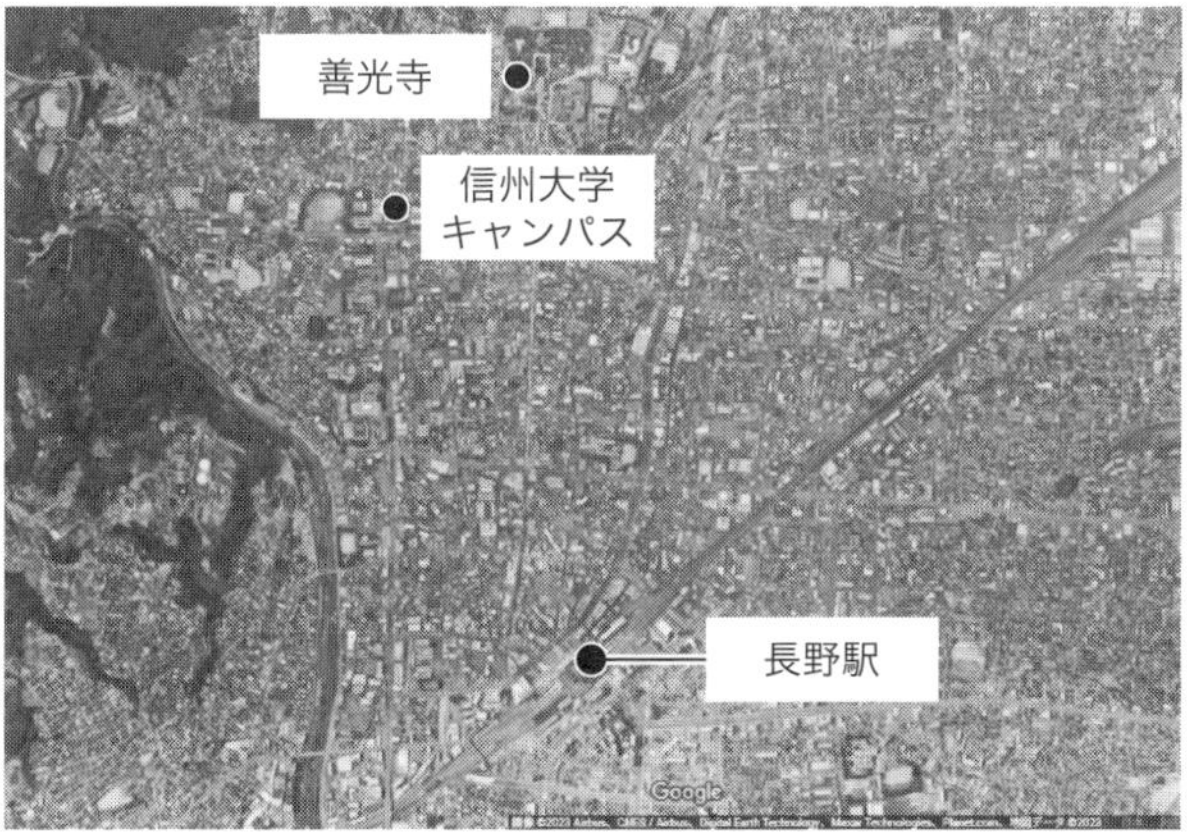

図 2.18　長野市街地（GoogleMap より）

業では苦労している学生もいた。

感想としては、図に表すことによって、どこが高いのか、低いのか一目でわかることが指摘された。その他、他の天気の時にも観測してみたいとする関心の高まりも見られた。

(3)　市街地の気温分布

長野市は人口37万人の地方都市である。駅周辺はビルが建ち並ぶ繁華街であり、調査地域の北側には善光寺があり、その周辺は住宅地となっている（図2・18）。観測範囲は５km×５km程度で、観測時刻は19時前後とした。当日の天気は曇りであり、風速は3・1m／sであった。学生には事前に実習の内容や授業当日に観測地点を分担すると伝えた。当日は割り当てた地点しか移動しないので、結果の考察を行うために事前にすべての観測地点の下見をするように指示した。観測は２人一組で２～３地点を分担した。口絵３を見ると長野駅前が最も高温で、次いで善光寺の南側に東西に走る幹線道路沿いが高温である。一方、善光寺の西側と北側には低温域が見られる。観測時刻の19時ではこの地域は街灯もまばらで暗くなっていたが、繁華街に相当する駅前は人通りも多かった。

学生の感想には、「自分の住んでいる地域で実際に測定する機会はないので面白かった」「実際に自分の体を動かして調べるのは非常に楽しく面白かった。今回は夜間の観測だったが、朝や昼間に調べて一日の気温分布の変化を調べたい」とあった。この実習により学習意欲が高まったことがうかがえる。

2.5 乾湿計で湿度を観測する授業（中・高・大）

中学校学習指導要領理科編（平成29年告示）では、新しい時代に求められる資質能力を「何ができるようになるのか」「何を学ぶのか」「どのように学ぶのか」の3つの視点で考えることを示した。中学校の気象単元の「何ができるようになるのか」に注目すると、気象観測の基本的な技能、気象についての理解を得ることになる。前者については、気象観測を実際に体験させることなしには身に付かない。

しかし、湿度の観測指導に関する報告はこれまでほとんどなく、教育現場でも著者の知る限り、乾湿計の図（図2・19(b)と図2・20）をもとに乾湿表の読み取り方を説明するだけの指導が多い。これでは生徒に湿度の観測機器の基本的な扱い方や観測方法を理解させることは難しい。

（1）乾湿計による湿度観測の仕組み

空気中の水蒸気量が飽和水蒸気量に達していなければ、湿球の水分は蒸発し、そのとき生じる気化熱が物体の温度を低下させる。空気中の水蒸気量とその気温の飽和水蒸気量との差が大きければ大きいほ

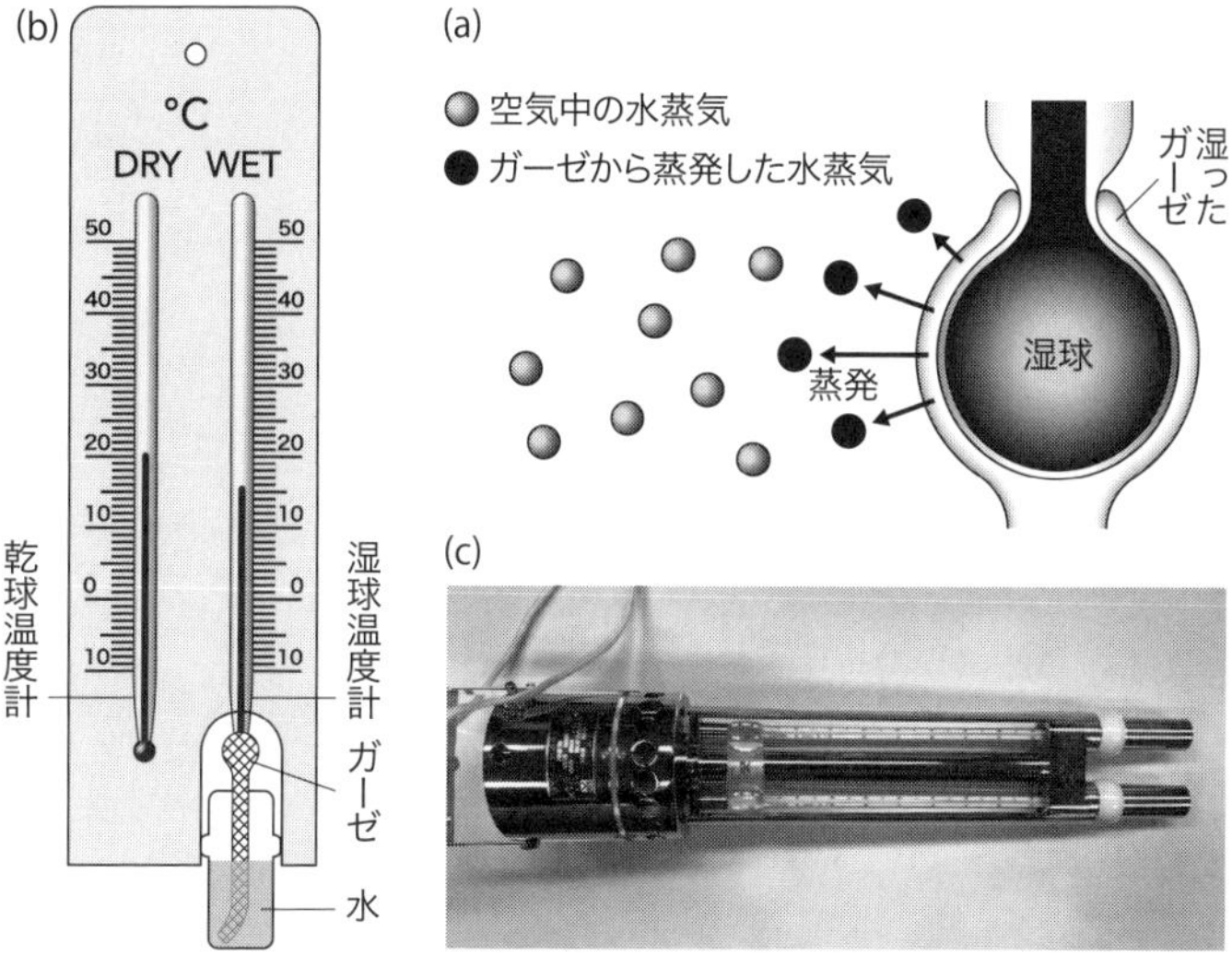

図 2.19　乾湿計の仕組みと外観

ど多くの水分が蒸発し、湿球の温度低下は大きくなる。乾球と湿球の温度差は空気の湿度に関与するので、乾湿計の基本的な扱い方や観測方法の理解には、湿球における気化熱の存在を知る必要がある（図2・19(a)）。

板状乾湿計による湿度の観測では、乾湿計には2本の温度計がついていて、温度計の最小目盛りは1℃であり、最低温度は-30℃、最高温度は50℃である。一方が乾球、もう一方にはガーゼが巻いてあり湿球であることを確認する。湿球の下には水壺があり、水（できれば蒸留水）を入れ、ガーゼの一端を入れて湿らせる。十分にガーゼが湿ったのを確認し、乾球と湿球の液柱の上端の動きが安定した後、乾球と湿球の示度を読み取る。乾湿計の乾湿表は、縦軸は乾球の示度、横軸は乾球と湿球の温度差からなっている。

乾湿計には、2つの温度計の間に乾湿表がついているものがある。縦軸には乾球温度の示度、横

乾球示度	乾湿示差 1	2	3	4	5	6
	%					
35	93	87	80	74	68	63
34	93	86	80	74	68	62
33	93	86	80	73	67	61
32	93	86	79	73	66	61
31	93	86	79	72	66	60
30	92	85	78	72	65	59
29	92	85	78	71	64	58
28	92	85	77	70	64	57
27	92	84	77	70	63	56
26	92	84	76	69	62	55
25	92	84	76	68	61	54
24	91	83	75	68	60	53

図 2.20　乾湿表

軸には乾球温度と湿球温度の示度の差となる表が載せられている。それぞれ1℃間隔の表となっている（図2・20）。1℃の変化で比べると、乾球と湿球の温度差の方が乾球温度よりも湿度に与える影響が大きい。たとえば、湿球温度が23℃で乾球と湿球の温度差が3℃の場合の湿度は75％である。温度差が1℃小さくなると湿度は83％、1℃大きくなると67％となる。自然通風で温度計の精度が1℃程度の場合、湿度の測定精度は10％以上と見たほうがよい。学校によくある板状乾湿計についている2本の温度計は水銀温度計ではなくアルコール温度計なので精度が落ちるが、測定原理を学ぶには問題なく、安価で何台も揃えられる。

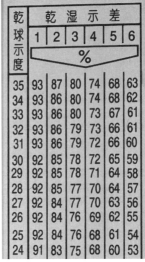

(2) 乾湿計による湿度の観測

湿度は、乾湿計では乾球温度と湿球温度を測り、これらの値から乾湿計（気象常用表）と計算によって求める。このほかの方法に毛髪自記湿度計と電気湿度計がある。一般に湿度の調査などで使われるのはアスマン通風乾湿計である（図2・19(c)）。アスマン通風乾湿計は二重管水銀温度計が使われ、巻ゼンマイまたは電動モーターによりファンを回転させ、通風速度は約3・0m／sとなっている。一方、自然通風式の乾湿計はアルコール温度計であり、感温部が穴の開いた金属で覆われ、日射や体温等の影響を受けにくくなっている。穴が開いていることで自然通風するようになっている。自然通風用の乾湿表と通風乾湿計の乾湿表とは異なる。また、風がないか弱い場合は湿球付近で空気が十分に交換されないため、湿球を濡らす水分の影響を受けて誤差が生じやすい。したがって、通風することが望ましく、通風速度は３～５ｍ／ｓが適当である。

また、湿球のガーゼと水は常にきれいな状態にする。少なくとも半年に一度はガーゼを交換するのが望ましく、交換するときは一重に巻く。水槽の水を交換・補充するときは、ガーゼを通して水分が湿球に充分行きわたっていることを確かめる。湿球温度計の示度が正しい値になるまでには時間がかかる。

（3）湿度測定を体験し、その仕組みを理解させる授業

湿度の授業は「乾湿計による校舎内外の湿度の観測」と「濡れ雑巾を回転させる実験」からなる（表２・８）。

① 乾湿計による湿度の観測実習

この表の読み取り方を伝えた後、「教室（中校舎3階）、中校舎1F玄関ホール、校舎前広場の湿度の中で、どこが一番高いだろうか」と質問し、３名一組の班を編成し、予想させた後、班ごとに観測を開始させる。３地点の観測順番は各班で決めるように伝える（表２・８）。

表 2.8　湿度の観測実習の授業内容

	授業内容
乾湿計による校舎内外の湿度観測	これまでの学生の認識調査から、湿度の算出法を理解している学生は多かったので、簡単に乾球温度と湿球温度を用いた湿度の求め方を説明する。温度計の液柱の上端の動きが停止したのを確認するために１分間隔で読み取り、今回の示度が１分前の示度と同じになったら、示度を読み取るよう指示した。３人一組の班編成をして教室で班ごとに湿度の測定をさせる。 課題：教室（中校舎３階）、中校舎１階玄関ホール、校舎前広場の湿度の中で、どこが一番高いだろうか。 ここで、教師は、「(３階の) この教室、１階ホール、校舎前の広場（屋外）でどこが一番湿度が高いか」を質問する。「観測地点の順番は班ごとに決めて下さい。では、観測を始めましょう」と言い実習を始める。観測が終了し講義室に戻ると、黒板に書かれた班別観測結果一覧表に自分たちの観測結果を記入する教師は測器の返却を指示した。
濡れ雑巾を回転させる実験	「雑巾を濡らして、ぐるぐる回転させ、雑巾に触ってみよう」と伝える。 課題：雑巾を水で濡らして、よく絞る。ぐるぐる回転させて、雑巾を触ってみよう。 各班に雑巾を配布し、課題にとりかからせた。学生に「雑巾が温かくなったか、冷たくなったか、変わらないか」と質問し、どうしてそうなったのか尋ねる。雑巾が早く乾いてしまうと効果に気づかないので、固く絞っている班にはある程度水分を含ませるように伝える。実験を終えると、雑巾を回収し実習レポートの課題を説明する。乾湿計の測定の原理との関わりでこの実験結果について考えるように伝える。

②　濡れ雑巾を回転させる実験

乾球が濡れたガーゼで巻かれていることを想起させた後、水で濡らした雑巾をぐるぐる回転させる簡単な実験を行う（図２・21）。班の数の雑巾を入れておいたバケツを取り出し、班ごとに雑巾を持って行くように伝える。雑巾を十分に濡らし、回転させた雑巾を触った感じを記録するよう指示する。

（４）湿度の観測実習の授業

授業は中学校教員免許（理科）必修の「地学基礎実験」において30人を対象に行った。授業の目的は、湿度の測定を体験し、乾湿計の基本的な測定原理を理解することである。

校舎前広場の屋外、１階玄関ホー

ル、授業教室である3階教室の3地点で実施した湿度の観測結果を表2・9に示す。3地点選んだのは、3人一組なので交替して観測することで全員が観測を体験できるためである。3階教室の窓は開けてあった。観測日は2021年6月21日で観測時刻は16時50分から17時15分の間に行った。乾球と湿球の値から湿度表の誤読があった班はなかった。乾湿表の読み取りはできているといえる。3地点の平均から±5%の範囲を超えた値の観測値を見ると、屋外では10班中1班、1階玄関ホールでは3班、3階教室では4班となった。

屋外ではB班が平均より6%程高い湿度となっている。湿球温度は他の班と同程度であるが乾球温度が1℃程度低くなっている。1階玄関ホール、3階教室の観測結果を見ると、B班の乾球の示度が他の班の乾球の示度より低めの傾向があると読み取れる。

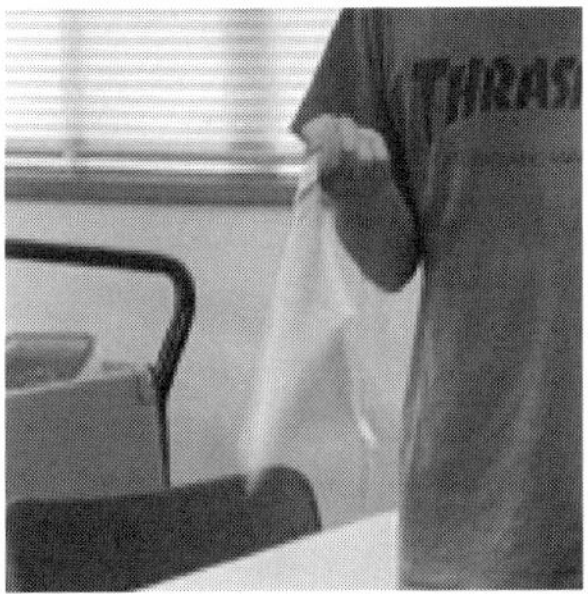

図 2.21　雑巾を回転させる実験

F班の3F教室の結果は平均値より20%以上大きい。これは湿球の示度が他の班と比べ3℃程度高いためである。F班の学生のレポートによると、「乾湿計を横にしたため湿球部が濡れてしまった」と書かれてあり、不適切な湿球の使い方がされていたと思われる。

平均湿度で3地点を比べると、最大で2%の差異であった。精度のよい湿度の測器を用いても2%の観測精度は無理なので、地点間の湿度の差異はないといえる。

表 2.9　校舎内外における湿度の観測結果

	屋外（校舎前広場）			１階玄関ホール			３階教室		
班	乾球℃	湿球℃	湿度％	乾球℃	湿球℃	湿度％	乾球℃	湿球℃	湿度％
A	24	19	60	25	20	61	27	21	56
B	23	19	67	24	19	60	26	21	62
C	24	19	60	25	20	61	26	21	62
D	25	20	61	25	20	61	26	21	62
E	24	19	60	25	20	61	28	22	57
F	25	20	61	24	20	68	27	25	84
G	24	19	60	25	20	61	26	21	62
H	24	19	60	26	20	55	26	21	62
I	24	19	60	24	20	68	26	21	62
J	24	19	60	25	20	61	27	21	56
平均			61			62			63

（５）授業アンケート結果と学生の感想

校舎内外の湿度観測と濡れ雑巾を回転させる実験を行った後、アンケート調査を行い、授業の感想を書いてもらった。アンケートは「大変そう思う」、「そう思う」、「そう思わない」、「全くそう思わない」の選択肢から選ぶ。「大変そう思う」、「そう思う」の回答数をそうでない回答数と比べた（表２・10）。その結果、校舎内外の湿度観測は湿度の測定観測を学ぶのに有用であり、濡れ雑巾を回転させる実験は乾湿計の測定の仕組みの理解に役立っていた。学生の感想で最も多かったのが、「乾湿計の原理や仕組みを理解できた」とする回答であった（表２・11）。また、観測や実験はいずれも楽しく、気象や天気に興味がわいたとする学生が多かった。その理由として、予想に反し雑巾の温度が低くなったことがある。また、体験することはただ聞いているより記憶に残るとか、特別な道具や場所が必要でなく、わかりやすく取り組みやすい実験であるといった、教材としての利点を指摘する学生がいた（表２・11）。

湿度の観測は、気温や風の観測と比べ、測定の仕組みがブラックボックスになりがちであるが、雑巾の実験を加えることで測定の原理を理解できるようになる。測定の原理の理解なしには、学習指導要領で示されている「何ができるようになるのか」に対応する湿度観測の基本的な技能の習得に至らない。

表 2.10　湿度の観測実習後の授業アンケート

(a)「乾湿計による湿度の観測実習」は湿度の測定の仕方を学ぶのに有用であった

大変そう思う	そう思う	そう思わない	全くそう思わない
19	5	0	0

(b)「濡れ雑巾を回転させる実験」は乾湿計の原理の理解に役立った

大変そう思う	そう思う	そう思わない	全くそう思わない
12	10	2	0

(c)「乾湿計による湿度の観測実習」は楽しい

大変そう思う	そう思う	そう思わない	全くそう思わない
12	11	1	0

(d)「濡れ雑巾を回転させる実験」は楽しい

大変そう思う	そう思う	そう思わない	全くそう思わない
13	11	0	0

(e) 気象や天気に興味がわいてきた

大変そう思う	そう思う	そう思わない	全くそう思わない
16	8	0	0

表 2.11　湿度の実習に対する感想

	No	学生の感想
乾湿計の測定原理・仕組み	1	雑巾を回転させるという簡単な操作で乾湿計の原理を学ぶことができ驚いた。
	2	雑巾を振り回す実験は蒸発さらに乾湿計の仕組みについて考えることができるため面白いと思った。
	3	乾湿計が使えるだけでなく、乾湿計の仕組みから理解することが重要であると感じた。
	4	乾湿計の原理を理解できてよかった。
	5	乾湿計の仕組みが濡れた雑巾という身近なもので説明できることがわかり、乾湿計に対する理解が深まった。
	6	乾湿計の仕組みについて不思議に思っていたが、雑巾の実験をしたことで蒸発熱とつながって、原理を考えてみると意外と簡単だった。
	7	乾湿計の仕組みを理解することで、正しい使用方法や注意点がわかるようになった。
	8	この実習は非常にシンプルかつ短時間で行える。乾湿計の測定原理を理解するのに有効な実習だと感じた。
	9	これまで乾湿計の使い方を教科書に書いてある通りに使っていただけなので、原理を理解していなかった。
	10	雑巾を回転させる実験で乾湿計の原理を理解しやすかった。なぜそのようなことが起きるのかを疑問に持ちやすくなるため効果的な学習と思った。
	11	なぜ乾球と湿球があり、それによって湿度が求められるのか知ることができた。デジタル湿度計でも簡単に確認できるが、こういった測定方法を忘れてはいけないと思った。
	12	雑巾を用いると湿球の原理を理解するのにわかりやすかった。
実感・五感・肌・体験	13	簡単な手順で気化熱を実際に肌で感じることができるのでとてもよい実験だと感じた。
	14	乾湿計の仕組みは複雑なものと思っていたが温度計を応用したものだと知って驚いた。前回の授業でガーゼを濡らしたが今回の授業で気化熱を利用していることを知って納得した。
	15	気化熱について体験できて面白いと思った。気化熱というものが洗濯物が乾く仕組みだったり、汗をかいた後からだが冷える仕組みと関係していることがわかった。
	16	実際に雑巾を回してみて水分が蒸発するときに熱が奪われるということを実感した。
	17	水分が蒸発して熱を奪っていることが体験できて、湿球温度が乾球温度より低くなる理由が理解できた。この原理を相対湿度を測るために用いていることも理解できた。
	18	普段目で見ることができない現象を実際に五感で感じられる形にできていることがよいと思う。
	19	水が蒸発する際、熱が奪われることを実感できてよかった。乾湿計の使い方が身についてうれしかった。
面白い・驚いた	20	雑巾が冷たくなったことに感動した。
	21	雑巾を濡らして振り回すと雑巾の冷たさに驚いた。
	22	雑巾を回す前と後で違いが顕著に現れたので驚いた。夏に外に水をまくのと涼しくなるのと同じ理由だと気がついた。
	23	濡れた雑巾をぐるぐる回転させた前後で変化があるのにとても驚いた。乾湿計でなぜ相対湿度を求めることができるのかを学んで面白いと感じた。
	24	雑巾を振り回すのが楽しかった。楽しみながらも発見がありいい教材だと思った。
その他	25	乾湿計の正しい使い方を学ぶことができた。
	26	仕組みについて学ぶと、正確な相対湿度を求めるためには条件や環境が大切だということも知りました。

第3章

気象観測（風向・風速（風力）・気圧）

気圧は天気の変化に対応する重要な測定項目であり、風の観測値は災害の軽減、車・船舶・航空機の安全運行などに利用されている。どのように観測されているのか知ることで、天気の変化の仕組みの理解が深まるであろう。

3.1 吹き流しや線香の煙を利用した風向・風力の観測準備と方法

風向は16方位で観測され、風速は瞬間風速でなく10分間の平均風速である。風速計が設置される高さは、局地的な影響を避けるため開けたところであっても地上高10m以上で、大きな高い樹木や建物などがあればその影響がない高さとされる。学校教育における観測実習では生徒が自ら風向・風速の観測を行い、身のまわりの風を調べる活動を通し、観測方法を理解することが主たる目的になる。そのため、人間の生活高度レベルでの観測となるので、地上付近の風向・風速を測ることになり、局地的影響を受けやすい。

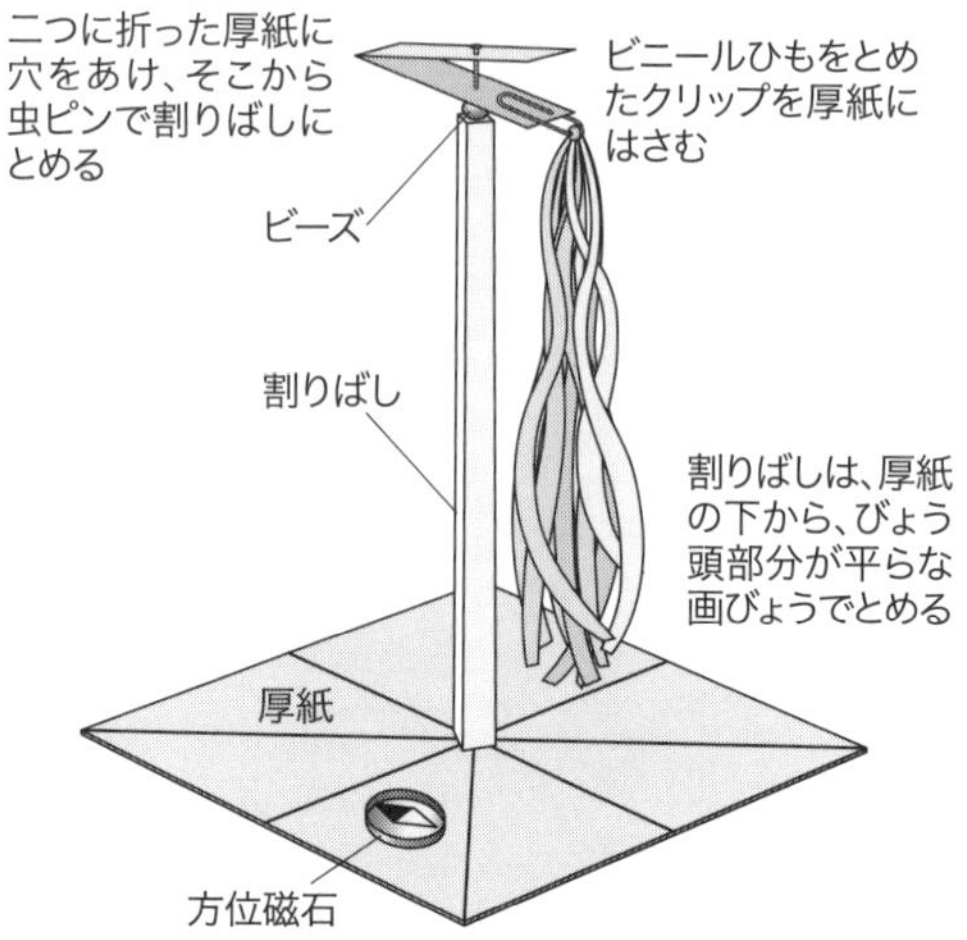
二つに折った厚紙に穴をあけ、そこから虫ピンで割りばしにとめる
ビニールひもをとめたクリップを厚紙にはさむ
ビーズ
割りばし
割りばしは、厚紙の下から、びょう頭部分が平らな画びょうでとめる
厚紙
方位磁石
図 3.1　吹き流し風向・風力計[1)]

[実験装置・モデルの作り方2]
吹き流し風向風力計

用意するもの

ボール紙（大）（20 cm × 20 cm）、ボール紙（小）（13 cm × 1.5 cm）、はさみ、割りばし、虫ピン、ビニールひも、マジック、画鋲、ビーズ、クリップ、方位磁針

製作手順

① ボール紙（大）にマジックで方位（8方位）の線を記入する（図3・2(c)）。

② そのボール紙の中心の裏から画鋲（図3・2(d)）を刺し、そこに半分に裂いた割りばしを立てる。半分にしたのはビ

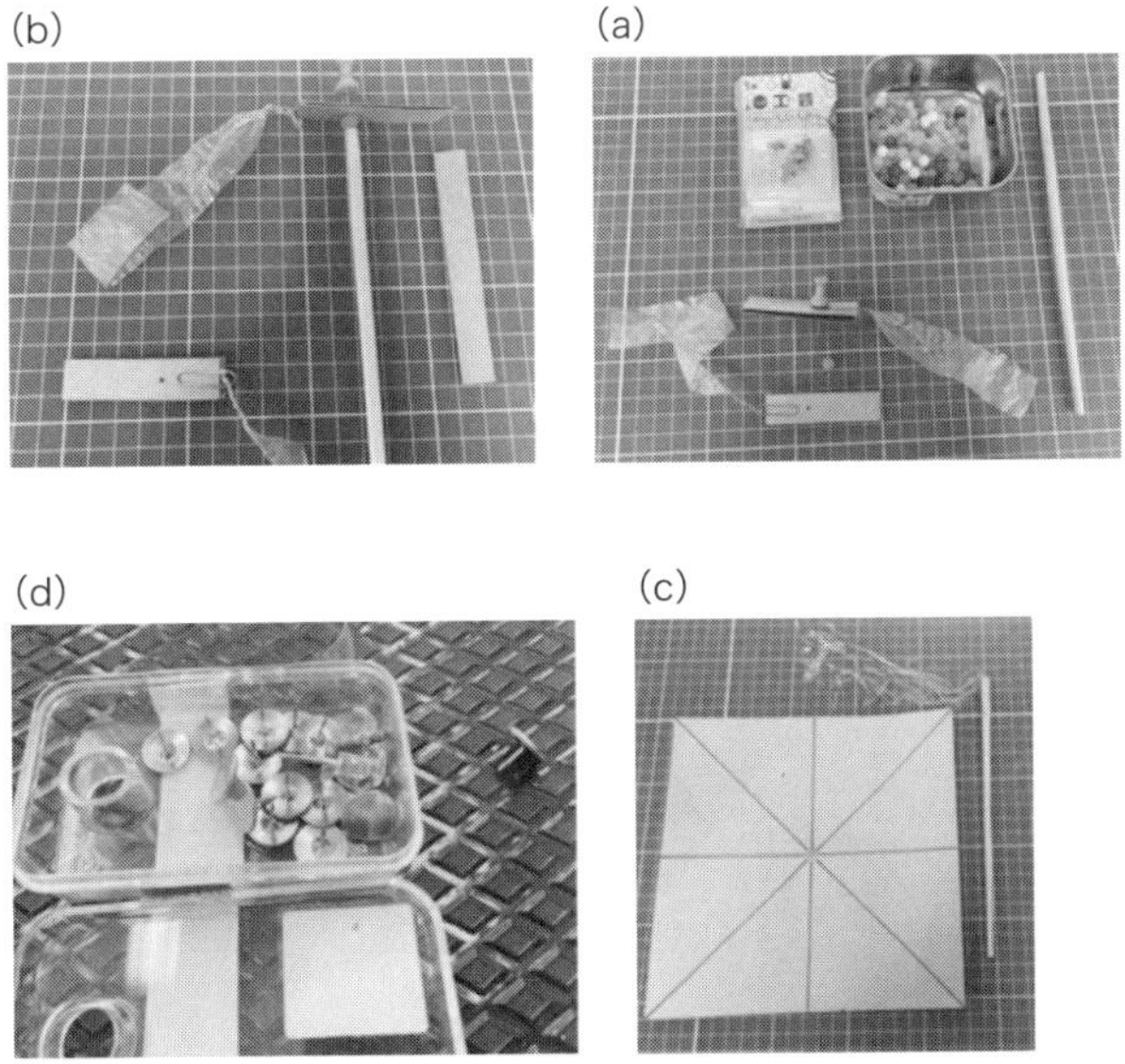

図 3.2　吹き流しの製作

ニールひもに風が当たりやすくするためである。

③　ボール紙（小）を2つに折ったところから約4 cmぐらいのところにそれぞれ穴を開け、虫ピンを刺す。ビーズを噛ませて割りばしの上端に固定する（図3・2(b)）。

④　裂いたビニールひもの一端をクリップに結び、ボール紙に図3・2(a)のように挟む。ビニールひもの長さはボール紙につかないくらいとする。支柱に用いた割りばしは静電気が生じにくいのでビニールひもがまとわりつかない。吹き流しに利用したビニールひもは、材料が入手しやすく、費用があまりかからないことが利点であるが、静電気を起こしやすい欠点がある。授業では測定時に着る服に配慮した。

コラム３：吹き流しと線香の煙のたなびき方と風速

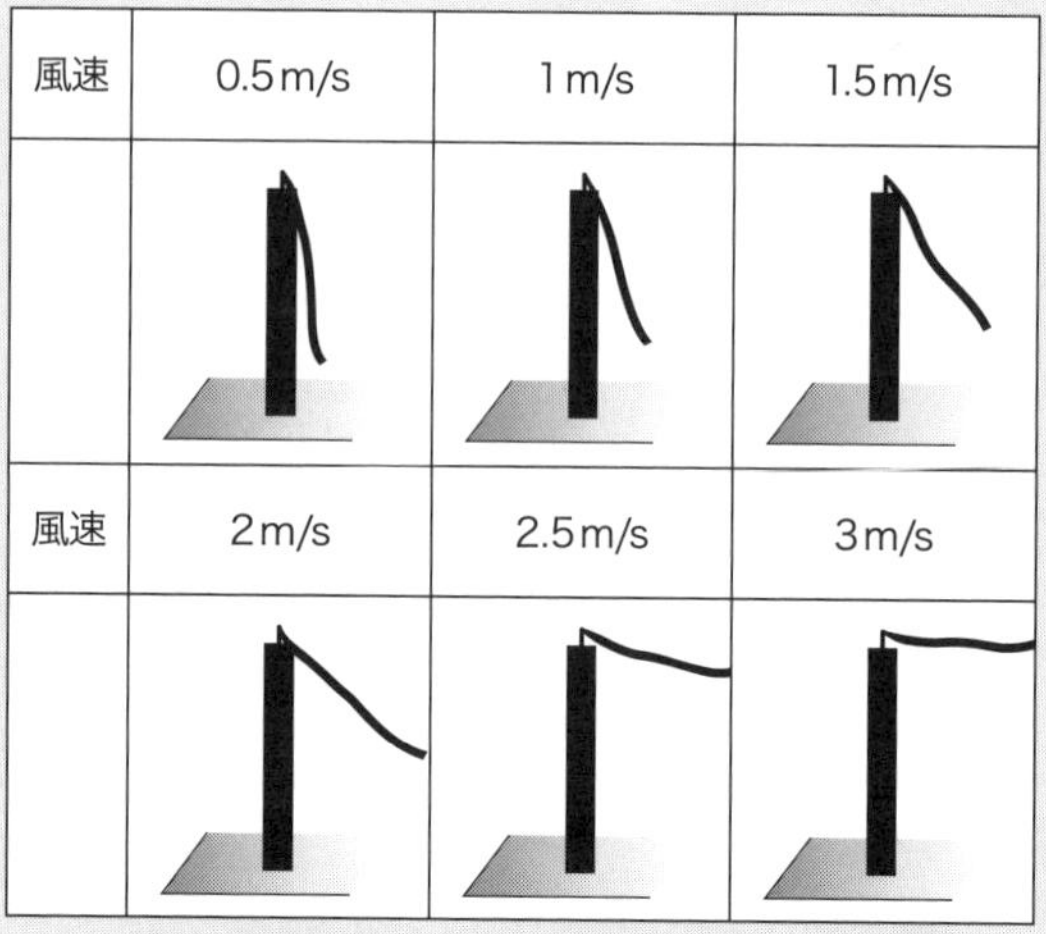

図 C3.1　吹き流しのたなびき方と風速の関係

今回用いた吹き流しのたなびく様子が、どの程度の風速に相当するかを検討した。風が一定方向に吹きやすい廊下において、デジタル風向風速計（(株)牧野応用測器研究所製、マイクロアネモKC201）と吹き流しを同じ高さ約1・2mに並べ、比較検討した（図C3・1）。図からわかるように、今回用いた吹き流しでは最大3m／sの風速まで対応できる。たなびく様子を目視によって区分すると、おおよそ6段階であった。しかし、屋外の使用では風の変動は室内より大きくなるため、実際には判別区分は3段階ぐらいとするのが適当である。風力の目安としては、風力1が0・5〜1・0m／s、風力2が1・5〜2・0m／s、風力3が2・5〜3・0m／sとなる。

吹き流しのたなびき方から風速を推定するものとは別の方法に、線香の煙を利用するものがある。装置の作り方は、粘土に火のついた線香を差し込むものである。線

風力区分	線香の見え方	様子	風速(m/s)
0		煙が静かにのぼり 肌にも感じない	0
1		煙がゆらぎ、体でも 微風を感じる	0
2		煙は真横に近い状態で たなびく	0.3
3		煙は強くたなびくが まだ見えている	0.64
4		煙は吹きちぎられ ときどき見えなくなる	1.05
5		煙は完全に 吹きちぎられ見えない	1.5以上

図 C3.2　線香のたなびき方と風速の関係

香の煙のたなびき方がどの程度の風速に対応するのかを知るため、風洞実験室において熱線風速計の示度と線香の煙の傾き・見え方を比較した結果を示す（図C3・2）。風洞実験室を用いた理由は安定した弱い風速を得られるからである。線香の煙では1m／s以下の弱風を見るのに都合がよい。そのため、吹き流しと併用することで、風の測定範囲すなわち実習可能日が多くなる。

（1）校庭・校舎周辺の風の観測実習の準備

製作した吹き流しを使用し、校庭・校舎周辺の風の観測を行う。授業は長野県の中学校2年生を対象に行った（図3・3）。授業の目的は気象観測を行うことで観測器具の取り扱い方に慣れ、そして気象観

図 3.3　観測を行った長野県の中学校
(a)校庭、(b)校舎、(c)中庭、(d)南校舎の南側道路

測の方法を身に付けること、吹き流しを用いて学校周辺の気流の特徴を理解することである。

① 準　備

吹き流し（風が弱い日は線香）、方位磁針、観測対象地区略図、風向・風力分布記入用紙、時計。

② 風向・風力の測定の仕方

観測者自身が風の流れを妨げないように風下側に立って行う。地上高1・2〜1・5ｍの台があれば望ましいが、なければ地面に直接吹き流しを置く。観測はその場で30秒ほど続け、平均の風向と風力を測る。風の状況によっては、風力は３段階、風向は４方位で読み取るように指示を出す。なお、線香による観測は、粘土に線香を立てて使用する。実際に行ってみると、風の流れは安定せず、いろいろな方向に吹き、強さも変わってしまう。そのため30秒間程度観測し、最多風向や平均的な風力を決める。

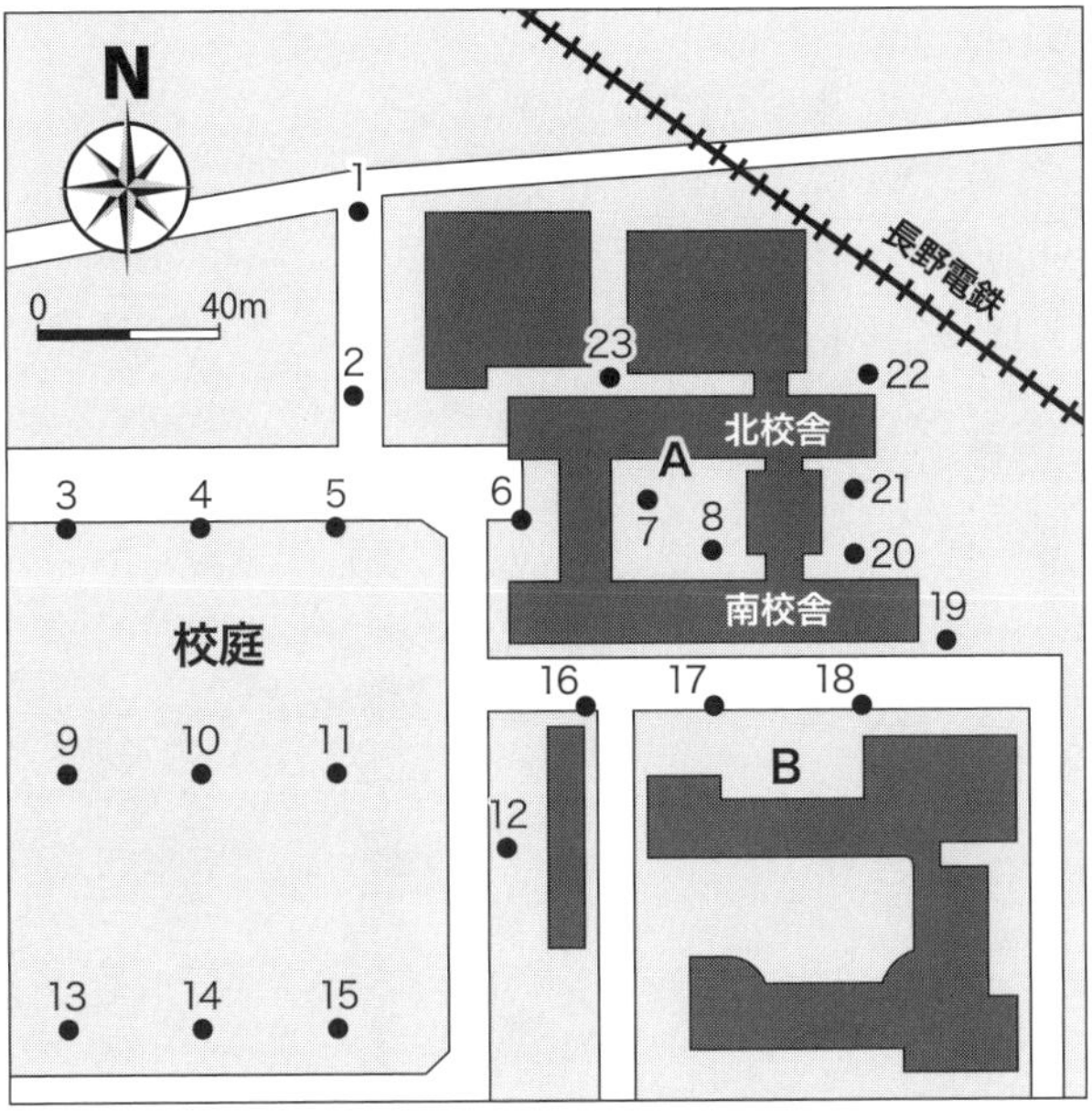

図 3.4　観測地域と地点の略図[1)]
番号は観測地点、濃いグレー部分は校舎

③ 観測対象地区略図と風向・風力分布記入用紙の作成

風向・風力分布図の記入用紙を準備する（図3・4）。まずは、印刷用紙のサイズを考えて校庭・校舎が示される学校敷地図や住居地図を拡大縮小し、道路や校舎などをトレースし、観測対象地区略図を作成する。図には方位とスケール表示を記入する。観測地点ができるだけ散らばるように地図上に配置し、それを●印で表示する。さらに図には観測地点や場所を示す数字とアルファベット記号を書き加える。観測地点数と班の数から1つの班が分担する地点数を決める。これを風向・風力分布記入用紙とする。

④ 風向・風力の表し方

風力は大・中・小の判別区分ごとに矢印

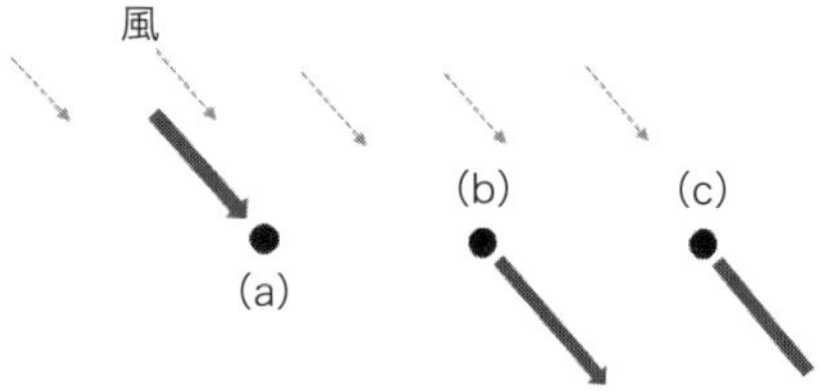

図 3.5　風向の表し方

の長さで表記する。風向は吹いてくる方向から観測地点に向けて矢印で表す（図3・5(a)）。観測地点から矢印を出す方法（図3・5(b)）も考えられるが、(a)の表記方法の方が一般的な風の表記（天気記号の学習）に移行する際都合がよい。また、矢印でなく1本の棒の表記方法（図3・5(c)）だと、吹き流しが風下側になびいていると誤解されやすい。

3.2　校庭で風向・風力を調べる授業（中・高・大）

風を測定する器具の製作、校庭や校舎周辺の風や理科室入口で風を調べる実習、気圧差による風の実験を通して、風の成因を追求する内容とし、授業を5時間構成で行った（表3・1）。

(1)　吹き流しの製作

身のまわりの気象で知りたいことを聞いたところ、生徒から「建物の周囲で気温や風の吹き方を調べてみたい」という意見が出た。そこで、それを調べてみることとした。気象観測の仕方や観測器具の説明をし、吹き流しの製作に取りかかった。

表 3.1　風向・風力分布を調べる授業の内容

	授業内容
第1時	身のまわりの気象現象で知りたいことを発表させたところ、「建物の周囲で気温や風の吹き方を調べてみたい」という意見が出た。そこで、気象観測の仕方や観測器具製作の説明と、吹き流し製作を行った。
第2時	［第１回目の気象観測］２人一組の班を編成し、あらかじめ決めておいた観測地点が記された地図を配布し、各班ごとに観測地点を割り振った。生徒はその場所を確認し、班ごとに吹き流しと記録用紙を持って観測地点に移動し、指示された時刻に観測を行った。教室に戻った班は、観測結果を黒板に書き、風向・風力分布記入用紙に矢印の長さと向きを記入し、結果を発表した。
第3時	［第２回目の気象観測］前回と同じ手順で観測を行った。
第4時	「今日は理科室で風を起こそう」と教師から提案した。ストーブで暖まっている理科室と廊下との間に風が起きるのではないかと予想し、理科室と廊下の間のドアを少し開け、吹き流しを用いて風の観測を行った。
第5時	温度差以外に風が起きる原因はないかという話し合いの中で、「真空の缶がつぶれる実験」から大気の存在を知っている生徒が大気の薄い缶の中に空気が流れ込む事象を指摘した。そこで線香の煙を充満させたフラスコと水を入れ熱したフラスコを共に栓をし、しばらくしてから２つのフラスコを近づけ、栓をとるとどうなるか実験を行った。

（2）風の観測実習の授業（第1回目）

導　入

身近な気象について興味を引き立てるように配慮し、実際に風向・風力の測定を行う。２人一組の班を編成し、観測対象地区略図をもとに、分担した観測地点を確認する。

展　開

班ごとに観測地点に移動する。次に、あらかじめ指示した時刻に観測を行い、その結果をノートに記入し、教室に戻る。黒板に観測結果を書き、他の班の結果も書き写す。また、風向・風速分布記入用紙を配付し、そこに風向・風速を矢印の向きと長さで記入する。その結果を見て、気づいたことをまとめる。第１回目の気象観測を1999年1月21日14時40分に実施した（図３・６）。学校から西方約４kmにある長

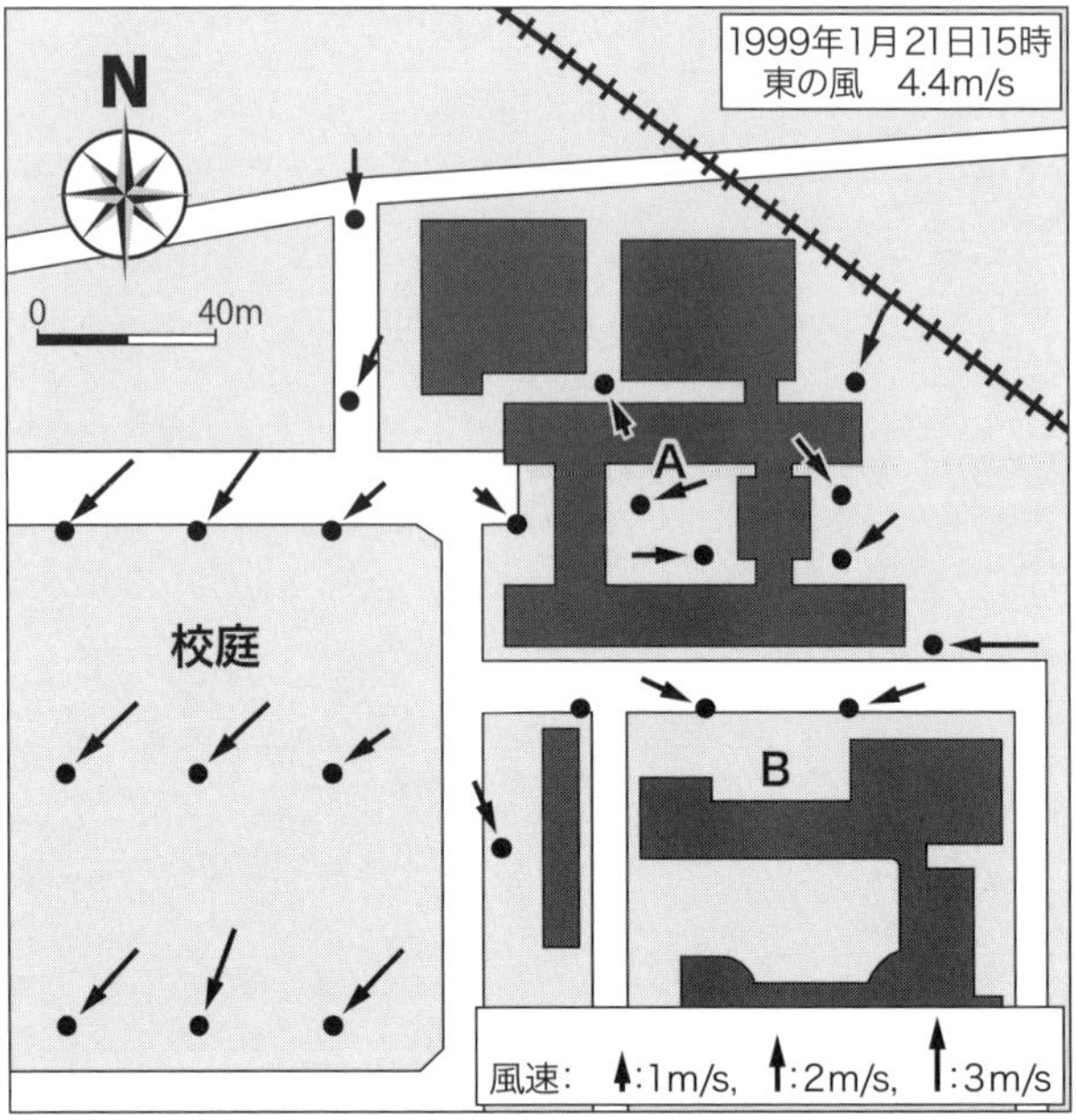

図 3.6　近くの地方気象台の風向が東の場合における校内の風向・風速の分布[1)]

野地方気象台の15時の観測値は、気温０・０℃、東の風４・４ｍ／ｓ、天気は曇りだった。生徒の感想には「風の吹く向きは一定であると思っていたが、同じ学校の敷地内でもこんなに違いがあり驚いた」というものがあり、風の特徴を体験できた様子がうかがえる。

（3）風の観測実習の授業（第２回目）

導　入

第２回目の気象観測を１９９９年１月25日８時40分に実施した（図３・７）。長野地方気象台の９時の観測値は気温５・７℃で、南西の風３・９ｍ／ｓ、天気は薄曇だった。

展　開

前回と観測時刻や天気の異なる日を選んで観測を行い、風向と風速に注目して得られた２つの観測結果を比較する。生徒のま

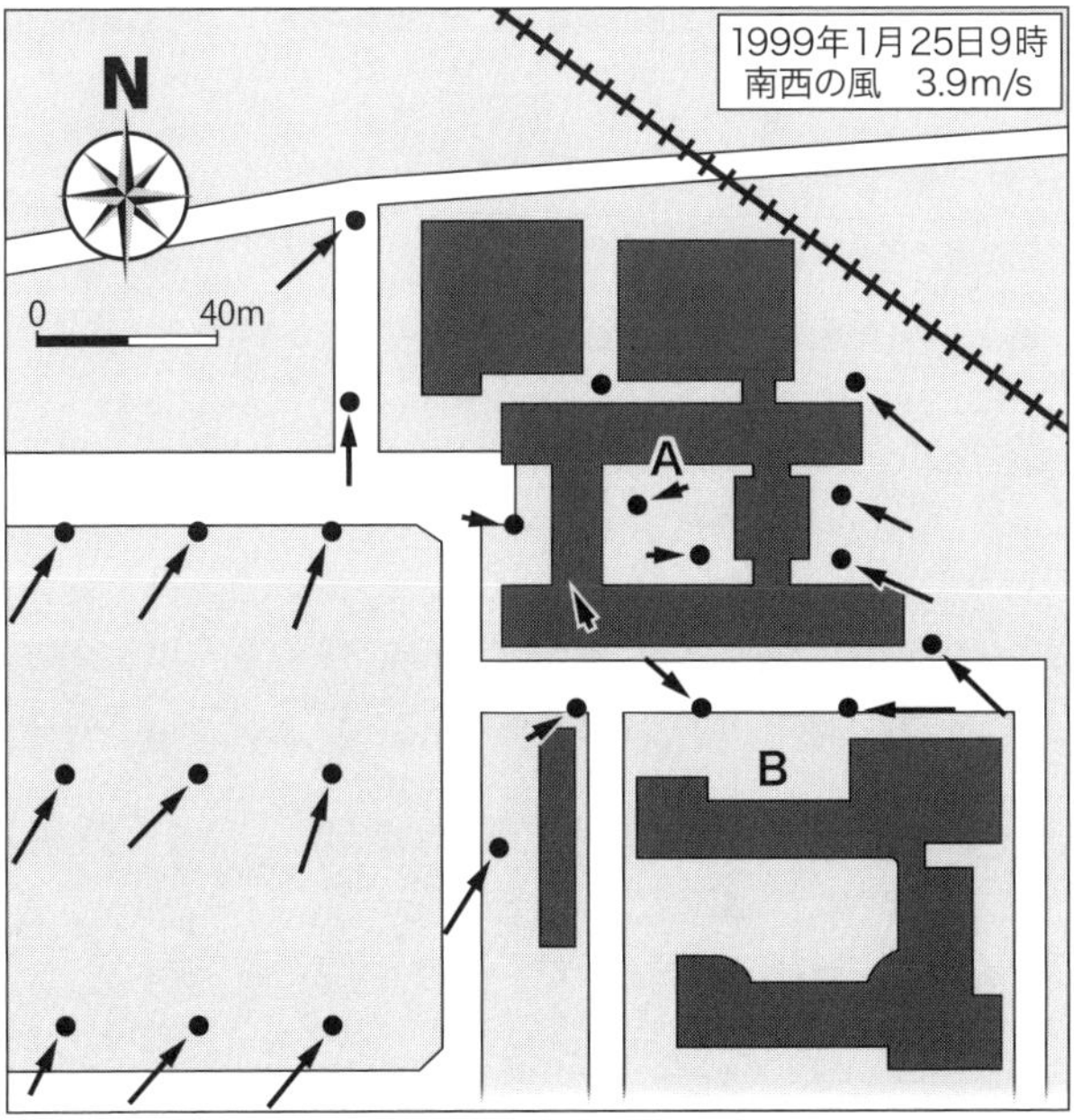

図 3.7　近くの地方気象台の風向が南西の場合における校内の風向・風速の分布[1)]

とめた結果は次のようになった。

① 校庭の地点ではだいたい風向きが同じである。

② 中庭（図3・3の印A）の2つの地点の風向きはいずれも逆向きになっている。

③ 南校舎の南側道路（図3・3の地点16〜18）では風向きが逆になり、道路の両側から吹き込んでいる。

④ その日の天候により校庭の風向は異なる。

以上から、建物周辺では風が複雑に吹き、この学校の周辺を代表とする風は校庭のような建物が近くにないところの観測値が適していることがわかる。また、②や③の結果に疑問を持ち、選択教科の授業でその研究を行う生徒も出た。

観測結果や既習経験から風が起こるわけ

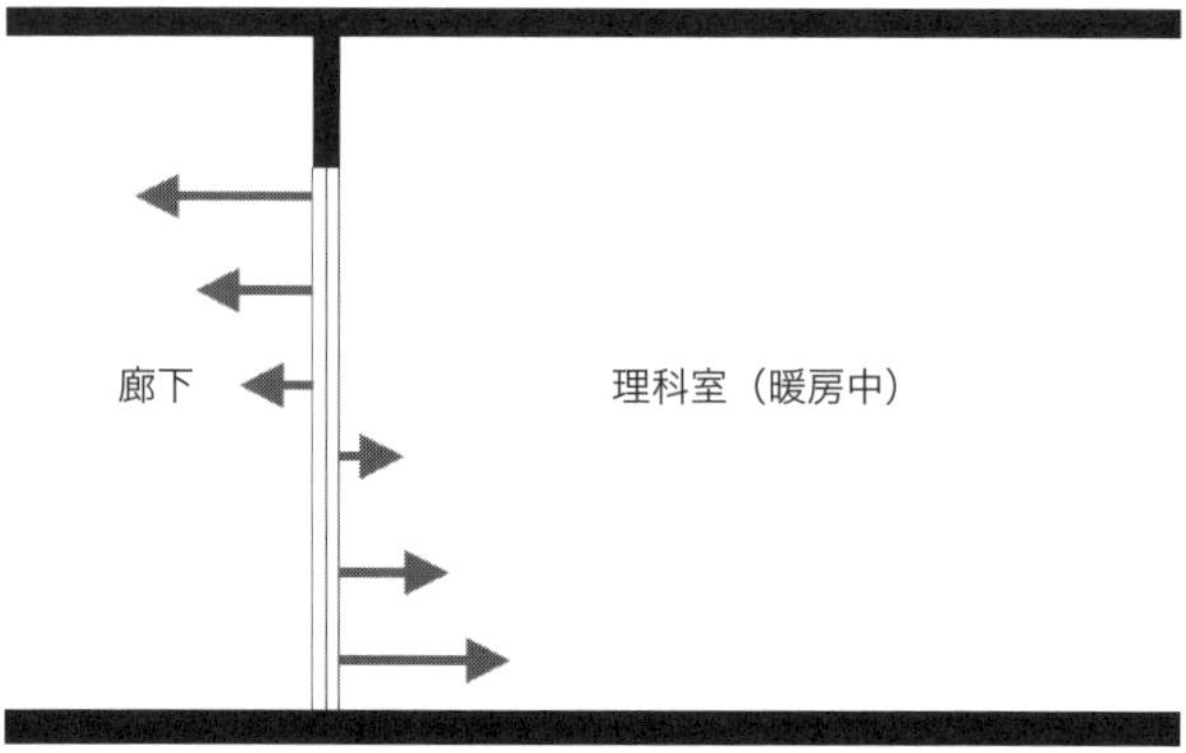

図 3.8　気温差のある廊下と教室の境で生じる風速・風向の鉛直分布[1)]

について予想させる。「校庭や校舎のまわりの風に違いがあることから、風が起こるのは気温に関係がありそうだ」「朝よりも昼間の方が風は強い」「風が起こる原因は太陽や気温に関係があるのではないか」等の意見が出て、実験して調べられないかということになった。

ここで、「自然界で無風状態のときはあるのだろうか」との質問を投げかけたところ、「少しは風が吹いている」「一瞬止まることはある」などの応答があり、一人の生徒から「家の中でも風は吹くよ」「寒い部屋から暖かい部屋に風が吹いてくる」との意見があった。

（4）まとめの授業場面

前回の結果から、生徒は温度差により風が起きるのではないかという見通しを持った。そこで、教師から「理科室で風を起こそう」と提案した。生徒はストーブで十分に暖めた理科室（暖）と廊下（寒）との間に風が起きるのではないかと予想した。

そこでまず、理科室と廊下のドアを少し開け、あえて測器を用いないで風を体感した後、吹き流しを用いて、生じている風を観測した。風が起こるわけには、温度差が関与していることを確かめるためである。風は、廊下側から強く吹き（床面直上で約2m／s）、吹き流しや線香を上へとゆっくり上げていくと徐々に小さくなり、やがて無風になった。そこからさらに上げていくと、今度は理科室側から廊下側に風が吹き出していた（図3・8）。生徒は、戸の上部では教室から廊下へ、下部ではその逆の方向に空気が移動することに気づき、風向が変わることに疑問を持った。

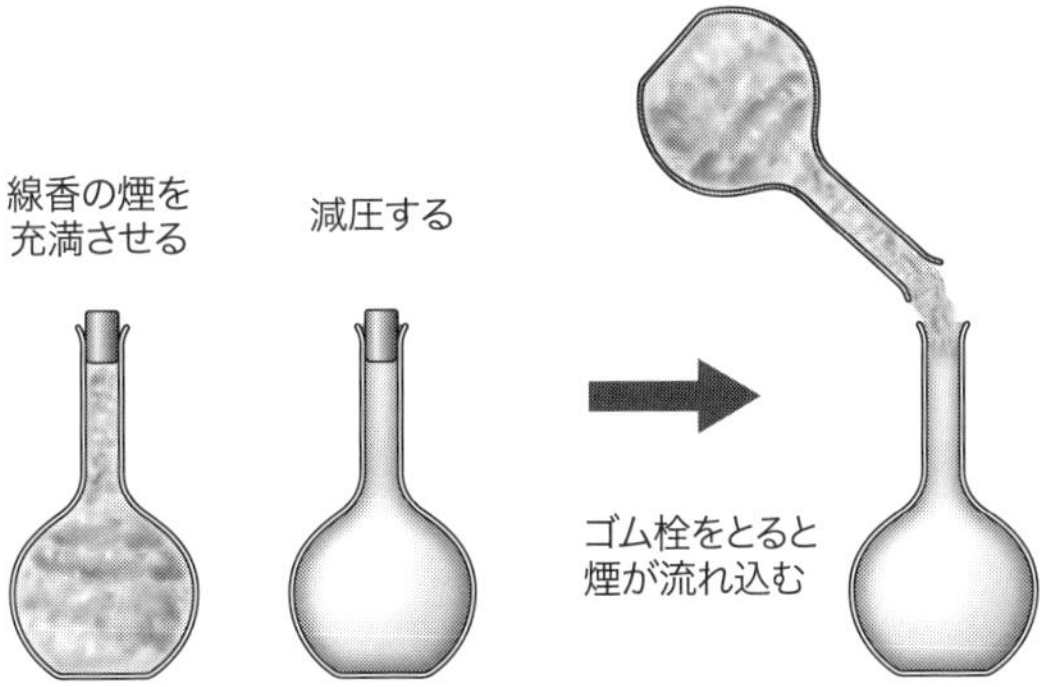
線香の煙を充満させる
減圧する
ゴム栓をとると煙が流れ込む
図 3.9 気圧差で生じる風[1)]

このような現象は自然界でもたびたび起こっており、海陸風や山谷風などはその例であることを紹介した。温度差以外に風が起こる原因はないかという話し合いを行った。「真空の缶がつぶれる実験」（3・3節参照）により大気の存在を知っている生徒から、大気の薄い缶の中に空気が流れ込む事象の指摘があった。そこで、気圧の違いにより風が起こる実験を提案した。異なる2つのフラスコを用意した。1つのフラスコは線香の煙で充満させ、もう1つのフラスコは水を入れて熱した。そして、2つのフラスコにゴム栓をする。後者のフラスコは冷めるに従い、内部の圧力が下がる。ここで片方のフラスコの中の線香の煙があらかじめ気圧を低くしたフラスコの中へ流れ込む実験を行った（図3・9）。このことで、温度差以外に空気の流れが生じることを知る。なお、次の時間の授業では、天気図から気圧と風向の関係を読み取る学習をする。

（5）生徒の感想

授業後に行った生徒の学習カードにある感想の一例を次に示す。

①　気象観測を初めてやりました。気象観測はむずかしいと思っていましたが、風向計を作るところからやったので観測がとても楽しくできました。風はいつも吹いているけれど気象観測をすると短い時間でも、風速や風力はいろいろに変わりました。風が前より身近に感じました。

②　風はどうして吹くのかは知りませんでした。気象観測をして温度と関係がありそうだということになり、理科室で実験をしました。ドアを開けた瞬間、足元に冷たい風を感じました。「あ、風が起きた」とうれしくなりました。その後吹き流しの風向計を使って風の流れを調べました。途中で風の流れが変わって驚きました。

このように、生徒は実際に気象観測を重ねることにより、自分の身の回りで起きている気象に興味を持ち学習に取り組めた。理科室入口で「風を起こす」実験では、体感を通して風の流れを感じ取り、自分の予想とは反する風の流れにも出会うことで、さらに追究していこうとする姿が見られた。

3.3　校舎内の気圧の鉛直分布の特徴の研究

中学校第２学年で行う気圧に関する実習では、水を入れたドラム缶やアルミ缶を加熱後、急冷させ缶がつぶれる様子を観察させ、生徒に大気の圧力を実感させる実習がある（図３・10(a)と(b)）。３世紀以前より広く使われていた晴雨計は手吹きガラスに着色水をいれて側壁に取り付けた管の水面が気圧の変化によって上下することを利用したものである（図3・10(c)）。

気圧変化は、校舎の階段を利用した鉛直方向の移動により、簡単に体験できる。まず、教材化にあたり、校舎を利用するとどの程度の気圧差が得られるかを検討する。ここでは、簡単のため高さの尺度をメートルではなく、階の数で表記した。

実験は千葉大学西千葉キャンパスの校舎（図3・11）を利用して2006年5月12日13時30分から16時に行った。天気は晴れであり、日本列島は高気圧に覆われていた。実験に利用した建物は、総合校舎G号館（G）、教育学部1号館（E1）、教育学部3号館（E3）、教育学部5号館（E5）、社会文化科学系総合研究棟（SB）、大学院文学研究科・社会科学研究科棟（BS）、総合校舎A号館（A）、工学部1号棟（I1）、工学部2号棟（I2）、工学系総合研究棟（I）、工学部10号棟（I10）、自然科学系総合研究棟（SS）、自然科学研究科1号館（S1）の13の校舎である。いずれも4階建て以上の建物である。

用いた測器はデジタル気圧計

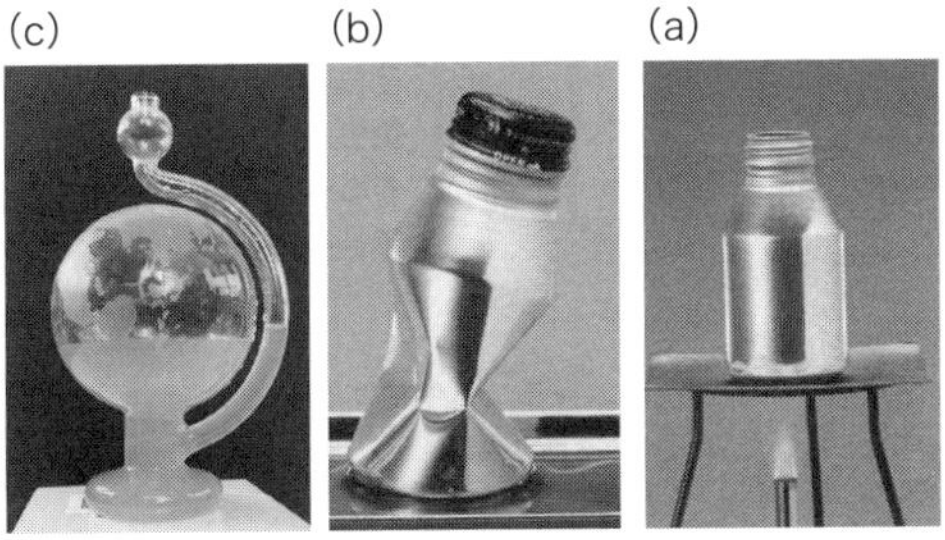

図3.10　気圧に関する実験と晴雨計

図3.11　千葉大学西千葉キャンパス

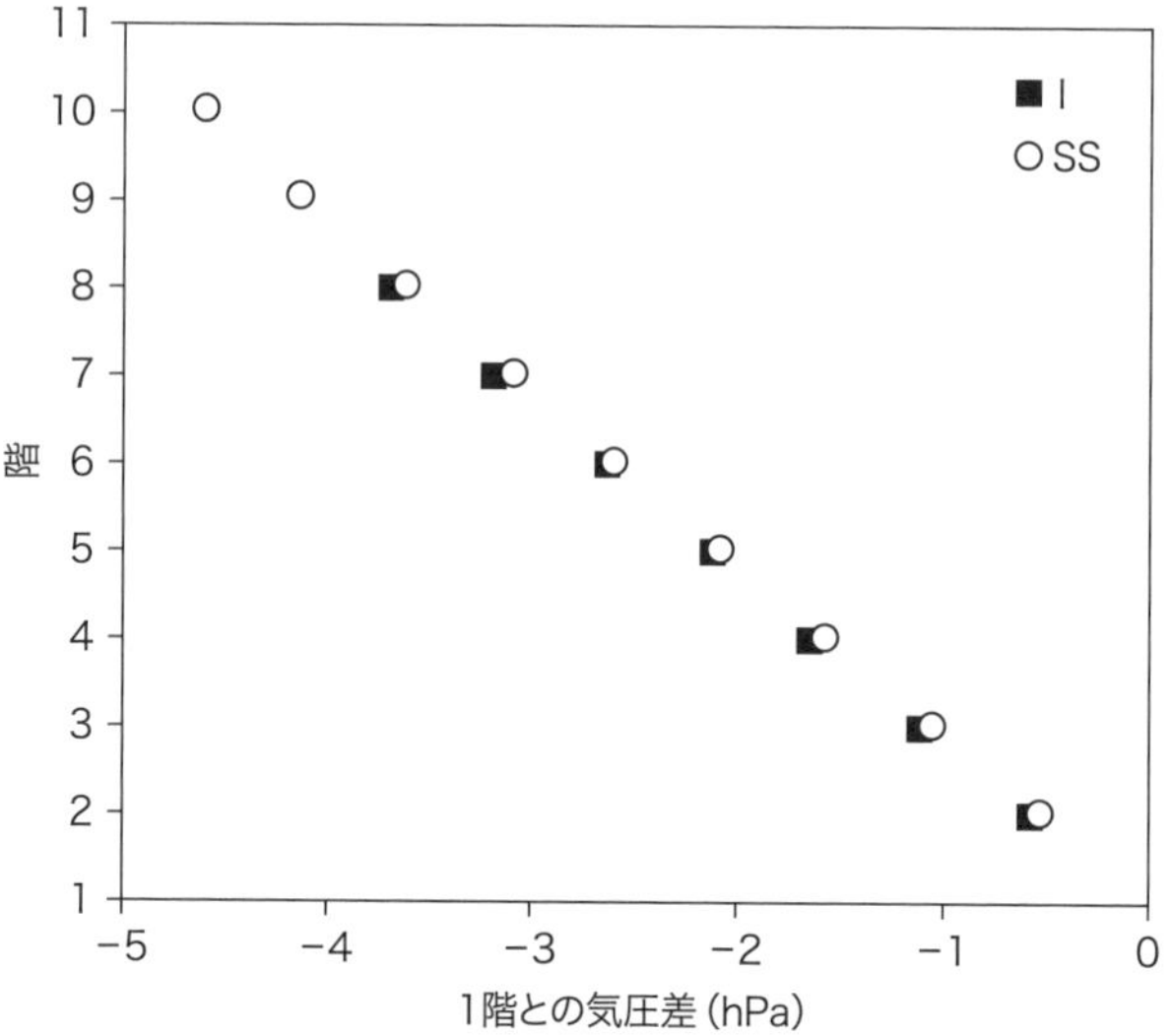

図 3.12　1 階からの各階の気圧差[2)]
I：千葉大学工学系校舎研究棟、SS：自然科学系総合研究棟

（VAISALA 製、PTB220 クラスA）である。この測器の温度依存性を含めた測定精度は５００～１１００hPaの範囲で、±０.１５hPaとされる。また、この気圧計の使用にはＡＣ電源が必要である。

まず、校舎の最上階における階段付近の廊下にあるコンセントの前に高さ47cmの椅子を置き、その上にこの気圧計を30秒程度放置し、示度が安定してから読み取った。１階ごとに階段を下りながら各階の気圧を測定した。１つの校舎における観測にかかった時間は最大でも13分間であり、これによる気圧変化の時刻補正は必要ないと見なした。一般に気圧の変化は低気圧の通過がない限り１時間に１hPa以下であり、それと比べて短時間の13分間程度ならば測定誤差範囲内の変化しか起こらない。

１階と特定の階との気圧差の関係を調べるため、実験に用いた校舎の中で１番高い建物である

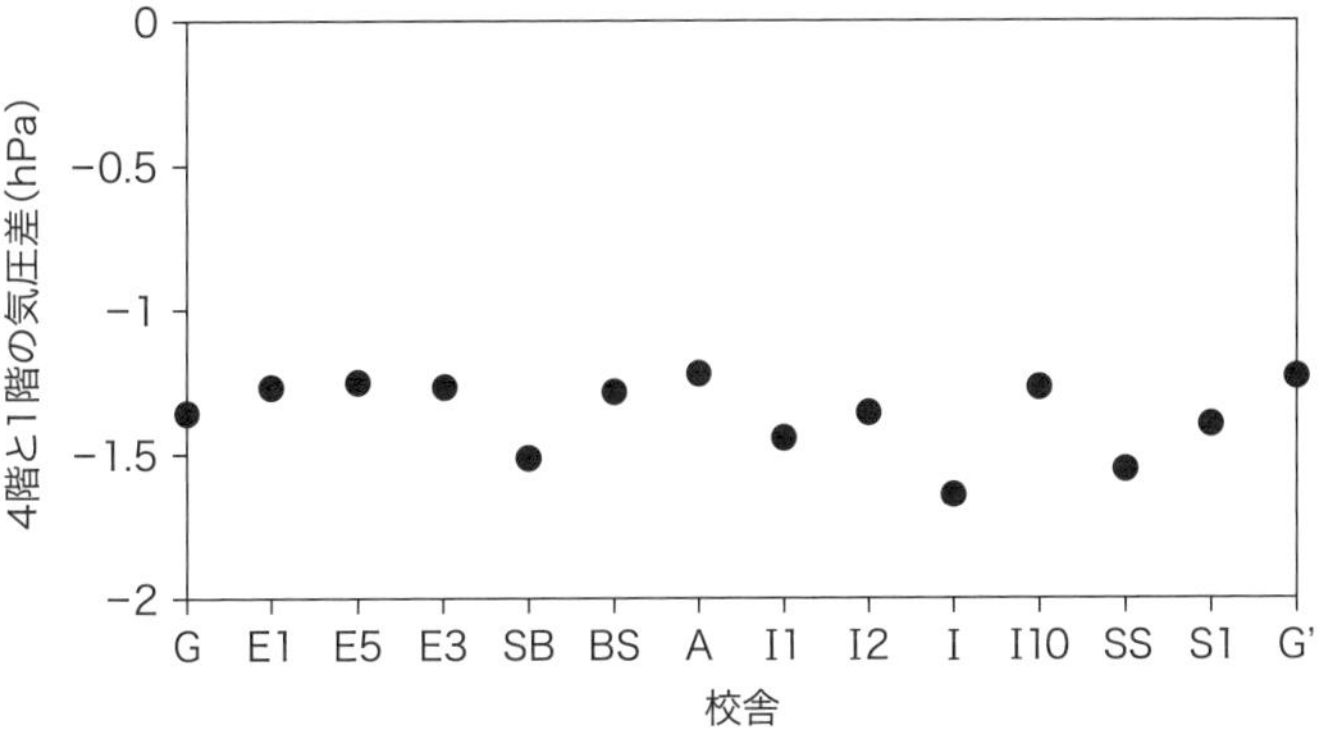

図 3.13　4 階と 1 階の気圧差[2)]

I校舎と次に高い建物のSS校舎において観測した結果を図3・12に示す。図からわかるように階が上がると気圧は下がり、1階との気圧差はどの階もマイナスになっている。階が高くなればなるほどその差は増大し、階と1階との気圧差には線形の関係が見られた。この関係の傾向は、すべての建物で認められた。

次に特定の階と1階の気圧差が校舎によって違いがあるのかを調べた。4階と1階の気圧差をすべての校舎において比較したものが図3・13である。ただし、図に示したG'はG校舎の観測をしてから2時間後の再観測結果である。GとG'を比べても0・1 hPa程度の違いでありデジタル気圧計の測定精度内のものであった。実習時間が2時間以上もかかることは考えられないので、本実習では測定時刻の違いを考慮しなくてもよい。なお、一般に気圧は1日をサイクルとした規則的な変化があり、観測時間が午前6時30分から9時30分と午後6時30分から9時30分の時には、6時間あたり0～1 hPa上昇し、観測時間が午後1時30分から3時30分と午前1時30分から3時30分の時、6時間で0～1 hPa低下するとされる。

校舎間において1 hPa以上の差異はなく、4階と1階の気圧差は

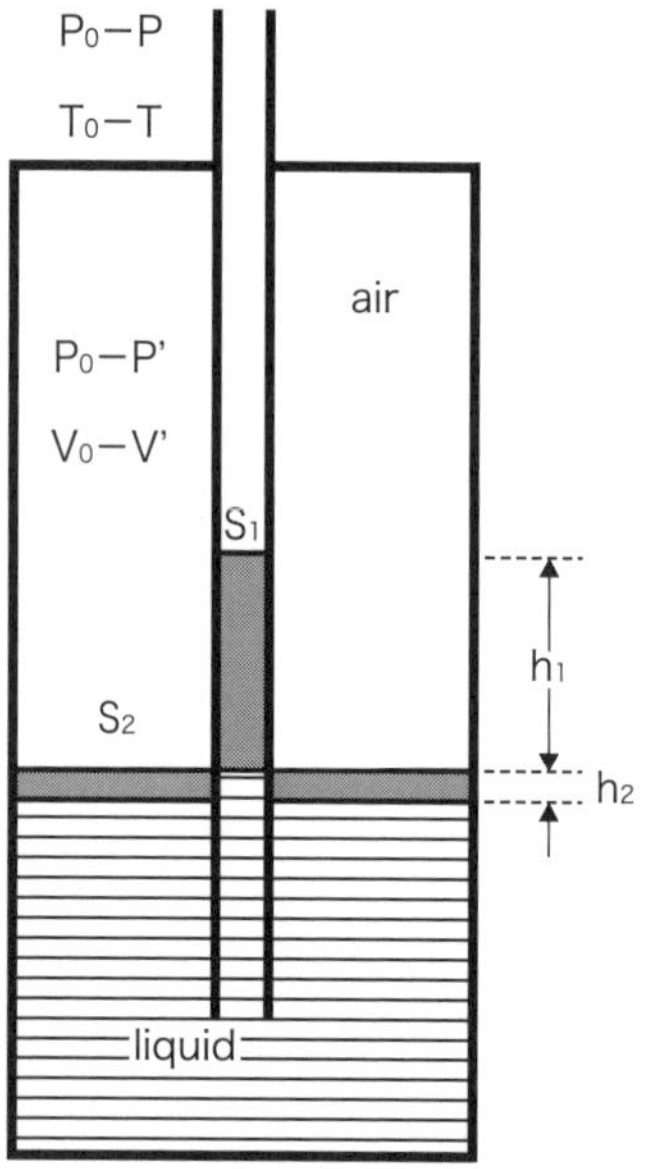

図 3.13　簡易気圧計の概略図[2)]

平均で-1.3hPaで、1・3hPaの標準偏差であった。前述したIとSSの気圧差の絶対値は相対的に大きな値だった。これらの校舎はいずれも新しい建物であり、1階あたりの高さが高いのかもしれない。また、すべての校舎において1hPa以上の気圧差が認められた。このことから中学校や高等学校の校舎の建物が4階建てであると想定すると、1hPa程度の気圧変化を1階から4階の移動により体験できる。

3.4　簡易気圧計を用いて気圧の変化を調べる授業の準備

（1）水面の上昇・下降による気圧の変化

前述した手吹きガラス瓶を利用する晴雨計（図3・10(c)）は、Poorman's Barometerとも呼ばれ、3世紀以前より天候の予測に広く使われていた。晴雨計はガラスの水差しに似た容器に水を入れ、部屋の壁に掛けて使用する。水差しには水を入れる部分がなく、注ぎ口にあたる部分に目盛りが付いていて水面の高さを読み取るようになっている。気圧が下がると細い部分の水面が上昇する。この仕組みを利用して、菅の中の水面が徐々に上昇してくると、低気圧が接近し、反対に水面が下がると天気が回復に向かうと考え、晴雨計を天気予測に利用していた。そのため、晴雨計のことをウェザーグラスと呼ぶことがある。

ウェザーグラスの一例として、アクリルパイプをペットボトル下部の側壁に取り付け上向きに曲げた簡易気圧計がある（図3・13）。児童・生徒に自作させる実験用具としては、ストローをペットボトルのふたに取り付ける方法がある（後述（4）参照）。この方法は、ストローがペットボトルの中央部にあるので目盛りがやや見にくい難点はあるが、ストローをふたに取り付けた方が壁面よりも厚さがあるので固定しやすいこと、穴を開ける際に加工面が平らであるので工作がしやすいこと、横から管が出ている場合よりぶつかったときに壊れにくいこと、といった利点がある。

こういった簡易気圧計を用いて小学校5年生を対象とした授業を行ったところ、気圧という目に見えない現象を具体的に「空気が押す力」「空気の重さ」として捉えさせることができたとする報告がある。現象そのものを取り扱い楽しみながら知識を増やす経験は、児童・生徒の科学的知識や学習意欲を高めるものと期待できる。

コラム4：気圧・気温の変化に伴う簡易気圧計の水面差

ここで、水面が上下する仕組みについて理論的に検討する。水を入れた円筒形のペットボトル容器にストローを固定する（図3・12）。ただし、ストローの断面積をS_1、ペットボトルの断面積からストローの断面積を引いた値をS_2とする。実験開始時はペットボトルやストローの水面は同じ高さにあり、図3・12の横長斜線部の上面（縦長斜線部の下面）に相当する。なお、ペットボトルは、実験の前後で容器の変形がなく、きわめて伝熱性がよいと仮定する。

ここで、外気温がT_0からTに、外気圧がP_0からPに変化したとする。この変化に伴いペットボトル内の気温はT_0からT、気圧はP_0からP'、体積はV_0からV'に変化したとする。この体積が大きくなると、ペットボトル内の水面はh_2だけ下がり、ストロー内の水面はh_1だけ上がる。この水面差h（＝h_1＋h_2）は見かけの水面上昇量になる。

変化前と変化後におけるペットボトル内の空気の状態方程式はそれぞれ次のようになる。

$$P_0V_0=nRT_0 \quad (1)$$

$$P'V'=nRT \quad (2)$$

ここで、nはモル数、Rは気体定数である。ρを液体の密度、gを重力加速度とすると、変化後のペットボトル内の圧力P'は外気圧Pと水面差が引き起こす圧力ρghの和と釣り合うので、次のようになる。

$$P'=P+\rho gh \quad (3)$$

厳密には、表面張力による影響により初期状態でhはゼロにならないが、本研究では外気圧や気温の変化に伴う変化量に着目しているので、定数である表面張力による高さの差異はこの議論には無関係である。ここで、外気圧の変化量をΔP（$=P/P_0$）とすると(3)は次のようになる。

$$P'=P_0+\Delta P+\rho gh \tag{4}$$

一方、ここで、(2)から(1)を引くと次のようになる。

$$P'V'-P_0V_0=nRT-nRT_0 \tag{5}$$

また、ペットボトル内の水面低下に伴う体積変化量はストロー内の水面上昇に伴う体積変化量に等しいので、実験の前後で水の熱膨張と蒸発・凝結を無視できると仮定すると、

$$S_2h_2=S_1h_1 \tag{6}$$

となる。h_1は水面差hからh_2を引いたものに等しいので、(6)は次のようになる。

$$S_2h_2=S_1(h-h_2) \tag{7}$$

したがって、(7)をh_2について解くと

$$h_2=\frac{S_1h}{S_1+S_2} \tag{8}$$

となる。変化後のペットボトル内の体積V'は増加前の体積V_0と増加量ΔVの和であるので、次のように表せる。

$$V' = V_0 + \Delta V \qquad (9)$$

また、ペットボトル内の増加量ΔVはS_2h_2に等しいので、(9)は

$$V' = V_0 + S_2h_2 \qquad (10)$$

となり、(8)を(10)に代入すると

$$V' = V_0 + \frac{s_1s_2}{s_1 + s_2}h \qquad (11)$$

の式が得られる。右辺第2項のhの係数 S_1S_2 / (S_1+S_2) を合成断面積Sとし、式を次のように簡単化する。

$$V' = V_0 + S_h \qquad (12)$$

(5)式に(4)と(12)を代入すると、

$$(P_0 + \Delta P + \rho gh)(V_0 + S_h) - P_0V_0 = nRT - nRT_0 \qquad (13)$$

となる。左辺を展開すると以下のようになる。

$$左辺 = \Delta P \cdot V_0 + \rho gh \cdot V_0 + P_0 \cdot Sh + \Delta P \cdot Sh + \rho gh \cdot Sh$$

ここで、第4項は第1項と比べてかなり小さく、第5項は第2項と比べてかなり小さいので、第4項と第5項は省略して式(13)を整理すると次のようになる。

$$\Delta P \cdot V_0 + \rho gh \cdot V_0 + P_0 \cdot Sh = nR\,(T - T_0) \tag{14}$$

ここで外気温の変化量 $T-T_0$ を ΔT として(14)を h について解くと

$$h = \frac{nR\Delta T - V_0\Delta P}{\rho g V_0 + P_0 S} \tag{15}$$

となる。そこで、$R=8.314\times10^7$ g cm^2 sec^{-2} deg^{-1}mol^{-1}、そして常温（＝20℃）で実験すると仮定して、$n=V_0$ /（22.4×1000×293.15÷273.15）を代入して変形する。ここでCGS系の単位を用いたのは、実験で得られる水面差が数 cm のオーダーだからである。

$$h = \frac{3460\times\Delta T - \Delta P}{\rho g + P_0 S/V_0} \tag{16}$$

$g=980$cm sec^{-1} を代入して、(16)を整理すると

$$h = \frac{3460\,[\Delta T] - \Delta P}{[\rho] + [P_0][S]\,/\,[V_0]} \tag{17}$$

となる。なお、一般に地上付近では P_0 は 1 atm（＝1.013×10^6g cm^{-1}sec^{-2}）前後であり、大きな変化はない。この式から気温が上がったり、気圧が低下したりすると、水面差は大きくなることがわかる。水の代わりに密度の小さい液体を用いても水面差は大きくなる。また、ペットボトルやストローの断面積とはじめのペットボトル内の空気の体積も水面差に影響を受けることが読み取れる。また、ΔP の単位は atm ではなくCGS系を用いることに注意する。

（２）外気温の変化による水面差への依存性

４階建ての校舎を利用した実習では、１階と４階では１hPa程度の気圧差が得られる。1hPa ≒ 10^3g・cm^{-1}・sec^{-2}であることを用いて、コラムの式（17）を見ると、気温の変化量１℃による水面差は気圧の変化量１hPaに引き起こされる水面差の３・５倍程度生じることがわかる。このことから気圧変化に伴う水面差を見るためには、気温の変化をできるだけ小さくする必要がある。そのために簡易気圧計の断熱性を高める工夫が求められる。

一般に対流活動が活発な日中では、混合層が発達し大気は十分混ざっている。その結果１kmぐらいまでは等温位（温位とは断熱的に空気の圧力を１０００hPaまで変化させたときの温度）状態になっている。このような状態では、１００m上昇すると約１・０℃気温が下がる。５階建ての建物高は約20mであり、地表面に近い部分を除いて、気温は20mにつき０・２℃程度下がる。一方、２・３節で示したとおり、晴天日の日中において室温は上の階の方が高くなることが多い。理由としては、屋上面が熱せられて高温になっていること、暖かい空気が上昇すること等が考えられる。窓を十分に開け風通しをよくすれば室温は外気温に近づくので、外気温の高さによる差異が小さい日中は階による室温の差も小さく保たれる。なお、実習では、できるだけ各階の窓を開けたままにしておいた。

（３）気圧が１hPaだけ変化した場合の水面差への依存性

簡単のため外気圧が１hPa程度変化するケースを考える。４階建ての校舎を利用した実習を想定し、窓を十分に開け各階の気温に差異がないとした。実験に用いた基本的な条件としてV_0＝300cm^3、S_1＝

$0.19cm \times 0.19cm \times \pi$、$S_2 = 3cm \times 3cm \times \pi$、$\rho = 1.0g \cdot cm^{-3}$とした。これは水を4割ほど入れた500mlのペットボトルに半径3mmのストローを差した状態を想定している。ペットボトルの外側をエアキャップ（断熱材）で覆い、熱伝導性を悪くした。また、コラム4の理論計算では熱伝導性がよいと仮定したが、得られた式（17）を見ればわかるように、外気温とペットボトル内の気温の差が大きい場合や小さい場合、そして全くないとした場合にも対応できる。ここで熱伝導性がきわめて悪いと仮定し、外部の気温変化が無視できるケース（$\Delta T = 0$）で計算を行った。

式（17）における気温と気圧以外の変数から1つを選ぶ。合成断面積SはS_1とS_2によって決まるので、実際の変数は4つになる。特定の変数以外の残りの3つの変数を固定し、特定の変数の水面差hに対する感度解析を式（17）により行った。なお、Sの算出には（11）を求めるときに定義した$S = S_1S_2/(S_1 + S_2)$を用いた。

① ペットボトルの半径と合成断面積

ペットボトルの半径を変化させ、合成断面積への依存性を調べた（図3・15）。図からわかるようにペットボトルの太さは合成断面積に影響を及ぼしにくい。いいかえると実用上$S_2 \gg S_1$の関係が成り立ち$S = S_1$と見なせるので、ペットボトルの半径すなわち太さはあまりhに影響を与えないことを意味する。

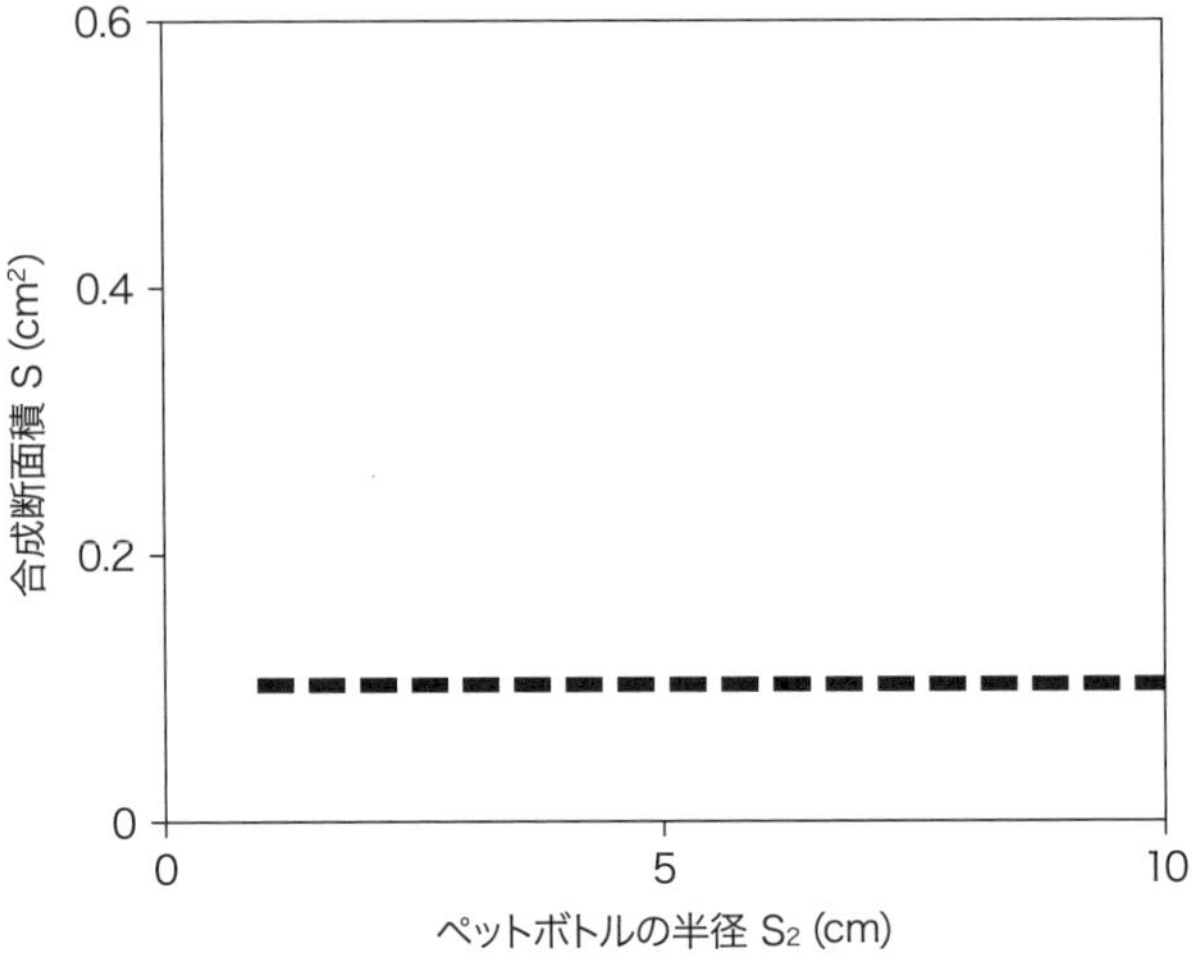

図 3.15　ペットボトルの半径と合成断面積との関係[2)]

②　ガラス管の半径

ガラス管の半径を変化させ、ガラス管の断面積を増大させ、水面差への依存性を調べた。ストローではなくガラス管を用いたのは、太さが大きく異なるストローを入手できなかったからである。

実験は信州大学教育学部西校舎のエレベータを利用して行った。放置しておいた200mlの水を500mlのペットボトルの中に入れ、異なる太さのガラス管として半径が0・08cm、0・19cm、0・34cm、0・44cmの4本を用いた。高さ80cmの脚立の上にペットボトル簡易気圧計を置き、ガラス管につけた目盛りを参考にして水面差を読み取った。

実験はエレベータを利用して行った。1階で示度を読み取った後4階に移動して測定し、再び1階に戻り示度を読み取った。エレベータには一人の観測者以外は乗っていない。上りによる水面差の変化量と下りによる水面差の変化量を用いて平均値を求めた。この作業を5回行い、平均水面差をプロットしたのが図3・

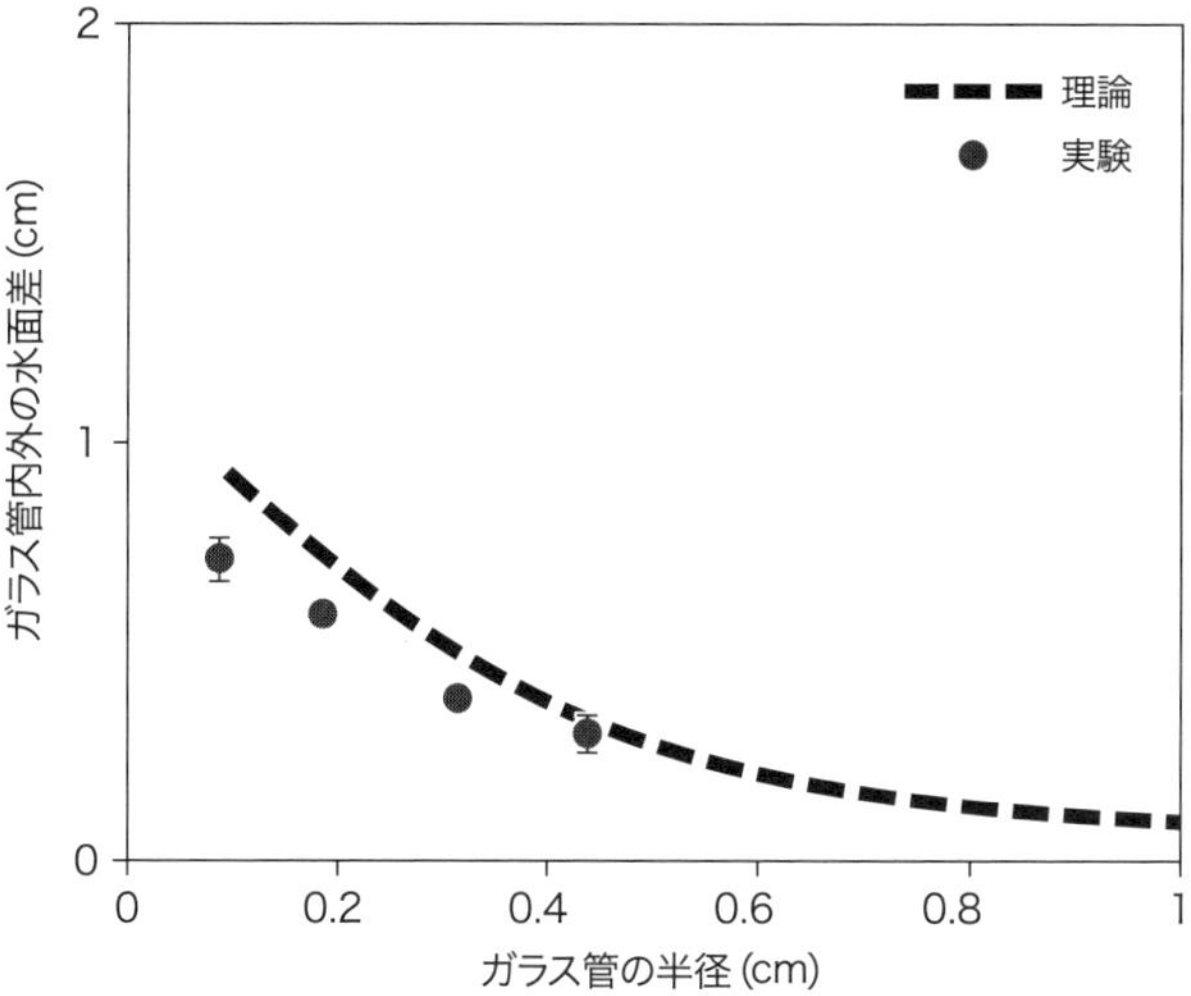

図 3.16　ガラス管の半径と水面差との関係[2)]
エラーバーは標準偏差を示す

16である。点線はガラス管の半径を変化させたときの式（17）による理論値である。また、エラーバーは標準偏差を示すが、示されていないのはマーカーの大きさより小さいことを意味する。図からわかるように実験値と理論式から求めた線の傾向はおおむね一致し、ガラス管の半径が大きくなると水面差は小さくなる。

なお理論値を求めるにあたり、式（16）のΔPに1hPaを代入しているので、2hPaの気圧差が生じるならば2倍の水面差が得られることを示している。ちなみに今回の実験では1階と4階の気圧差を測ったところ、1・26hPaであったので、実験値と比べるためには点線の値を1・26倍して見る必要がある。

③　ペットボトル内の空気の体積

ペットボトル内の空気の体積を変化させ、水面差への依存性を調べた（図3・17）。実験は500mlのペットボトルに水を100mlから400mlまで4段

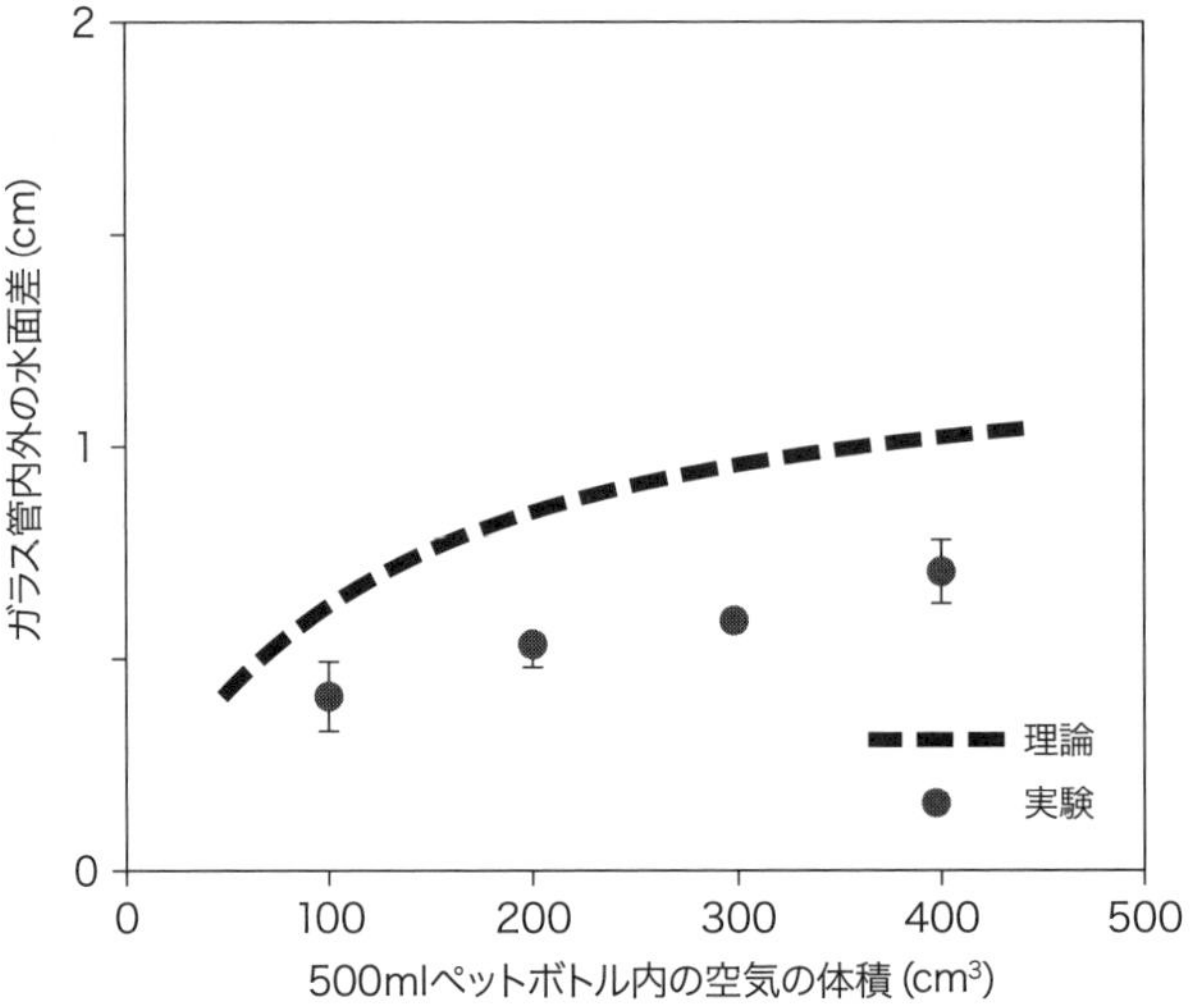

図 3.17　ペットボトル内の空気の体積と水面差との関係[2)]

階で増加させ、それ以外は前節で示した実験と同様な方法で行った。ガラス管の内径は0・19cmのものを用いた。実験結果と理論式から求めた線の傾向は一致することが読み取れる。すなわち、ペットボトルの空気の体積が増えると水面差は増大する。また、水面差の増加は直線的に増えるのではなく、体積が大きくなるのに伴い増加率は小さくなっている。感度をよくするには、ペットボトル内の空気の体積を大きくするとよい。

④ 液体の密度

ペットボトル内に入れた水の代わりに別の液体を入れる方法により、液体の密度の水面差への依存性を調べた（図3・18）。ガラス管の内径は0・19cmのものを用い、500mlのペットボトル容器に液体200mlを入れた。ペットボトルの中に入れる液体として水、ヘキサン、オリーブ油、コーン油、ギ酸を利用した。それぞれの密度は1・0g／cm^3、0・92g／cm^3、0・66g

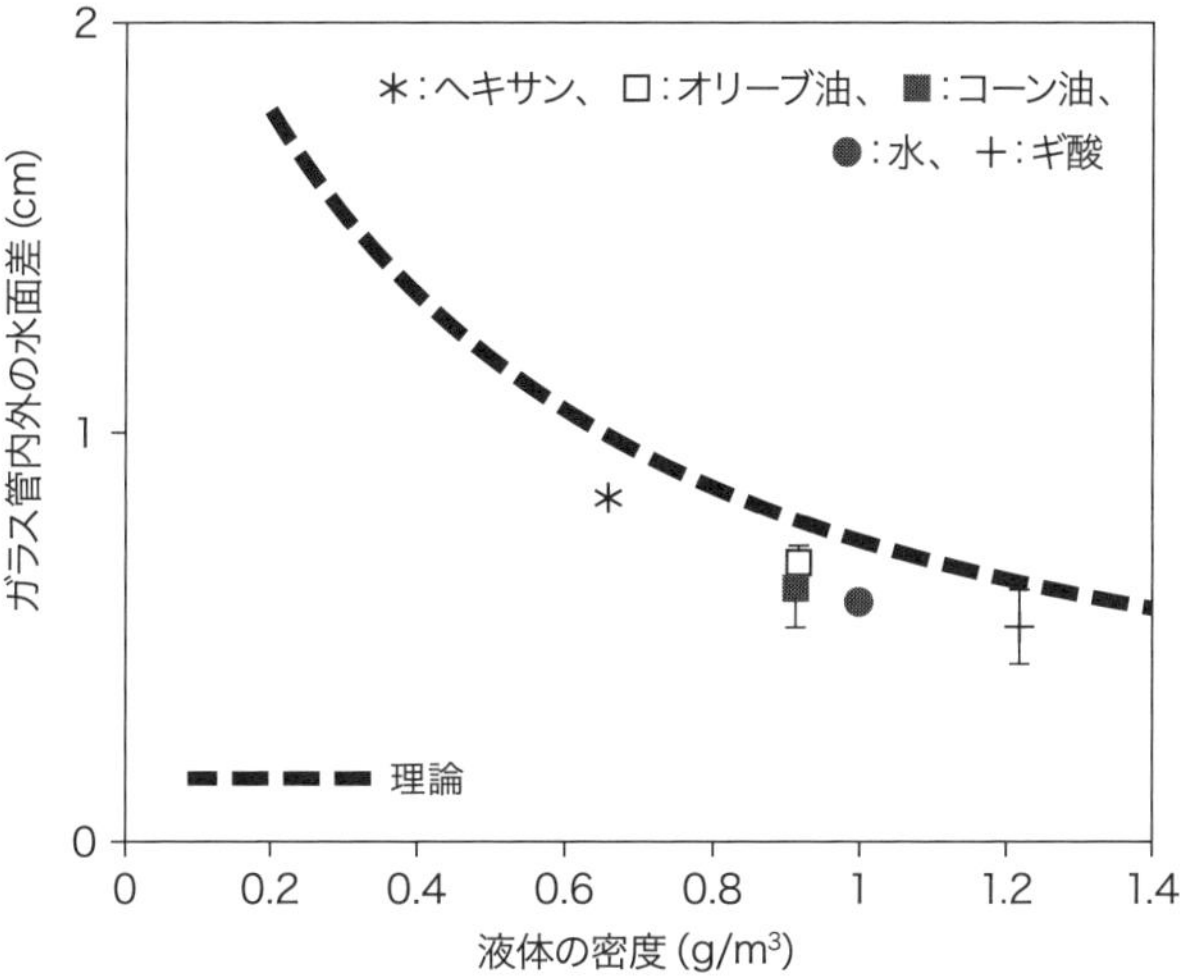

図 3.18 液体の密度と水面差との関係[2)]

／cm^3、0・92g／cm^3、1・2g／cm^3である。実験結果も理論式で求めた値も、密度が小さいほど水面差は大きくなる傾向が認められた。このことから、感度をよくするには密度が小さい液体を利用するとよいことがいえる。

（4）簡易気圧計の製作方法と実験の留意点

前述の実験で検討された結果を踏まえ、生徒が授業で利用するための簡易気圧計を製作した（図3・19）。変更点は、ガラス管の代わりに透明なストローを用いた点である。ストローはガラス管と比べ膨張しやすいが、生徒が簡易気圧計を持ち歩いても安全である。用いた透明ストローの直径は4・3㎜であり、入手できたストローの中で直径が一番小さいものである。手軽に利用できることや安全性・後処理の容易さ等を考えて、次のような方法で製作を行った。しかし、今後生活環境が変化したときには、先に検討された結果を踏まえて、より適切な材料を利用することが望ましい。

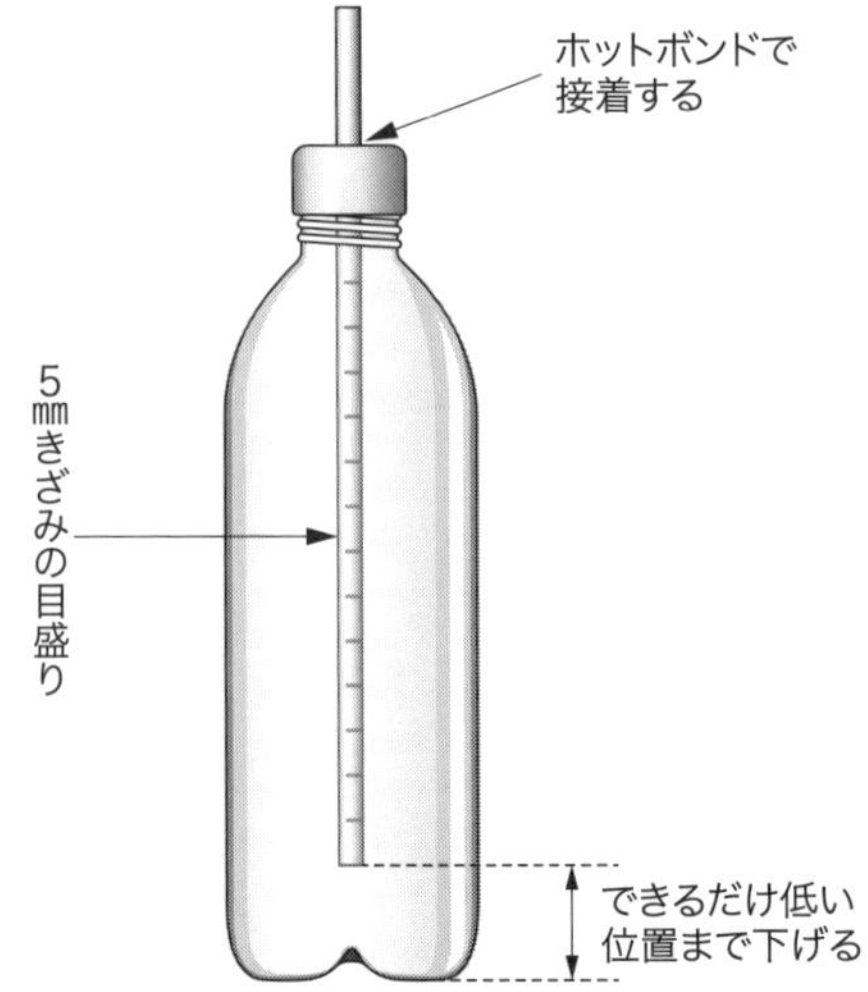
ホットボンドで
接着する
5㎜きざみの目盛り
できるだけ低い
位置まで下げる

図 3.17　簡易気圧計の略図

［実験装置・モデルの作り方3］

簡易気圧計

用意するもの

500mlのペットボトル、透明ストロー、ホットボンド、ウッドビーズ、コルクボーラー、エアキャップ、油性マジック（図3・18(a)(b)）

なお、ペットボトルは、表面に装飾や凹凸がないものが目盛りを読みやすい。

製作手順

① コルクボーラーを用いて、ペットボトルのふたにストローがちょうど入るサイズの穴を開ける。

② この穴にストローを差し込み、ストローが少し出るようにして、ホットボンドで接着する（図3・18(c)）。

③ 接着できたら、油性マジックでストロ

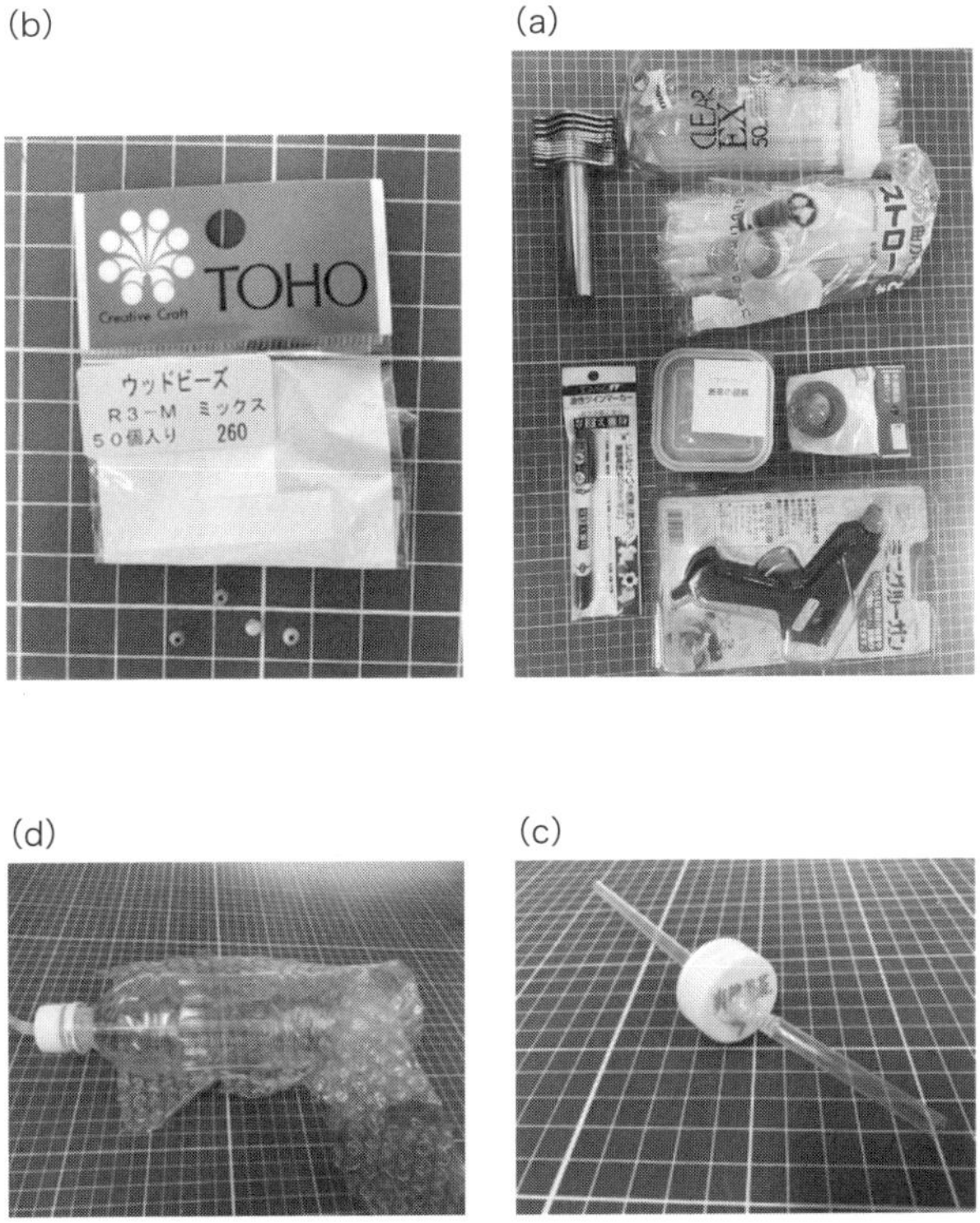

図 3.18　簡易気圧計の製作

ーのふたより下の部分に５mmきざみで目盛りを書く（図３・17）。

④　ペットボトルに２００ml程度の水を入れ、ストローの中にビーズを入れてふたを閉める。ウッドビーズを用いたのは水面に浮くからである。

⑤　ストローの目盛りが見えるようにしてペットボトルの外側をエアキャップ（断熱材）で覆う（図３・18(d)）。

⑥　ストローに書いた目盛りが見えるようにエアキャップの隙間を作る。この隙間からウッドビーズの位置の変化を読み取る。

観測時は、観測場所で一度ふたを開け閉めしてペットボトル内の水面とストロー内の水面をおおむね一致させてから使用するが、表面張力等の影響で必ずしもはじめから水面差が0にならない。最初の水面差を記録しておいて、それがどれだけ変化するのかを読み取るようにする。ペットボトル内の空気に熱が伝わらないように、簡易気圧計はふたの部分を持つ。ペットボトルに入れる水は気温に近い汲み置きの水を利用する。

3.5　気圧の変化を調べる授業（中・高・大）

中学校第2学年では、気象単元で圧力を学んだ後、大気圧を学習する。ここでは空気の重さと大気圧を関連付けて理解させる。まず、校外学習での携帯気圧計（高度計）による大気圧測定などを通して、大気圧は高度によって変わることや、同じ観測点であっても時間とともに変化することに気づかせる。

（1）授業の様子

気圧の変化は天気の変化に関係があることに気づかせる映像を提示した後、簡易気圧計の原理の説明を受け、校舎の鉛直気圧分布を調べる実習を行った。簡易気圧計を使用し授業を展開することで、気圧の変化を実感し、それをきっかけに気象単元の学習への意欲が高まると考えた。

中学校第2学年の単元「天気とその変化」での大気圧の学習における授業の様子を以下に示す。

導　入

教師：今日は気圧の学習をします。気圧の勉強をしましたが，何でもよいので発表してください。
教師：大気圧は空気の重さで生じます。ちょっと思い出してきましたか。また，海水面の高さのところはおよそ1気圧です。また，高さが高くなっていくと気圧はどうなるのでしょう。
生徒：高くなると小さくなる。
教師：先生はいくつか実験を用意しました。前に集まってください。

ここで，2つの実験を提示した。一つ目は，試験管に水を満たし紙でふたをして逆さまにする実験であり，二つ目は真空調理器の中に小型の菓子の袋を入れ，気圧を下げていくと袋が膨らむことを示す実験である。また，これらの実験は圧力が単に上から下に働くのではなく，面に垂直にあらゆる方向から働く可能性があること，気圧が下がると袋がどうなるかを理解させるものである。

次に，気圧の変化を見ていけば天気の予想ができそうだという見通しを持たせるために，低気圧の接近時における気圧値と衛星画像の連続表示を行った。

展　開

教師が「簡易気圧計で気圧の変化を調べよう」という課題を提示し，簡易気圧計の模式図を用いてストロー内の水面が上下する原理を説明した。そして，簡易気圧計1台を2人一組の班ごとに配布し，階段を利用して鉛直方向に移動したときに気圧の変化に伴って起こるストロー内の水面の変化の様子を観察することにした。

気圧の変化量を見るためには一定の時間間隔における連続した測定値が必要になる。しかし，多くの

表 3.2　簡易気圧計を用いた気圧の変化を調べる授業の内容

	授業内容
導入	・低気圧の接近時における学校の近くのアメダスの気圧の観測値と雲画像の連続したスライドを見せて、気圧を知れば天気の変化が予測できそうだと見通しを持たせる
展開	学習課題：簡易気圧計を持って階段を上下し、高さの違いによる気圧の変化を調べよう ・簡易気圧計の原理の説明を聞き、気圧の変化に伴いガラス管の中の水面の高さが変化することを知る ・1階と3階ではどちらが気圧が高いのだろうか考え、水面がどのような動きをするのか予想する ・簡易気圧計を2人1組の班に配布し、階段を利用して階段を鉛直方向に移動したときの水面の変化の様子を観察する
まとめ	・観測結果からわかったことを発表する ・今回の実験装置（簡易気圧計）では、気圧そのもの値はわからないが、気圧の変化がわかる

生徒が実感を持って気圧の変化を知るには何台もの測器が必要であり、教育現場の現状では難しい状況にある。ここでは、簡易気圧計を班の数だけ用意して、水面が変化している様子を見せることにより、生徒全員が気圧の変化を実感できるようにした。

（2）授業の結果と発展

実習にて、生徒は水面の動きを読み取り気圧が変化したことを確認できた。授業については、楽しく、鉛直方向の気圧の違いの理解に教材が役立ったと答えていた。

この学習の発展方法として、簡易気圧計を家庭に持ち帰らせ、天気と気圧の継続観測をさせることが考えられる。気圧が下がると天気が悪くなり、逆に上がると天気が回復に向かうことを知る学習である。それには同じ温度の下で簡易気圧計を使用する工夫が必要になる。今回のようなエアキャップでペットボトルを覆う方法では短時間の温度変化を小幅に抑えることができても、数日間にわたって一定の温度を保持することが難しい。

第４章

気象観測（雲）

気象要素とは気圧・気温・湿度・風向・風速・雲量・雲形・降水量・雷雨・霧など、ある場所のある時刻の天気特性を表す要素である。このうち、直接目で見え観察しやすいものに雲量・雲形がある。気象学習に親しみを持たせるためには、雲の観察から始めるとよいだろう。子どもたちに窓から観察をさせ、できれば屋外に連れ出して行ってほしい。

4.1 雲の観察

（1）雲の判読に自信がない教師

雲の観察は、小学校第5学年で雲の形や量、動きの観察を行い、中学校第2学年では、天気を区別するための雲量の観測を行う。

図 4.1　ひつじ雲

小学生に雲の名前を質問してみると、「うろこ雲」（図１・１）「ひつじ雲」（図４・１）などの呼び名を知っている児童が多い。それだけ、日常生活の中で身近なものであるといえる。しかし、このよう俗称は地方によって呼び名が異なることがあり、その言葉を用いて気象の情報交換をすると、困ることが生じる。このようなことは外国との情報交換でも起こる。そこで、国際的な雲の名称が決められ、雲が存在する高度と形によって十種類に分類されている。

雲の名称については、どの中学校理科の教科書においても積乱雲、乱層雲、高層雲などの記述があり、前線の図には積乱雲、乱層雲、高層雲、高積雲、巻積雲、巻層雲、巻雲の名称が記されている。すべての中学校理科の教科書には2ページにわたりカラー版十種雲形のページが掲載される。しかし、雲に関する観察学習はあまり授業で行われていない。中学校教師に聞いたところ、「雲の種類については、自信がない教師が多く、きちんと指導できる教師が少ないでしょう。雲はいつでもいろいろな種類が見られるわけではない点も、指導を難しくしていると思います。実際に、雲の観察指導を行っている先生は少ないと思います」と答えている。この意見を踏まえ雲の観察実習に伴う問題点について検討する。

小学校教師約４００名を対象としたアンケート調査結果によると、「空を見て雲の名前を同定できる」は質問項目全22項目中４番目に苦手な項目である。質問に対する回答形式は「自信がある」、「やや自信がある」、「何とかなる」、「ややできない」、「できない」の5択である。「自信がある」または「やや自信がある」と回答した教師の比率は全体では約1割にすぎない[1)]。

教師の専門性の基礎となる知識は、大学の教職科目の授業で提供される。しかし、小学校教員免許取得に必要な理科に関する科目や中学校教員免許（理科）取得に必要な地学に関する科目では、実際の雲による雲の同定、雲の観察指導は行われていないのが現状である。

また、大学で単位を取り、教員免許を取得しただけでは、教師として一人前ではないことはいうまでもない。教師になってから自分で勉強したり、教員研修会に参加したりして、力量を高めていく必要がある。多くの教師が受講を希望する教員研修会の講座は、自分の得意分野が多く、苦手な内容については同僚に教えてもらうことが多いとされる。身近に教えてもらえる人がいなければ、雲の同定や野外指導をできるようにはならない。つまり、気象教育推進の核となる教師が育っていないことが、雲の野外観察実習が普及しない原因の一つと考えられる。

（2）雲の出現頻度

2001年に長野地方気象台で9時と15時に観測された雲の観測記録をまとめた雲の種類別出現率が図4・2である。出現率が一番高い雲は積雲であり、次いで巻雲、高積雲となっていた。9時と15時による雲の種類ごとの出現率の差異は少ない。

10種類のうち6種類は出現率10％以下で、1回の観測で見られる雲は平均で2種類程度（図4・3）、年間最大値でも4種類だった。また、6～8月は多くの種類の雲が観察でき、10月と11月、1～4月は少ない傾向がある。

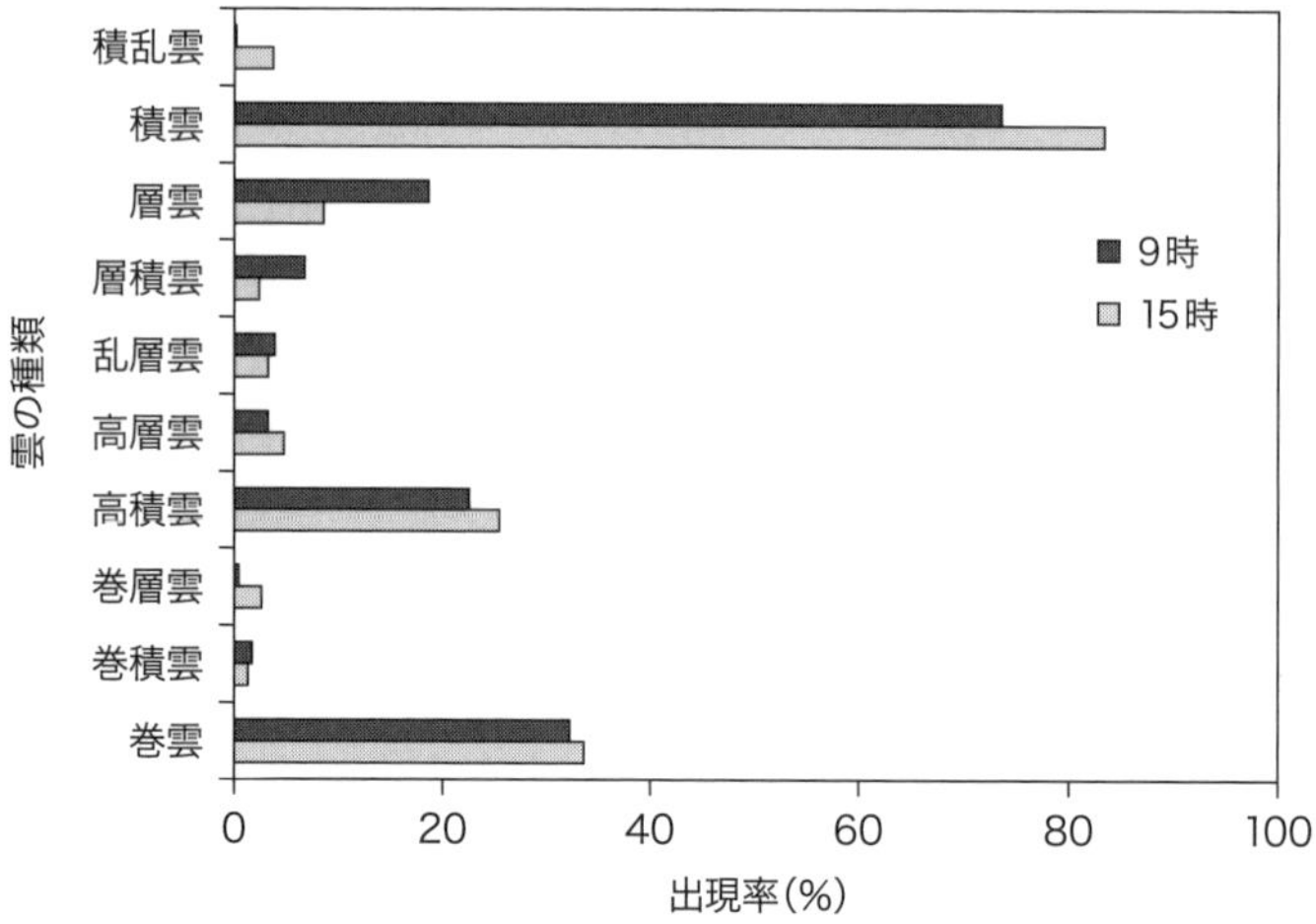

図 4.2　長野市における雲の出現頻度[2)]

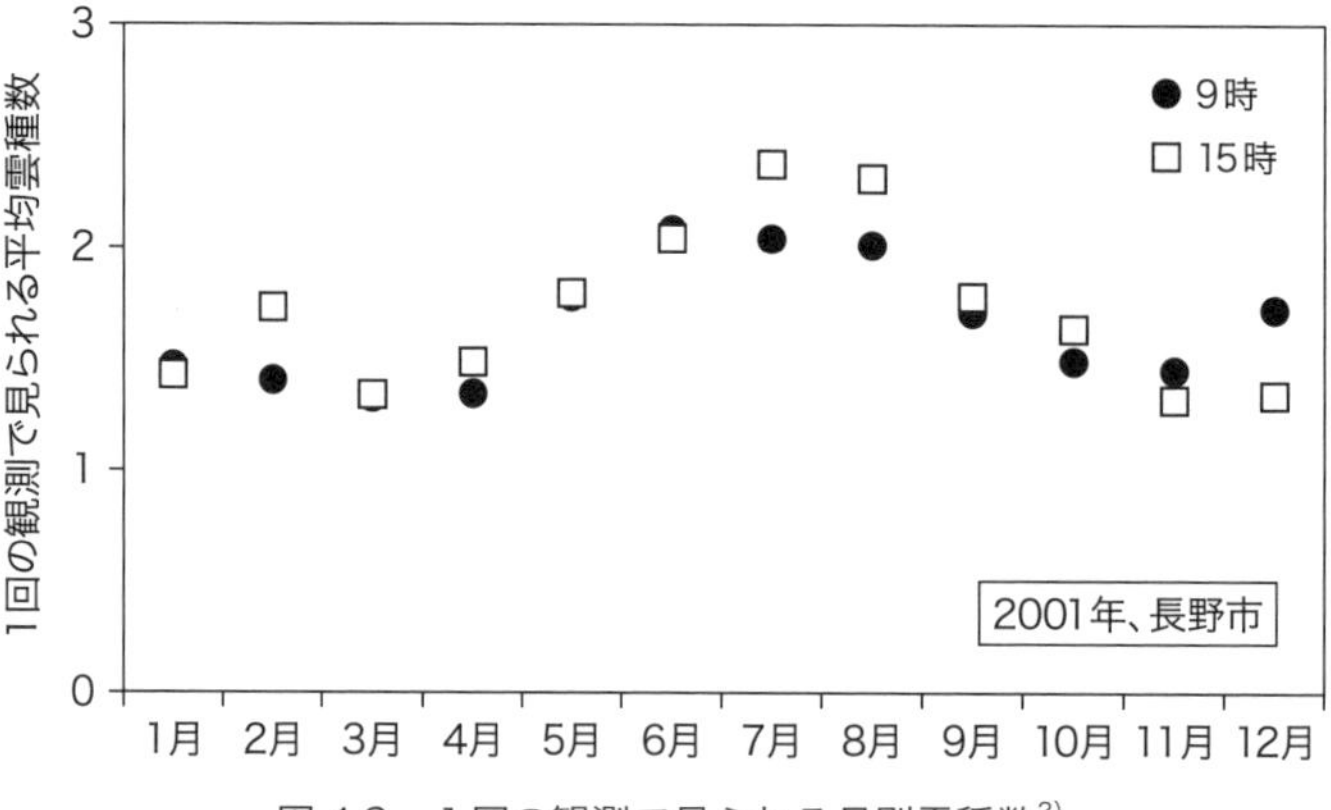

図 4.3　１回の観測で見られる月別雲種数[2)]

どんなに多くの種類の雲が出現しても10種類すべての雲が同時に見られることはない。したがって、学習計画は、1回の野外観測実習ですべての雲の観察はできないことが前提となる。雲の観察は、気象単元の雲の観察実習時に限らず、校外学習も含め、随時学校生活の中で実施することが望ましい。

（3）印象的な雲の観察

児童・生徒にとって身近な野草であっても，名前を知らない草はただの草であって，何ら興味の対象にならない。名前を覚えることによって初めて，その植物に愛着を覚え，生物学的な性質についても意識できるようになる。もちろん意味のわからないことを強制的に覚えさせればよい，といっているのでなく，どうしても名前を知りたくなるような感動を伴うことが前提である。児童・生徒は，普段雲を含む景色を見て生活しているものの，雲に愛着を持ち深く知りたいという気持ちになっているとは限らない。印象的な雲との出会いを経験させることが必要である。

野外学習の目標として，教室での学習と同じように，自然の事物や現象に対する興味関心を高めること，科学的な問題解決能力や思考力を育成すること，身近な自然への理解や関心を高めることが掲げられている。この目標は児童・生徒の年齢に基づいて一定とする必要はなく，それぞれの発達段階を考慮することが肝要であり，小学校においては科学的な態度や問題解決を主な目標とするよりも，美しいものや不思議なものに感動する経験をさせるべきである。つまり，雲の観察実習を行うことが初めてであるとか，その経験が不足している児童・生徒に対しては，雲が見られれば何でもよいのではなく，できれば感動するとか強い印象を受け，心を奪われる雲を見ながら学習が行えるように授業を計画する。

学校を離れて実施される林間学校や移動教室などの校外学習時も，雲を観察する絶好の機会である。空気の澄んだ山や高原において雲の観察実習を設けると，学校生活の中では見られない印象的な雲との出会いに恵まれる。そのときに積極的に雲の名前を伝えることで気象学習との関連が図れる。

図 4.4　対流雲
積雲（上）（沖縄県石垣市、2023 年 4 月 29 日 12 時 38 分、著者撮影）
積乱雲（下）（神奈川県横浜市戸塚区、2021 年８月１日 14 時 11 分、内記昭彦氏撮影）

4.2 雲の観察の実習（小・中・高・大）

夏は日射が強く、地表面近傍の気温が高いことから、積雲や積乱雲などの対流雲（図４・４）がよく出現する。冬には、日本海側の場合、全天がどんよりとした雲に覆われることが多く、印象に残るような雲は見られにくい。前線を伴った温帯低気圧の接近にしたがって多くの種類の雲が見える春や秋、特に空気が澄んで景色がよく見える秋が、雲の観察には適している。

(1) 雲の観察項目

雲の観測項目には、雲量、雲向、雲形、雲低高度などがある。

① 雲　量

雲量とは、全天を10として、現れている雲が空に占める割合を０～10の数で表した値である。夜間は星空の見え具合で雲量の判定をするが、日中に比べて精度の低下は否めない。また、目視観測なので、測定値には ±1程度の個人差が出る。

② 雲　向

雲の動きによって上空の大気の動きがつかめる。雲向とは、雲が進んでくる方向のことである。上層雲、中層雲、下層雲ごとに動く方向が異なる様子は目視ではわかりにくいが、インターバル撮影（時間間隔は雲の動きによって選択する）により得られた動画や連続写真（図4・5）を見ると、雲の高さによって雲片や雲塊が異なる方向に移動する様子を見られるときがある。

③ 雲　形

雲は、十種雲形に分けられる。ただし、教科書や資料集の雲の写真にあるようなわかりやすい雲が出ることは少ない。判断がつかなくて困ることも多いが、写真と見比べて、どの雲なのかを判断する。

④ 雲底高度

周囲に高度の目印となる山などがあれば、下層雲や積雲の雲底高度を求めることができる。都会では、高層建築物（たとえば、スカイツリータワーや東京タワー、サンシャイン60等）に雲がかかる場合、雲底高度を知ることができる。サンシャイン60（高さ226・3ｍ）に勤務している人によれば、雲の中にビルの上層階が入る時期は梅雨期や秋雨時が多く、梅雨期のうち、雨の日の半分ぐらいは雲がかかっているという。外から見ると30～40階（地上高約１２０～１６０ｍ）以上で雲がかかることが多いという。このように高層ビルの何階以上に雲がかかるかを調べることにより、雲底高度を知ることができる。

図 4.5　雲のタイムラプス写真
長野県軽井沢町、西方向、2023 年 8 月 14 日 12 時 30 分 57 秒から 30 秒間隔

（2）雲の観察時に行う雲のスケッチ

場所と方向を決めて、雲のスケッチをする。地上の建物などの景色をあらかじめ描いた用紙を２枚用意する。まず、景色などを参考に雲を描き取る（図４・６）。その際、スケッチした雲に名前を書き加えること、雲の特徴を言葉で記録することを指示する。時間があれば、10～20分後再度スケッチを行い、雲の変化の様子を捉えさせる。ただし、風が強い場合や夏の積乱雲では、５分間程度でも雲の形が全く変わってしまうことがある。雲の観察には、雲そのものの発達過程の観察、温暖前線等の接近に伴う雲

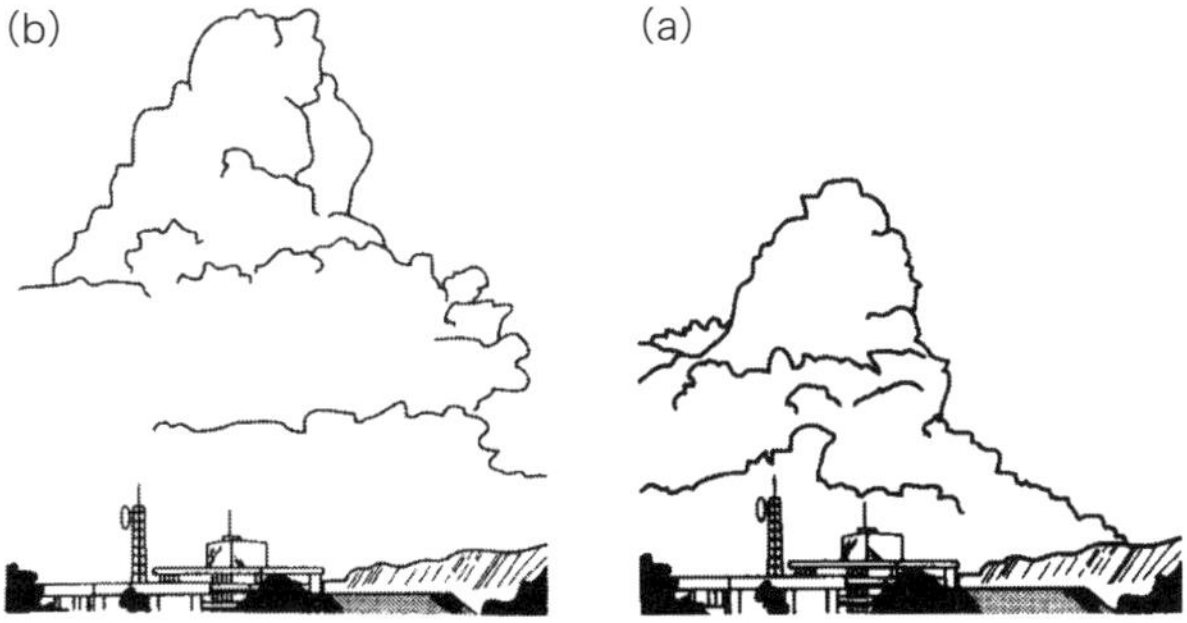

図 4.6　雲のスケッチ例[3)]
(b)は(a)の 15 分後に行った

種・雲形の推移の2種の観察が考えられるが、ここでの実習は、一般的な授業時間を考えると前者に相当する。

4.3　心得ておきたい雲に関する内容

グラウンドや屋上での雲の野外観察指導では、雲の発生原因、空や雲の色と光の散乱、雲の分類を指導する必要がある。

(1) 凝結（雲の発生）が起こる原因

空間に存在することができる水蒸気量は気温によって最大値が決まり、飽和水蒸気量と呼ばれる。飽和水蒸気量は気温が低いほど小さくなる。空気が冷やされると、空気中の水蒸気が飽和に達し、水蒸気は水滴または氷の微細な結晶（氷晶）となって空気中に現れる。これが雲である。水滴あるいは氷晶が空気中に浮いていられるのは、そこに上昇気流があるからである。いいかえると、雲があるところには上昇気流が存在する。大気中の水蒸気が飽和状態になるには、①水蒸気量の増加、②空気塊の冷却、③寒気と暖気の混合の3通りがある。この中で、大気中で最も効率よく飽和状態を作り出

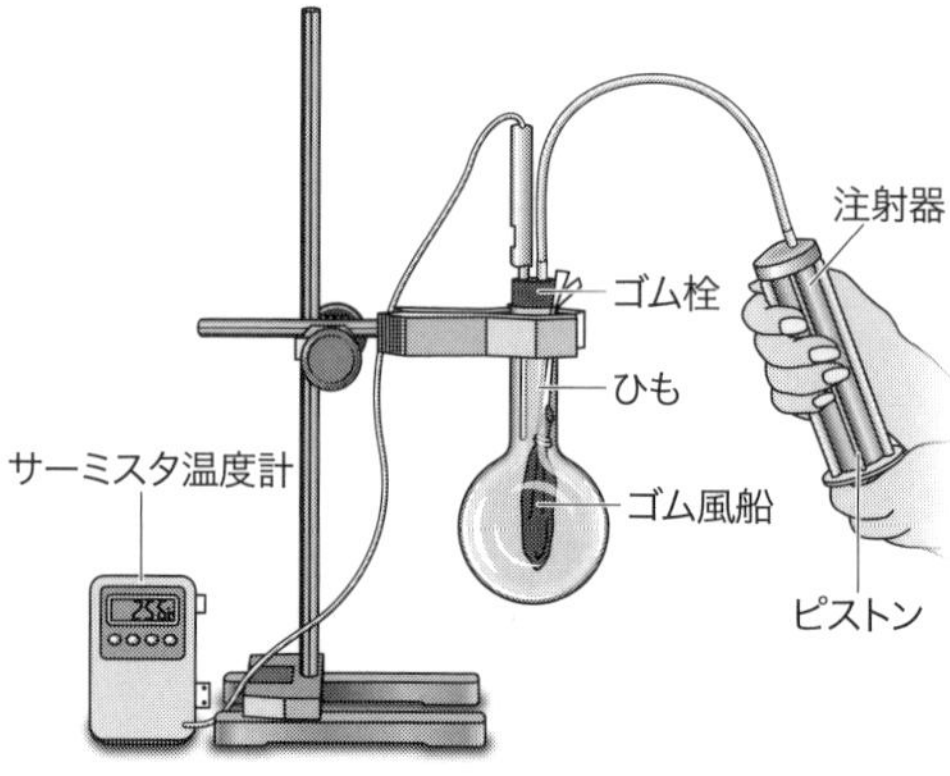

図 4.7　雲のでき方の実験

すのは、上昇気流による②の空気塊の冷却とされる。上昇気流は、空気が山の斜面に沿って上昇すること、太陽光によって地面の一部が暖められて空気が上昇すること、暖かい空気が冷たい空気と接し暖かい空気が冷たい空気の上にはい上がる、または冷たい空気が暖かい空気の下に潜り込むことによって生じる。なお、このような説明を行うためには、露点や飽和水蒸気量を調べる実験が事前に行われていることが望ましい。

(2) 雲のでき方の実験

「雲のでき方」は、温度計を入れた丸底フラスコと注射器をビニールチューブでつなぎ、注射器のピストンを押したり引いたりしてフラスコ内で発生する雲を観察するものである（図４・７）。ピストンを引くと気圧が下がり、気温も下がる。同時にフラスコ内で雲が発生する。この実験は、フラスコ内に数滴の水を入れフラスコ内壁を濡らし、凝結核として線香の煙を少量入れて実験しないと雲の発生が見られにくい。また、ピストンの中に小さな風船を入れると、ピストンを引いた際、風船が膨らむので気圧が下がったことを確認できる。気温の低下量はごくわずかなので、棒状温度計を使用するときは温度計の目盛りを注視しなければならない。０・１℃の温度変化を確認できるデジタル温度計を使うとわかりやすい。デジタル温度計のセンサー部の金属棒は感度のよい細いものが適している。

【実験装置・モデルの作り方4】雲のでき方の実験装置

用意するもの

丸底フラスコ、ガラス管、ゴム栓、温度計、注射器、ビニール（ゴム）管、ゴム栓、ゴム風船、ひも、スタンド、線香、マッチ

注射器のサイズはいろいろなものが販売されているが、大きいサイズのものを選ぶ（図4・8(a)）。小さな注射器だと気圧の変化が小さいので、雲の発生・消滅が確認しにくい。

製作手順

① 丸底フラスコの口のサイズに合うゴム栓を選び、コルクボーラー（コラム8参照）で2つの穴を開ける（図4・8(b)）。1つは温度計、もう1つはガラス管を差す穴である。

② ゴム風船を膨らませ、糸で結んでフラスコ内に挿入する。膨らませた風船を入れる理由は気圧の変化を定性的に判断するためである。ひもは実験後風船を取り出しやすくするためのものである。

③ ガラス管と注射器をビニール管でつなぎ、組み立てる（図4・8(c)）。

この実験は凝結核として少量の線香の煙をフラスコの中に入れて実験をする。線香に火をつけるためのマッチや線香を消火するための砂を入れたビンを用意すると便利である（図4・8(d)）。

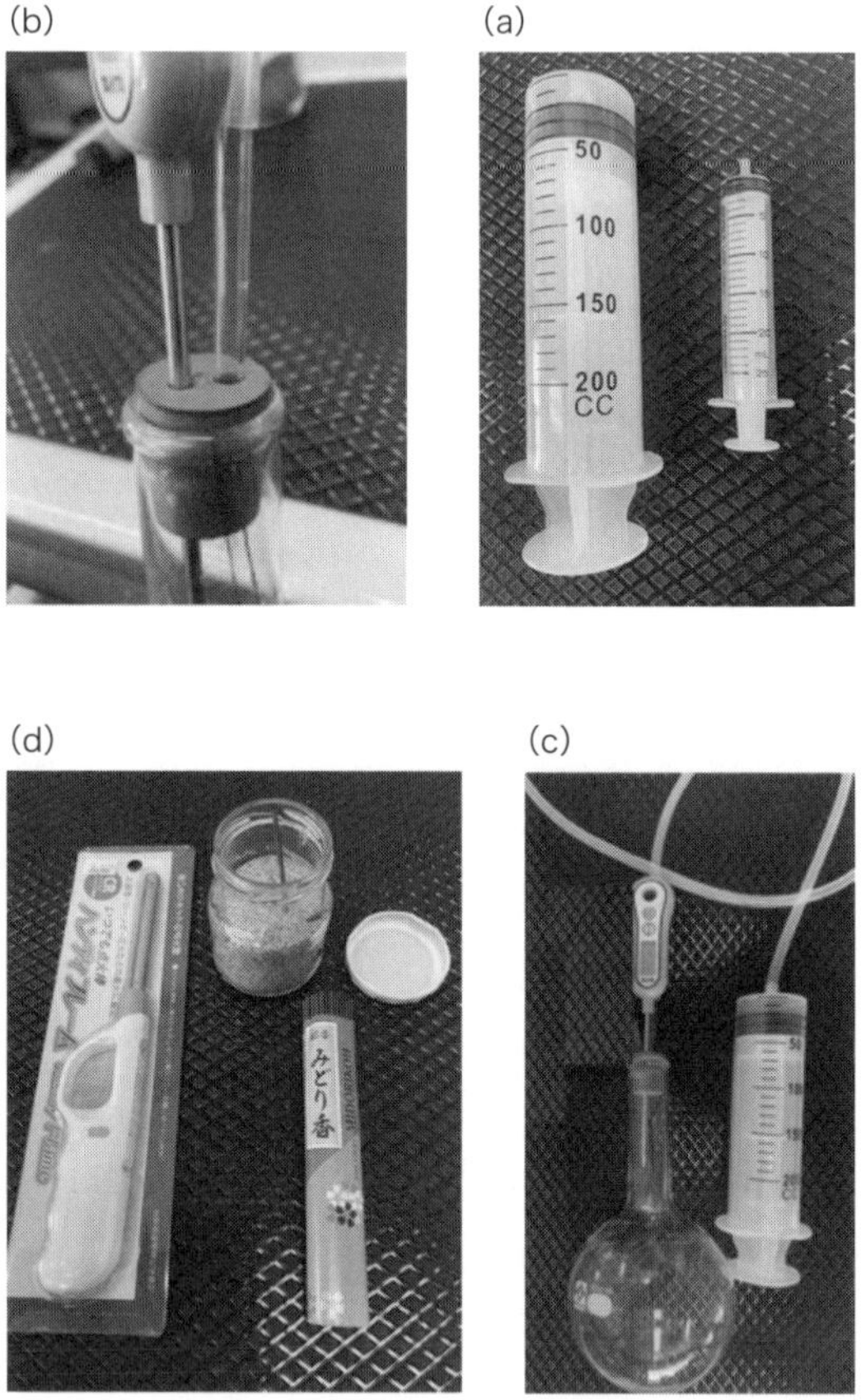

図 4.8　雲のでき方の実験装置

（3）空の色、雲の色と光の散乱

大気中の水蒸気が飽和状態になると、凝結して微水滴（雲粒）を作る。大気中に微水滴（雲粒）がある場合とない場合で、太陽光が照射されたときの太陽光の振る舞いが異なる。太陽の光をプリズムで分けると、赤、橙《だいだい》、黄、緑、青、藍、紫の七色の光になる。これは太陽光には異なる波長の光が混ざっていることを意味しており、赤色系の光の波長は長く、青色系の光の波長は短い。光は大気中を通過する際、空気の分子にぶつかる。このとき、波長の短い青色系の光ほどよく散乱される（レイリー散乱）。

このため、微水滴（雲粒）が存在しない清浄大気層に太陽光が入射すると、まず、太陽光中最も波長の短い紫の光が散乱され空間は紫色になる。太陽光中の紫の光線が尽きると、次に青の光線が散乱され空間は青色になる。登山などで高い山に登ったり飛行機に乗ったりしたときに空の色が青というより紫の色に見えるのはこのためである。

太陽高度が低い朝夕は、太陽光が大気中を通過する距離が長くなり、最も波長の長い赤の光線以外は散乱し尽くされ、観測者の目に届かない。その結果、空も太陽も赤色、つまり朝焼け夕焼けの空になる。

大気中に微水滴（雲粒）がある場合は、異なる仕組みの散乱が起き、波長選択的な散乱ではなく全波長で散乱する（ミー散乱）。このため、すべての色の光が目に届くので、雲や霧は白色に見える。

ただし、光の波長の違いによる色の差異については、ナノメートル単位のスケールの話であるため、紫の波長が短いとか赤の波長が長いとかについて生徒は理解しにくい。事前学習として光がプリズムを透過する実験などを行いたい。

図 4.9　巻雲（長野県安曇野市、2020 年 11 月 19 日 13 時、著者撮影）

（４）雲の分類

前述のように、雲は十種類に分類される（十種雲形）。雲が存在する高度は、上層、中層、下層の３つに分けられる。温帯地方では上層の雲は地上から５～13 km のところ、中層雲は２～７ km のところ、下層雲は２ km 以下に生じる。上層雲は低温のため水の固体、すなわち氷晶からできている。この氷（固体）でできている上層雲や積乱雲の頂上部は輪郭がぼやけているのに対し、水（液体）で構成される中層雲や下層雲および積雲は輪郭がはっきりしているのが特徴である。輪郭がはっきりしない上層雲の典型として巻雲がある（図4・9）。このことを知ると、雲の名前がわからなくても、雲が固体の水からできているのか液体の水からできているのかを答えられるようになる。

上層雲は形によって巻雲、巻積雲、巻層雲に、中層雲は高積雲、高層雲、乱層雲に、下層雲は層積雲、層雲に、それぞれ分類される。これらの名前はよく似ているので覚えにくいが、漢字を見るとある程度予想がつく。「積」は団塊状の形を表し、「層」は一面に広がる幕状の形を表す。

上層雲、中層雲、下層雲は、いずれも比較的弱い上昇気流によりでき、層状雲と総称される。これに対し、毎秒数～十数mの強い上昇気流によってできる積雲、積乱雲は、対流雲と呼ばれ、雲底が平坦で雲頂が盛り上がった形状になる。通常の積雲の雲頂は数千mだが、垂直にどんどん発達すると圏界面（対流圏の上端）に近づいてゆき、雄大積雲（積雲の一種、入道雲）や積乱雲（かなとこ雲）となる。

薄い層状雲は、太陽の光を通しやすい。上層の層状雲である巻層雲は、雲を通して太陽の光球の形状が明瞭にわかる。また、太陽のまわりに虹のような光の輪（ハロと呼ばれる）がかかりやすい（図4・10）。中層の層状雲である高層雲は雲の背後の太陽のある方向はわかるが、太陽の光球の形状はわからない。乱層雲は、透過する光の量（すなわち雲の厚さ）に応じて白色あるいは灰色に見え、背後の太陽の位置はわからない。層積雲はうね雲と呼ばれ畑の畝《うね》のように積雲が横に伸びた形をしている。層雲（図4・11）は山にかかっている雲であり、雨上がりなどによく見られる。

巻積雲（図4・12）と高積雲（図4・13）、層積雲は、雲の形や並び方などがよく似ているので判別しにくい。図4・12は巻積雲、図4・13は高積雲であるが、写真からでは巻積雲か高積雲かは区別がつきにくい。このような場合、腕を前一杯に伸ばしたときの小指の幅（親指とする人もいる。あくまでも目安である）より小さいものは巻積雲、小指の幅より大きくて親指を除いた4本の指の幅より小さいものは高積雲、それ以上のものは層積雲とする。このような分類の目安を伝えると覚えやすい。

山に登り、日の出頃景色を見渡すと、自分の目線より下に、雲頂が全面に広がっている風景に出会うことがある。これは雲海と呼ばれる。雲海を形成している雲は、層雲や層積雲である場合が多い。

図4.10　ハロのかかった巻層雲（神奈川県横浜市、2022年3月7日11時、内記昭彦氏撮影）

図4.11　層雲（長野県長野市、2017年9月19日6時、著者撮影）

図4.12　巻積雲（長野県東御市、2023年5月28日12時、著者撮影）

図 4.13　高積雲（長野県安曇野市、2020 年 11 月 19 日 15 時、著者撮影）

（5）高さによる気温の減少率と雲底高度

日中の下層大気は、日射を吸収した地表面から熱が伝わるため、対流活動が活発になる。乾燥空気塊が１００ｍ上昇すると、気温が約１・０℃下がるだけでなく露点も約０・２℃下がることが知られている。したがって、空気塊が１００ｍ上昇すると気温と露点の差は０・８℃縮まることになるので、地上の空気塊がＨ（ｍ）上昇したところで水蒸気が凝結し雲が発生したとすると、地上における気温と露点の差ΔT＝（℃）とＨ（ｍ）の関係は

$$\Delta T = H\ (1.0 - 0.2)℃/100\ m$$

となる。これをＨについて解くと

$$H = 125\Delta T$$

という関係（ヘニングの公式）が得られる。

この式は空気塊が上昇すると高度Ｈで飽和状態に至ることを意味し、この高度は持ち上げ凝結高度と呼ばれる。この式自体を生徒に説明すべきかどうかは生徒の実態による

図4.14　雲底高度がほぼ一様な雲（長野県北佐久郡蓼科牧場、2014年7月11日15時、著者撮影）

が、この式を利用して気温と露点を測定し、雲底高度を推定させる実習は発展的学習として行える。

持ち上げ凝結高度より上まで上昇した空気塊は飽和状態となるので、凝結して雲（たとえば積雲）が形成される。地上における気温と露点の差には極端な水平勾配はないので、持ち上げ凝結高度はほぼ同一であり、したがって積雲の雲底は平坦になり、かつ周辺の積雲の雲底高度はほぼ一様となる（図4・14）。

(6) 温暖前線接近時に見られる雲

三寒四温という言葉がある。朝鮮半島や中国北東部が起源の言葉で、冬に3日寒い日が続き、4日暖かい日が続く周期性があることを表している。実際には固定された周期は存在しないものの、天気変化には周期性が認められ、かつ、その周期には季節変化が存在する。統計調査によると、日本における天気変化の周期は、冬の12月～2月および夏の7月～8月に大きくて7～8日、春の4月に小さくて4日、他の月は5～6日である。相対的な低温と高温は、それぞれ、北寄りの風と南寄りの風によってもたらされ、その風系の交代は、温帯低気圧・移動性高気圧の通過に対応している。

雲の野外学習は、一般的には、悪天候下では実施が困難なので、高気圧に覆われた静穏晴天日に実施される。真夏の高気圧下では、積雲や積乱雲が観察対象として最も適しているが、移動性高気圧下となる可能性の高い春秋の場合には、温暖前線の接近に伴う雲が観察の対象となりうる。

移動性高気圧の圏内にある時期、特に移動性高気圧の後面に位置する時期に、雲の野外学習を実施すると、西側には温帯低気圧が迫っているため、上層には温暖前線の影響が現れるのが一般的である。温暖前線面の先端部に存在する巻雲、巻層雲、巻積雲が出現し、上層の西風に流されて東進する。温暖前線の接近に伴って出現する雲は、高層雲、高積雲を伴い、雲が低くなり、かつ濃くなる。さらに温暖前線が直前に迫ると乱層雲、層雲を伴うようになり、雲はさらに低くなり、かつ黒くなる。やがて降水が始まる。こうなると、野外観察を継続することはもはや困難となる。

移動性高気圧の後には温帯低気圧が続き、その後また移動性高気圧が現れる。この周期は4～6日のことが多いので、雲の変化は2日間ぐらいで体験できる可能性がある。ただし、雲の観察のために授業日程、時程を変更するのは困難なので、インターネット上のライブカメラの画像を一定時間間隔で蓄積し、他の気象情報画像と時系列的にシンクロ表示させる間接体験の方法との併用が有効になる。

（7）寒冷前線通過前後に見られる雲

天気図などから寒冷前線の通過を予測し、寒冷前線の通過時の雲の様子や気温の変化などを、意識させて体験させたい。寒冷前線通過前後には急激な天気変化が見られる。寒冷前線が近づくと暖気が真上に押し上げられ、積乱雲が発達する。厚い雲に覆われ雨が激しく降った後、天気は急激に回復に向かう。このとき、雲の観察のほか一定時間間隔で気温の観測を実施すると、寒冷前線通過における気温変化の特徴である急激な気温低下を確かめられる可能性がある。しかし、前線が日中通過しかつ前線が観測地周辺をうまく通らないと、このような直接体験は得られない。実際には、教科書にあるような特定の地点における気象観測記録から典型的な寒冷前線の通過に伴う天気変化を読み取れるケースは少ない。

4.4　雲の野外学習を補足する授業（小・中・高・大）

雲の野外学習では、1回の授業時間内にすべての雲の観察ができるとは限らないことが前提であるので、それを補足する実習が必要である。以下その事例を紹介する。

（1）脱脂綿による雲模型実習

自分の知っている雲の名前とその特徴を表現するスケッチを描いてみようと指示すると、描けない児童や生徒が多い。雲は見えていても、よく見ていないからである。この実習は、脱脂綿で雲の模型を作成し、作業を通して雲の名称や分類の仕方、特徴を理解させるものである。

雲の特徴をつかむためには、雲の写真を見せて、雲のイメージを発表させたり、雲の絵を黒板に描かせたりするとよい。

［実験装置・モデルの作り方5］雲模型

用意するもの

墨（墨汁）、厚紙（Ａ４）、上質紙（Ａ４）、透明ポケット（クリアリーフ、Ａ４用）、色鉛筆、糊、脱脂綿（図４・15）

製作手順

① 水を入れたバケツに少量の墨汁を入れて脱脂綿を灰色に染める。薄いものと濃いものの2種類を用意する。このとき、墨汁の量はかなり少量でよい。脱脂綿を乾かすと、真っ黒になるからである。
② 染めた脱脂綿をよく乾燥させる。これは、通常3～4日で自然乾燥できる。
③ 児童に完成模型（口絵４）を提示し、模型の作り方を説明する。
④ 十種雲形の絵を印刷した下絵（図４・16）を児童に配布し、空の部分を色鉛筆で水色に描く。
⑤ 乱層雲と積乱雲から降っている雨滴を描く。下絵の下の空白には雨が降っているところとそうでないところに分けて、それにふさわしい絵を描くよう指示する。山や平地にも色付けをする。
⑥ できあがった絵を厚紙に糊付けする。
なお、作業には時間がかかるので、作業前に台紙の色塗り作業の終了時刻を明示しておく。
⑦ 雲の形の特徴、雲の並び方や集まり方、雲のふくらみ方、「もくもく」「ふわふわ」「サー」という触感（材質性）や運動感を出すように、下絵をもとに濃く着色した脱脂綿・薄く着色した脱脂綿・白い脱脂綿を混ぜて立体的なふくらみを持たせて貼り付ける。

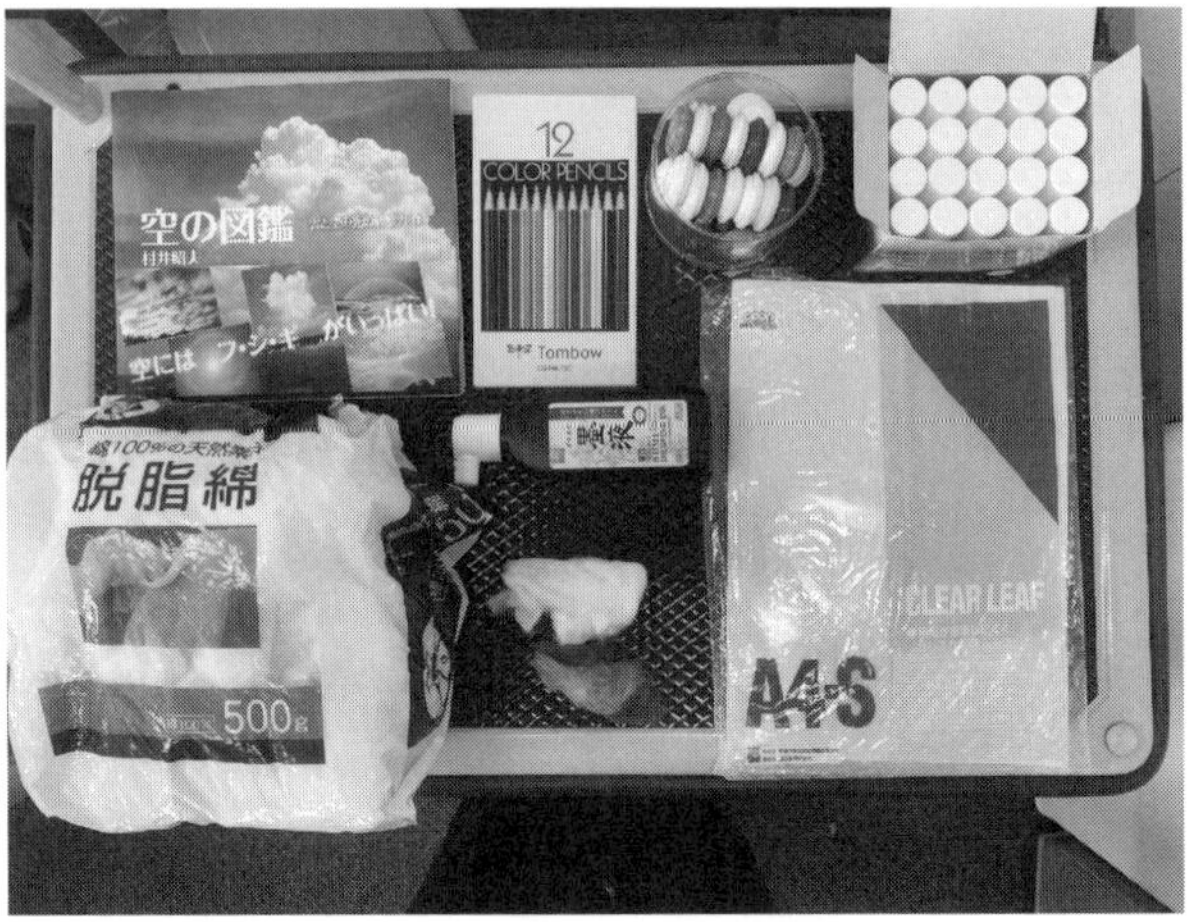

図 4.15　雲模型の製作準備

たとえば巻雲は、ひげを伸ばす感じで切って張る。高積雲と巻積雲は脱脂綿を小さく丸めて一つずつ糊付ける。ただし、高積雲は巻積雲より大きなサイズとし、あたかも羊の毛のようなモコモコした柔らかさ・暖かさが表現できるようにする。積乱雲・乱層雲は灰色に着色した脱脂綿と白い脱脂綿を適当に混ぜて表現する。巻層雲は白い脱脂綿をできるだけ伸ばすようにして貼る。積雲や積乱雲は、たくさん脱脂綿を用いて「ふわふわ」したふくらみを持たせる。

⑧　できあがった模型の裏に雲模型のワークシートを重ねて、透明ポケットに入れて雲模型の完成となる。完成品はマグネットで黒板の前に掲示し、上手にできているかを比較させる。雲の説明には資料集や図鑑などを参照して、写真を提示するとわかりやすい。

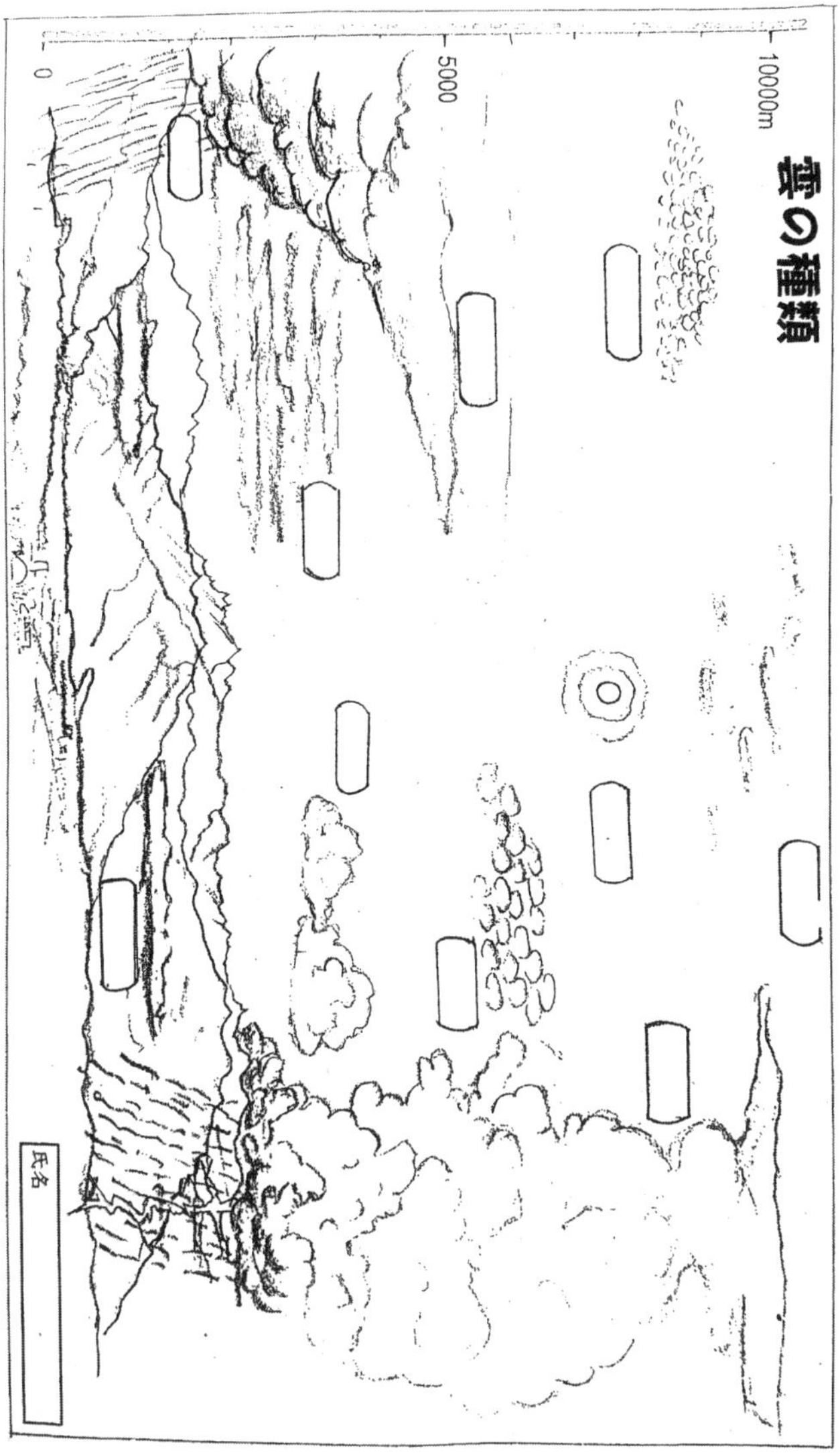

図 4.16　雲模型の下絵
信州大学教育学部理科教育分野榊原研究所作成
（協力：長野県総合教育センター総合研究室）

（2）雲模型を利用した小学校における授業

兵庫県の小学校5年生を対象に、単元「天気の変化」において、雲の観察に伴い雲模型の製作実習を行った。

導　入

この単元の前の単元の授業において、ノートに日付・天気に加えて雲の種類を書こうと児童に投げかけた。すると、児童から教科書の後ろのページに「雲の形が載っている」という発言があり、前単元の学習が終わる頃には「次は雲について調べたい」という児童が現れた。

教室の壁面に雲の名前と高さを表す掲示物を貼り、毎日見ることができるようにした（図4・17(a)）。雲の学習を進める間は、毎時間、日付・天気・雲の名前を書くようにし、その雲の様子を黒板に貼るようにした。休み時間に児童が雲の様子を見に行き、報告してくれるようになった。高さのイメージがしやすいように、身の回りの山の高さがわかるような掲示を行った。

展　開

意図的に「雲を何かで再現できないかな」と教師が尋ね、児童と脱脂綿を使って雲を再現する話を進めた。雲には白い雲と黒っぽい雲があるので、習字で使った筆を洗ったときの水を集め、それをさらに水で薄めて、児童と一緒に脱脂綿を染めた。これを乾かすと灰色の脱脂綿ができあがる。授業では、それを小さく切って児童に渡した（図4・17(b)）。白い脱脂綿は化粧用の用途のすでに切られた脱脂綿を使用した。

(a)

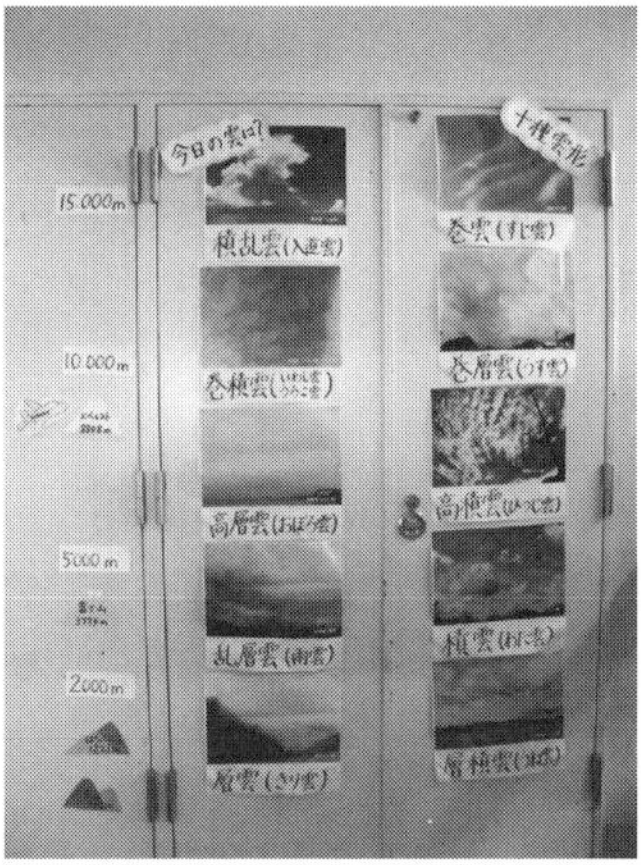

(b)

図 4.17　雲模型の実習

まとめ

雲を最初に作ったことで興味が引かれたようで、雲模型の製作実習に児童は熱心に取り組めた。指導した教師によると、それまでの単元で学習意欲が低かった児童が、雲の観察の授業では、発表回数が増えていた。

(3) 学生の感想

教育学部の地学基礎実験において、雲の説明、雲の観察を行った後、雲模型の製作を行った。雲の特徴をつかんで、脱脂綿でその形を表現しようと学生に伝えた。大学生の授業の様子は小学生や中学生とあまり変わらないというのが著者の感触である。ほとんどの学生は、小学校から高等学校まで、雲の観察は行ったことがないということだった。雲の種類は10しかないと伝えると驚いていた。雲の写真を見せながら雲の特徴を説明した後、雲模型の台紙を配布し、色塗りをさせて、灰色と白色の脱脂綿を用いて実習を行った。授業後のレポートでの学生の感想を表4・1に示す。

表 4.1　雲模型の製作を行った学生の感想①

	No	学生の感想
手作業が理解を深める	A	雲模型の製作をしてみて自分の手で触れることによって、雲の質感などを覚えやすくなったと感じた。
	B	実際に手を使って、雲を作ることによって雲に対する理解が深まった。
	C	脱脂綿を用いて雲の厚さや色を意識して自分の手で模型を製作することで、それぞれの雲の特徴を理解することができたと思う。
	D	雲についての学習は小学校５年生で行うと思いますが、単に「頑張って覚えよう」というような指導になりがちと考えていた。しかし、本実習はそうではなく、ものに触れながら学習する教材は子どもたちが積極的にとり組りくめると思う。非常に良い教材だと感じた。
	E	脱脂綿を用いて、わかりやすくちがいを作るのが難しかった。けれど、模型を作ることで雲の種類を判断しやすくなった。自分たちの手を動かしながら、覚えていくことが最も早い定着の方法の一つだと感じた。
	F	雲模型を製作するにあたり、雲の色やどれくらいの密度でその雲ができているのかを手で確かめながら作業でき楽しく、覚えやすいと感じた。乱層雲や積乱雲はモコモコした部分を再現するために綿を多く詰めたり、高積雲や巻積雲は丸めてみたり、工夫を凝らした。
	G	いろいろな雲のイメージを描いて自分なりの雲の特徴を捉えた。今回は実際にそのイメージを立体化させる活動でより一層、雲の種類の特徴を捉えることができたと思う。手を動かし、自分なりに作成できた。とても楽しく、友達と比較しながら活動を行うことができた。
	H	知識だけで考えることより、実際に手で動かしながら考える方が効果的だと感じた。
	I	実際に活動することを学習の中に取り入れることが知識の向上につながるのではないかと思った。

表 4.1 雲模型の製作を行った学生の感想②

	No	学生の感想
実習が楽しい	J	実際に雲模型を製作してみて、雲の特徴を捉えながら作るのはなかなか難しくあったけれども、非常に楽しかった。また、できあがった雲模型を見て達成感が生まれた。
	K	雲模型を作る際、色塗りし影を付けるのが楽しかった。写真で見ていると形ばかりに目が行ってしまったが、雲模型を作ることで、雲は平面上にあるわけではないということを改めて感じた。
	L	手を動かして色を塗って製作したので記憶に残りやすく、何より楽しんで行うことができたので、とてもよい教材だと感じた。
	M	色鉛筆を使って、雲や空の色塗りをしたり、綿を使ってそれぞれの雲の特徴を表した活動が楽しかった。
	N	ただ目で見て特徴を覚えるだけでなく、脱脂綿といった雲のようなものを用いて雲模型を製作することは楽しみながらも記憶に定着するのでよい作業であると感じた。
	O	図画工作の授業のようで、単純に楽しかった。これまで曖昧に覚えていた雲の種類も、それぞれの違いを意識しながら自分の手で製作できた。
	P	雲模型について初めて行ったがとても楽しみながら雲について学ぶことができた。授業で子どもたちが夢中になれるかが重要であり、この体験はとても貴重なものになったと感じた。
その他	Q	雲の種類や特徴を捉えるため、3 種類の色が違う雲を模した綿を用いて雲を作る授業はとても素晴らしいと思った。
	R	雲の形や位置、色や大きさなどが一目でわかり、作ることによって、雲の名前も覚えられた。
	S	脱脂綿を使うことでより雲の質感や見た目の違い、特徴などをわかりやすく作ることができる実用的でいい模型だと感じた。
	T	模型を作成するに当たり、より細かい特徴を捉えられるようになったと思う。その雲の特徴と雲の名前を一致させやすくなったと思った。

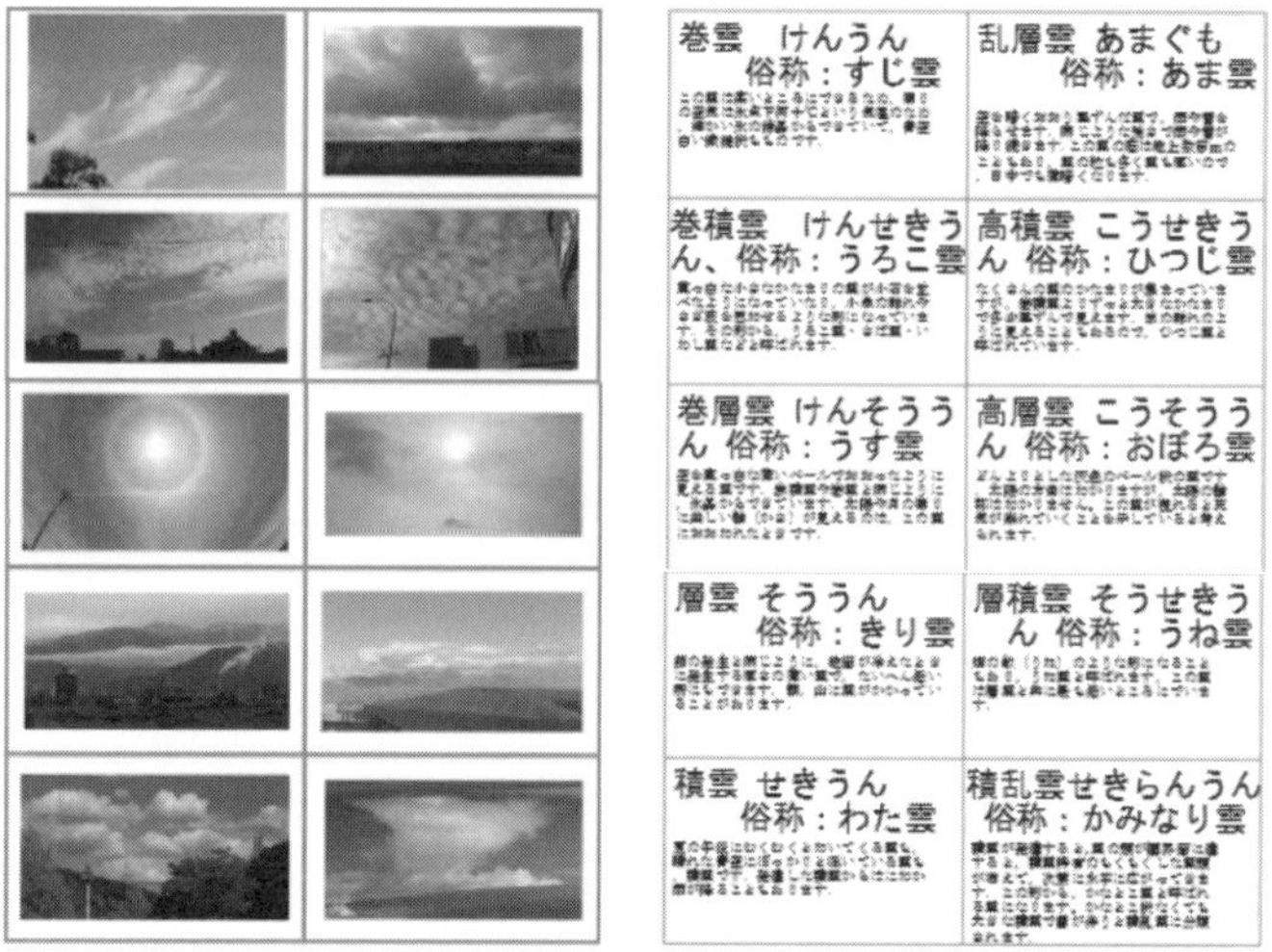

図 4.18　雲カルタ

一番多かった内容は、手で雲の模型を作る作業が理解を深めるというものである。「自分の手で触れることによって、雲の質感などを覚えやすくなった」「雲に対する理解が深まった」「雲の特徴を理解することができた」などが回答されている。「雲の学習は「頑張って覚えよう」というような指導になりがちと考えていたが、本実習はそうではない。ものに触れながら学習する教材は子どもたちが積極的に取り組めると思う」とも述べられている。次に多かったのは授業が楽しかったというものである。「とてもよい教材だと感じた」としている。

（4）雲カルタを利用した実習

十種雲形の指導では、どうしても説明中心の授業になりがちなので、「雲カルタ」を利用する実習を紹介する。カルタのカードの表に典型的な雲形の写真を、裏に雲の名前と俗称と簡単な説明を書いている（図4・18）。このカードは、パソコンで名刺を作成するための用紙（名刺サイズマルチカード）を利用して作成・印刷する。40名の学級ならば十種雲形10枚1組を20セット用意する。このカードを2名に1組ずつ渡し、写真の方を表にして机の上に並べさせ、名前や雲の特徴など教師が指定しカードを取るゲームをする。

図C4.1　槍ヶ岳山荘と夕日を眺める登山客（2021年8月5日、著者撮影）

コラム5：山で雲の観察をする

健康のためと山の景色を見るのが楽しみで、よく山に行く。必ず天気予報を確認し、晴天に恵まれそうなときに出かける。樹林帯のある登山口からゆっくり登り始め、見晴らしのよいところにくると、近くの山が見えるようになる。山の稜線や山頂に達すると多くの登山客は山の景色を見て感激する。山のテント場や山小屋に泊まり、夕日の景色や星空を眺めることもできる。早朝、空が明るくなりかけると雲海が見えてくる（図C4・1）。この雲海を眺めていると明るくなる場所がある。そこから現れるご来光を多くの登山客は楽しみにしている。

信州大学教育学部で行われていたアルプス実習と呼ばれる野外臨地実習に同行した。この実習の事前指導で、今回紹介した雲の観察と雲模型の製作実習を行っていた。松本駅に集合し、三股登山口から蝶ヶ岳、常念岳、燕岳を経由し中房温泉までの縦走をした。学生に休憩時間にスケッチをする課題を出した。山で見る雲は普段見ている雲とは見え方が違う。見る高度が高く雲に近い。レポートによれば、雲の景色に感動したとする感想がたくさんあった。

　早朝、ご来光を眺めるため、山小屋から見晴らしのよいところまで、ヘッドランプを点けて暗い道を登った。だんだんと夜空は明るくなり雲海が見えるようになった。学生に尋ねると、多くの学生は雲海を見るのが初めてだった。このとき、同行した動物生態学のN先生が「皆さんがいつも見ている景色と違いますね。頑張って登ってきたので素晴らしい景色を見ることができました。皆さんは1mでもいいから努力して高いところに登ってまわりを見てください。きっと違った景色を見ることができます」と言ったことが印象深い。

第5章

雲の発生モデル実験

スケールが大きい
現象をモデルを使って
試してみよう

日本は世界の中でも四季が明瞭であり、季節ごとに美しい表情を見せてくれる。一方、梅雨や台風、大雪など厳しい天候もある。日本の気象の特性とはいったいどのようなものだろうか。

5.1 日本の気象に関わりのある海洋

中学校学習指導要領（平成29年告示）解説理科編によると、中学校第2学年の単元「気象とその変化」において、「天気図や気象衛星画像などから、日本の天気の特徴を気団と関連付けて理解すること」と「気象衛星画像や調査記録などから、日本の気象を日本付近の大気の動きや海洋の影響に関連付けて理解すること」が示されている。そこでは、日本の天気に影響を与える気団の性質や季節風の発生、日本海側の多雪などの特徴的な気象に、海洋が関わっていることを理解させる、となっている。

では、海洋が日本の気候に関わっている具体的な例にはどのようなものがあるだろうか。海洋を流れる海流が暖流であれば、その近くの陸地の気温はそうでないところよりも温かくなる。たとえば、同程度の緯度にある酒田市と気仙沼市の月平均気温を比べると、日本海を流れる暖流である対馬海流の影響のため、夏も冬も酒田市の方が高温である。

もう一つは、冬季の日本海側に大雪をもたらすことに関わっている日本海という海の存在である。これは海からの水の蒸発に関係する。日本海側地域に大雪をもたらす冬型気圧配置の雲画像を見ると、日本周辺には筋状の雲がある。この雲の発生が日本の気象に影響を与えているのである。

5.2 冬季季節風と日本周辺海上に発生する筋状雲

冬の日本列島には、シベリア地方で放射冷却により作られた冷たく乾燥した高気圧のシベリア気団がやってくる。日本の東側の海上に低気圧が発生すると、西高東低の気圧配置となる。この気圧差により、ユーラシア大陸から海側に風が吹くが、地球の自転の影響を受けるため、風は少し右に曲がる。こうして、冬季の日本列島では北西の冷たい季節風が吹く。シベリア気団の冷たく乾燥した空気を運ぶ季節風によって、日本海側に大量の雪が降り、太平洋側では乾いた晴天の日が続く。

冬型の気圧配置における気象衛星ひまわりの可視画像を図５・１に示す。当日は乾燥したシベリア気団からの北西の風が日本海に吹いていた。大陸では水蒸気の供給が少なく、雲が発達していない。日本海との境界付近でも雲は存在しないが、陸地から少し離れると、海上に筋状の雲が発生しているのが読

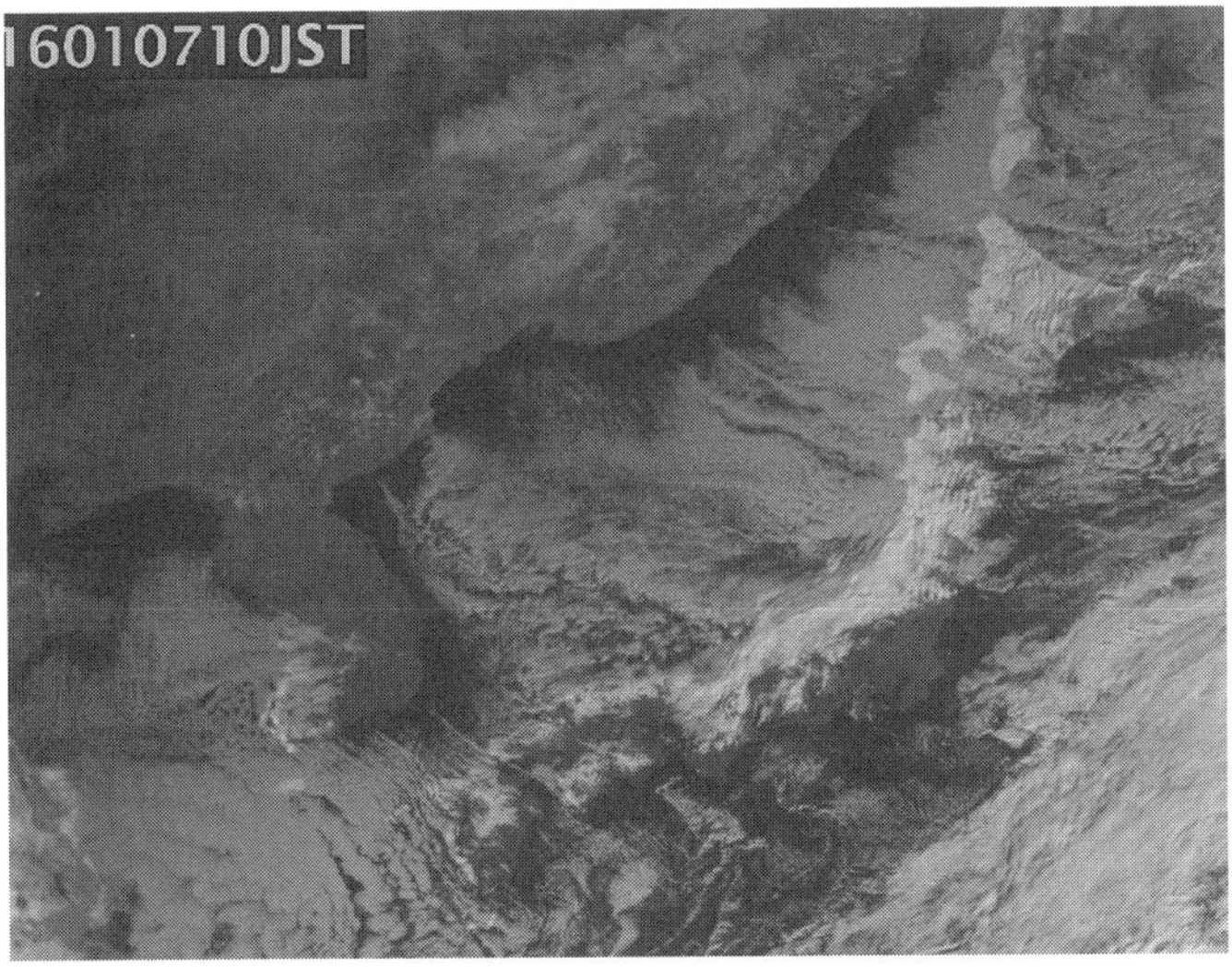

図 5.1　2016 年 1 月 7 日 10 時の可視画像（高知大学気象情報頁より）

み取れる。図5・2は同じ日の海面水温分布図である。大陸に位置するウラジオストクの1月の平均気温は-12・4℃であるのに対し、日本海の水温は9℃〜18℃と相対的に高く、温度差は20℃以上になる。

大陸からやってきた乾燥した空気塊に、相対的に温かい日本海から水蒸気が供給される。空気塊は上昇すると、水蒸気が飽和し凝結して雲が発生する。空気塊の上昇はベナール・レイリー対流により引き起こされる。これは、流速が高さとともに変化している流れの中では、流れに沿ってロール状の対流になるものである。この代表的な例が冬季日本海上に発生する筋状雲である。空気が上昇している部分で雲が発生し、下降している部分では雲がないので、雲の分布は筋状になる。

対流の発生には、地表面と上空との、ある程度の温度差が必要である。少しの温度でもすぐに対流が起こりそうであるが実際にはそうではない。粘性が働いているため、限界に達してはじめて対流は起こ

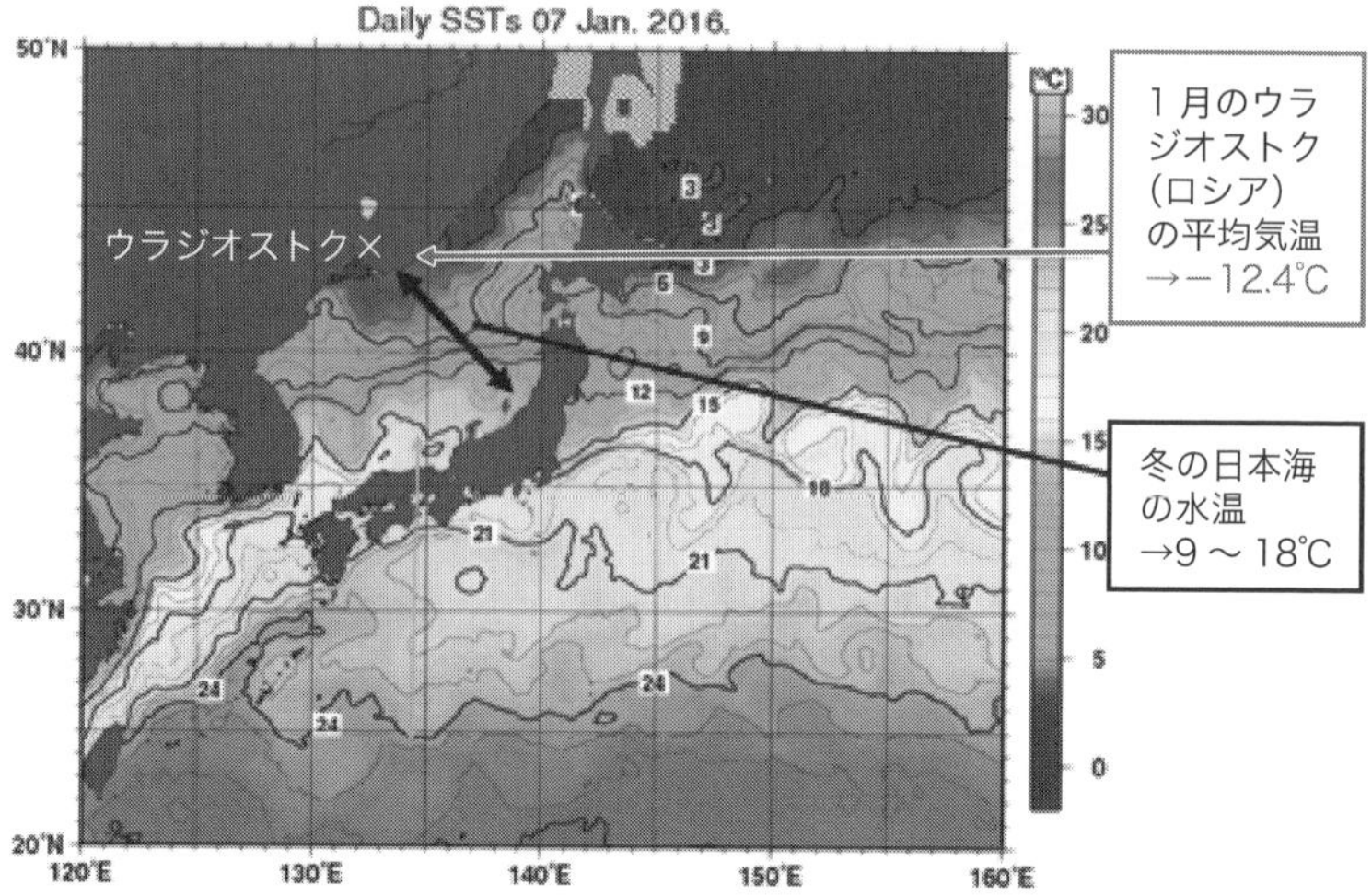

図5.2　2016年1月7日の日本周辺の海面水温分布（気象庁ホームページより）

る。その限界とは、熱対流の性質を表すレイリー数が臨界レイリー数を超えたときとされる。空気層の厚さが2cmの場合は温度差14・7℃以上となる。雲を発生させる対流の出現には、空気層の厚さが厚くなればなるほど大きな温度差が必要とされる。

以上のように、日本海上での筋状雲の発生には、大陸からの風が吹き、海面から水蒸気の補給があるだけでなく、対流現象を引き起こす空気と海水の温度差に起因する。

5.3 筋状雲を発生させるモデル実験

筋状雲の発生を調べる方法に、スケールモデル実験がある。ドライアイスを段ボール箱に入れると、段ボール箱の下の穴から白い煙が流れ出す（図5・3）。この煙がトレイの水面上までくると、筋状の渦が並ぶのが観察できる。ただし、ドライアイスの購入や管理が必要であり、学校では扱いにくい。そのため、ドライアイスを氷

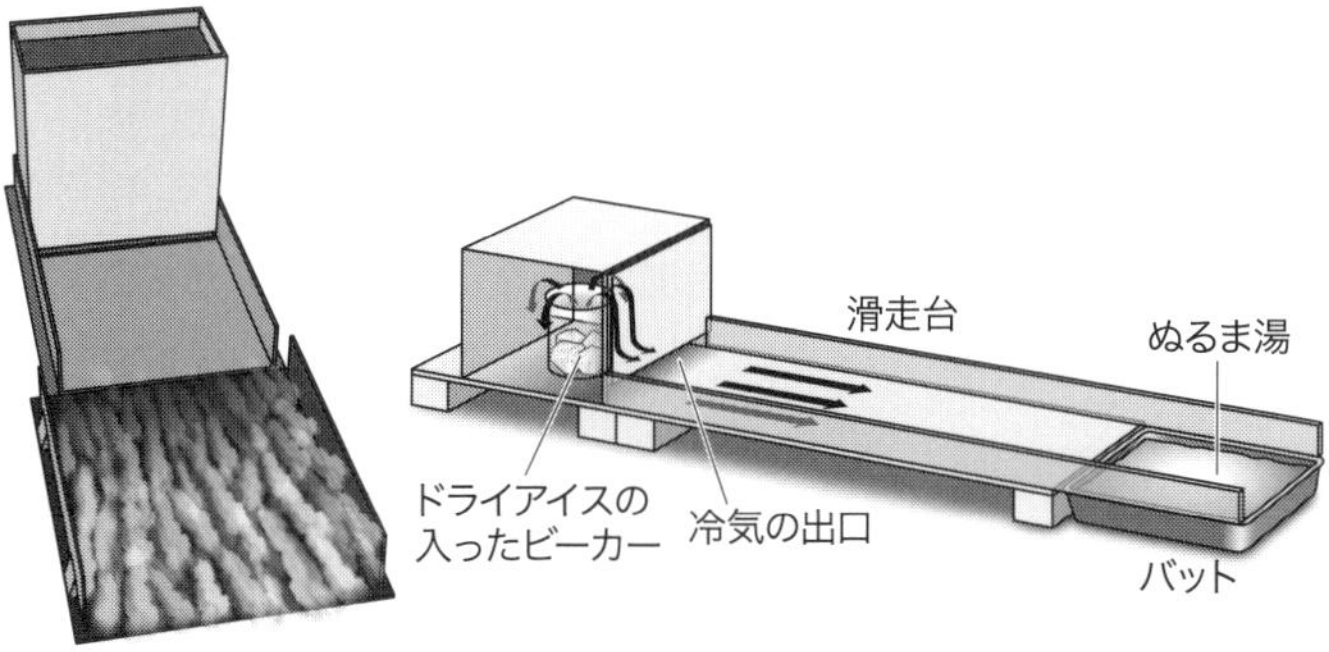

図 5.3 筋状の雲を作る実験

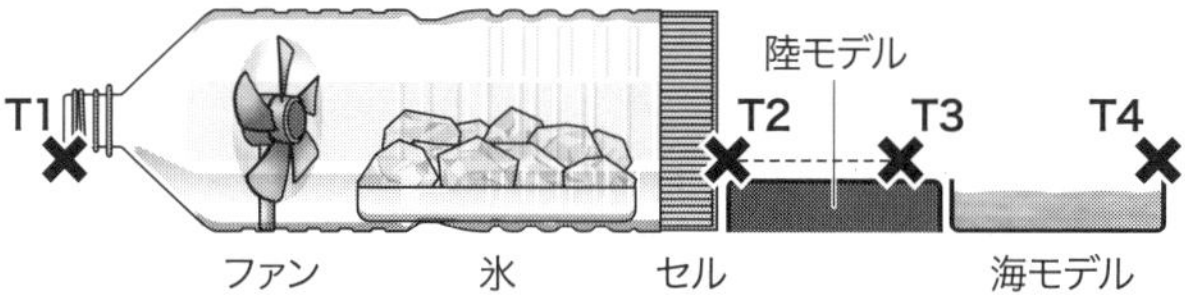

図 5.4 筋状雲を発生させるモデル実験装置[1)]

に変更しペットボトルと空気入れポンプを使った冷気発生装置を作った（口絵5、図5・4）。雲は冷気発生装置から直接出すのではなく、冷気がお湯の入ったバット上に達するところで筋状雲を発生させた。これにより、大陸から日本海に少し出たところで発生する筋状雲を上手く再現した。さらに改良した実験装置として、電動ファンを用いることで発生装置から流れ出る冷気流を連続的に発生させ、セルを冷気発生装置の出口に取り付けることにより、筋状雲を明瞭に観察できるようにした。

この実験装置を用いて、大気の動きと海洋の影響を関連付けた冬季日本の気象の特徴を理解する実習を紹介する。

【実験装置・モデルの作り方６】筋状雲の実験装置

用意するもの

ペットボトル、電動ファン、氷、厚紙、トレイ

製作手順

① ペットボトルの底と側面の一部を切り取り（図５・５(a)）、その中に電動ファンと氷を入れる。
② ペットボトルの底の部分に、２種類の厚紙を格子状に組み合わせて作ったセル（図５・５(b)）を固定する。セルは10 cm×５cmの厚紙を７枚と８・５cm×５cmの厚紙を９枚に、切れ込みを半分ぐらい入れたものを互い違いにはめて作る。図５・４では中央の長方形部分に相当する。空気をこれに通すと気流が整流になる。
③ セルの手前に、陸を見立てて裏返しにした黒紙を貼ったトレイ（陸モデル）を置く。
④ ペットボトルの底は氷が解けるときに出る水の受け皿として使用し、水の量によってはトレイを用意する（図５・５(c)）。

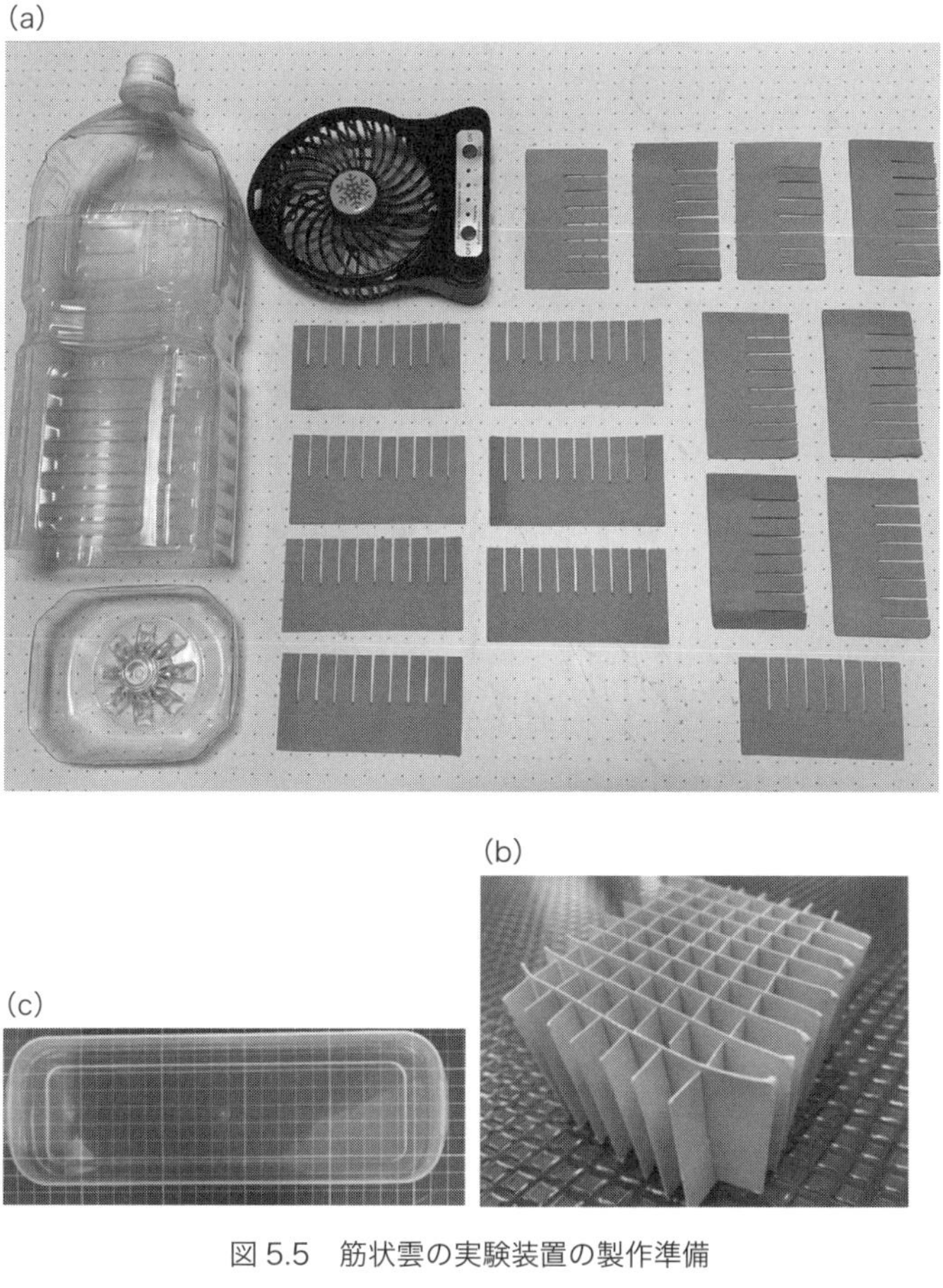

図 5.5　筋状雲の実験装置の製作準備

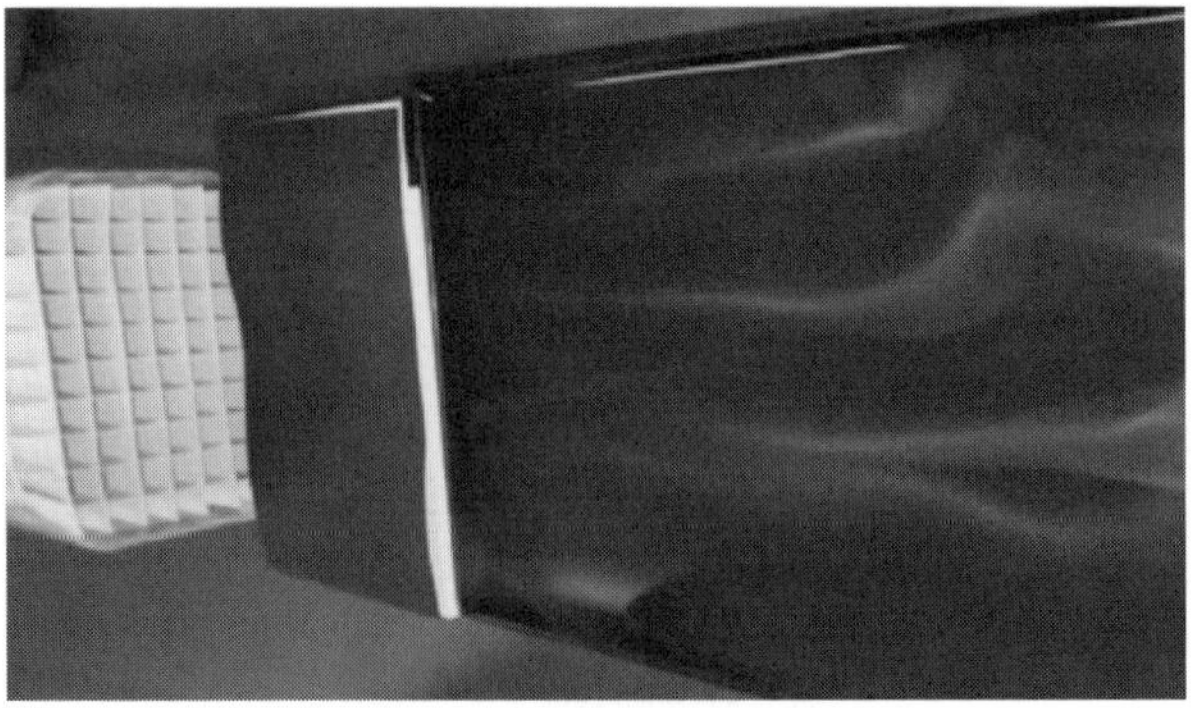

図 5.6　筋状雲の発生の様子
左の白い格子状のものはセル

この装置を利用することで、条件によって筋状の雲が発生する（図5・6）。セルの手前には、陸を見立てて裏返しにしたトレイ（陸モデル）を置いた。これは雲が通過するのを見やすくするためである。その隣には湯を張ったトレイ（海モデル）を置いた。電動ファンをペットボトル内で動かすと、空気が氷の上を通り、セルを経由して、陸モデル、海モデルを通過する。

Ｔ1はペットボトルの口付近の場所、Ｔ2は陸モデル（図5・4の左の長方形）の左端、Ｔ3は陸モデルの右端、Ｔ4は海モデル（図5・4の右の長方形）の右端における表面から1cm上の地点を示す。図5・7は図5・4の実験装置におけるそれぞれの地点の気温分布を示す。20℃ぐらいだった空気は、氷によって8・8℃まで冷やされ、陸モデルを通過するときにまわりの空気の流入で14・5℃になって、海モデル上に進む。このとき、海の温度が常温（20℃程度）の場合では雲が発生せず、海の温度を50℃程度に上げると雲の発生が始まる。

（2）実験条件が筋状雲の発生に与える影響

この実験装置を利用して、線香の有無、つい立ての有無、セ

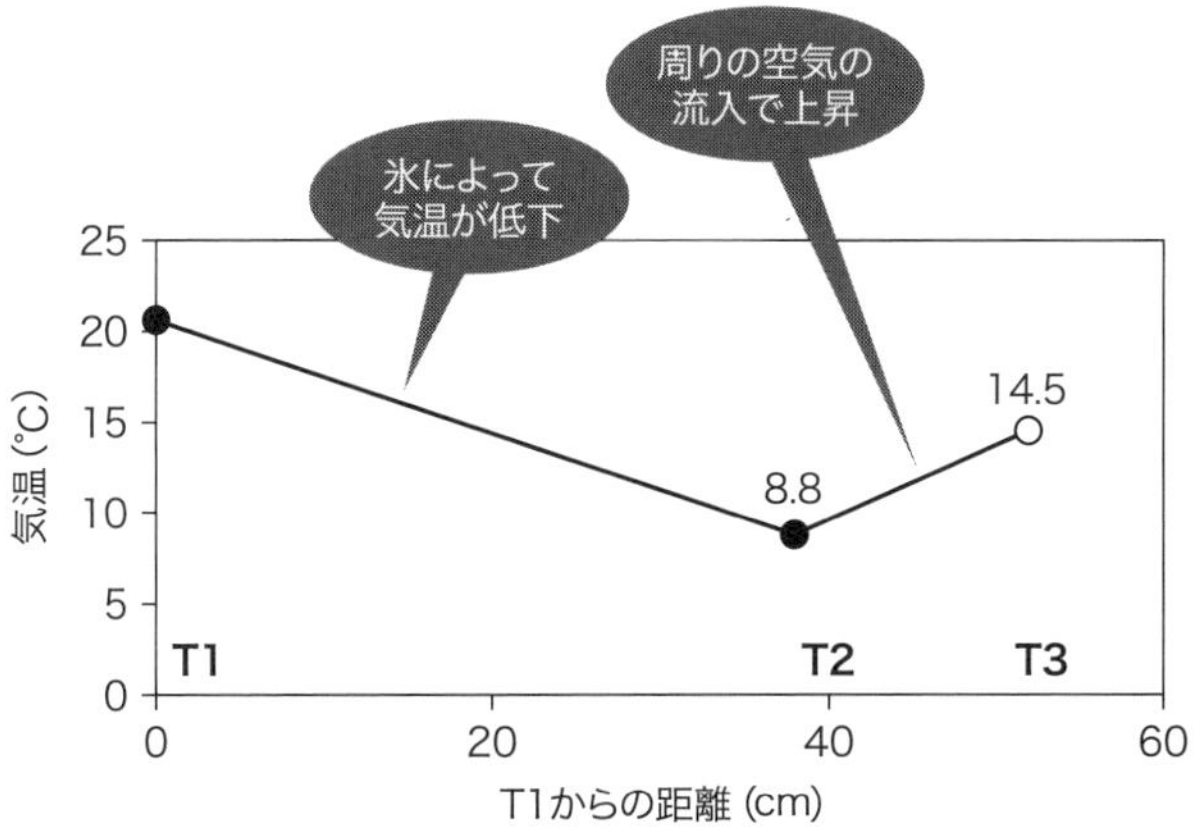

図 5.7　筋状雲モデル実験装置内外の気温分布

ルの有無、セルのメッシュサイズ（格子の間隔の長さ）、風速の違いが筋状雲の発生に与える影響を調べた。実験を行った環境では、室温15・7℃、湿度43％であった。トレイに入れた温水の温度はおよそ50℃としたが、実験が進行するに伴い水温は下がっていった。実験条件の基本設定は表5・1のとおりである。

①　線香の有無

図5・8は、ペットボトルの口に線香を置かない場合（左）と、置いた場合（右）の様子を示している。「線香なし」の場合は筋状雲を認めることはできなかったが、「線香あり」の場合では、陸上部分では線香の煙は不鮮明だが水面上で雲の発生を明瞭に確認できた。よって、実験では線香を利用する。線香の煙は、水蒸気が水滴に変化するときに核として凝結を助けるように働くものである。

②　セルのメッシュサイズ

セルを用いた場合と用いない場合の雲のでき方（図5・

表 5.1　実験の基本条件

実験条件	線香の有無	つい立ての有無	セルの有無 セルのメッシュサイズ	風速
基本設定	あり	あり	セルあり 1cm	0.43m/s

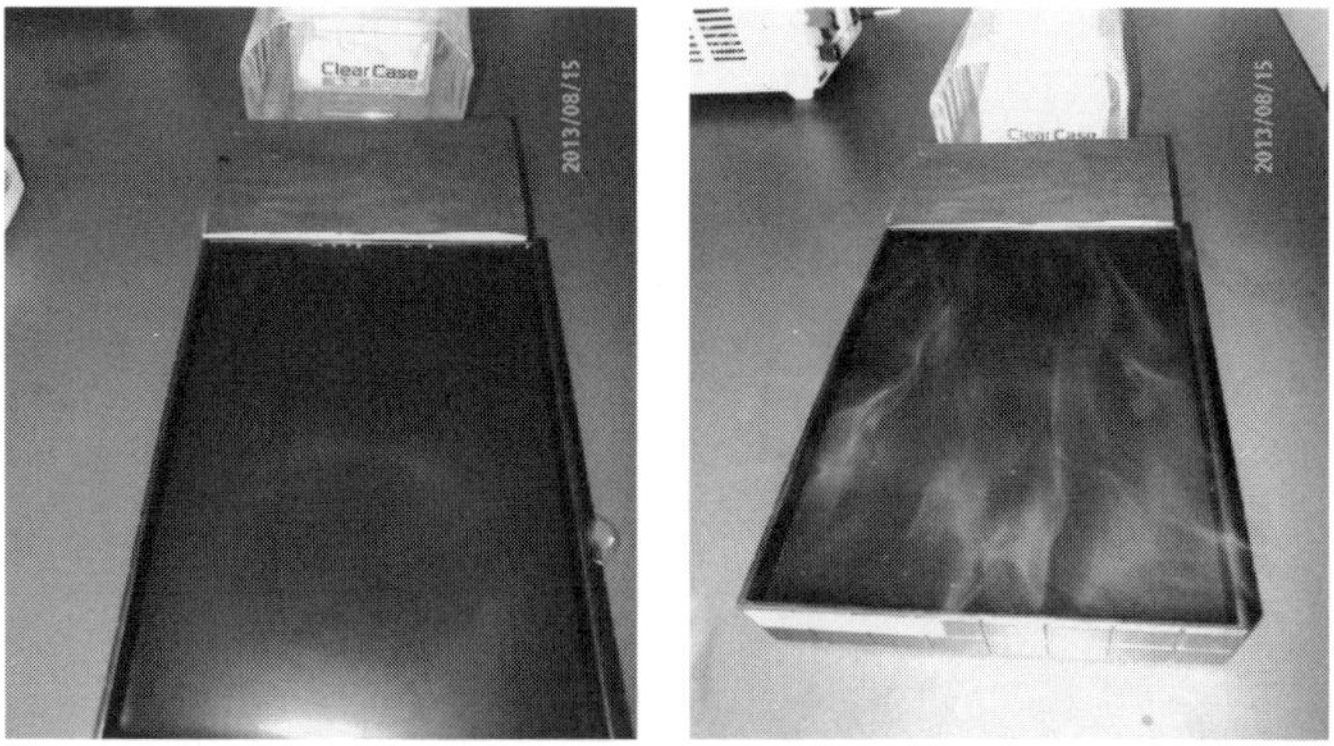

図 5.8　線香を置かない場合（左）と置いた場合（右）の筋状雲発生の様子

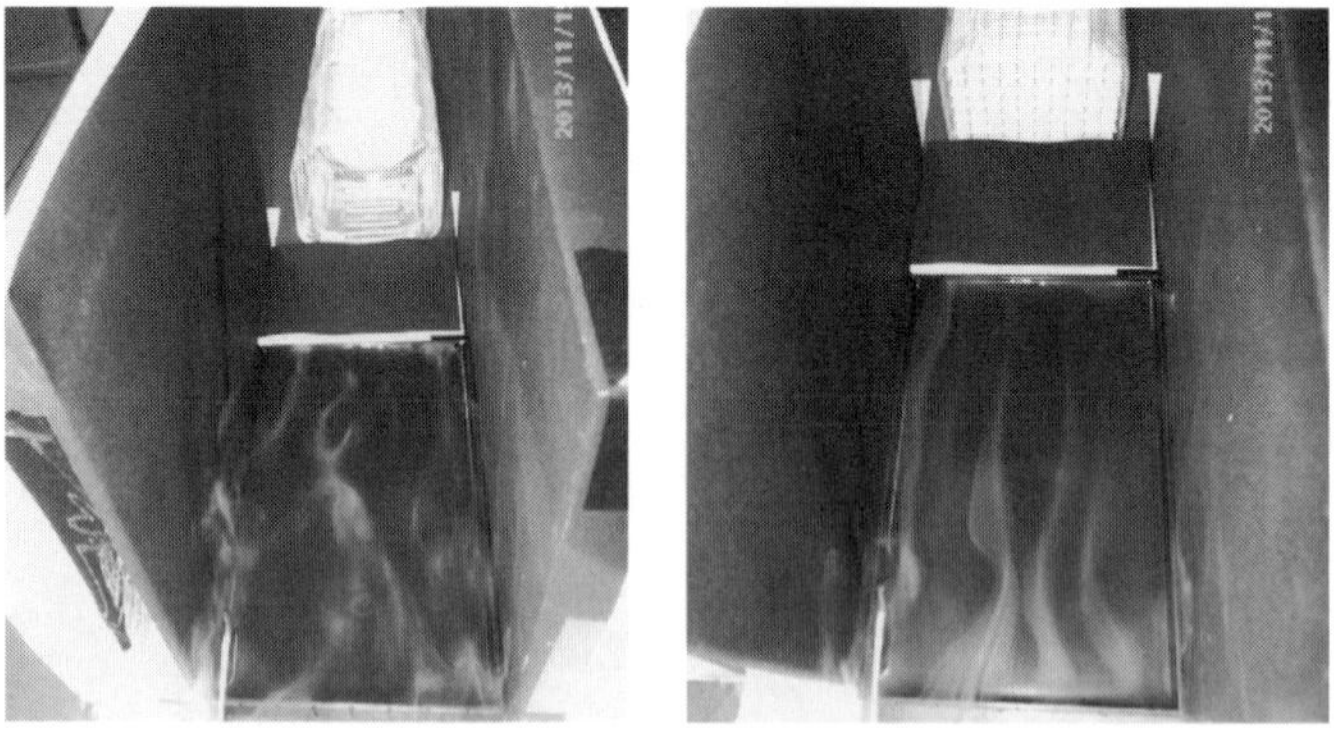

図 5.9　セルを用いない場合（左）と用いた場合（右）の筋状雲発生の様子[1)]
水温 43.5℃、表面水温 41.3℃

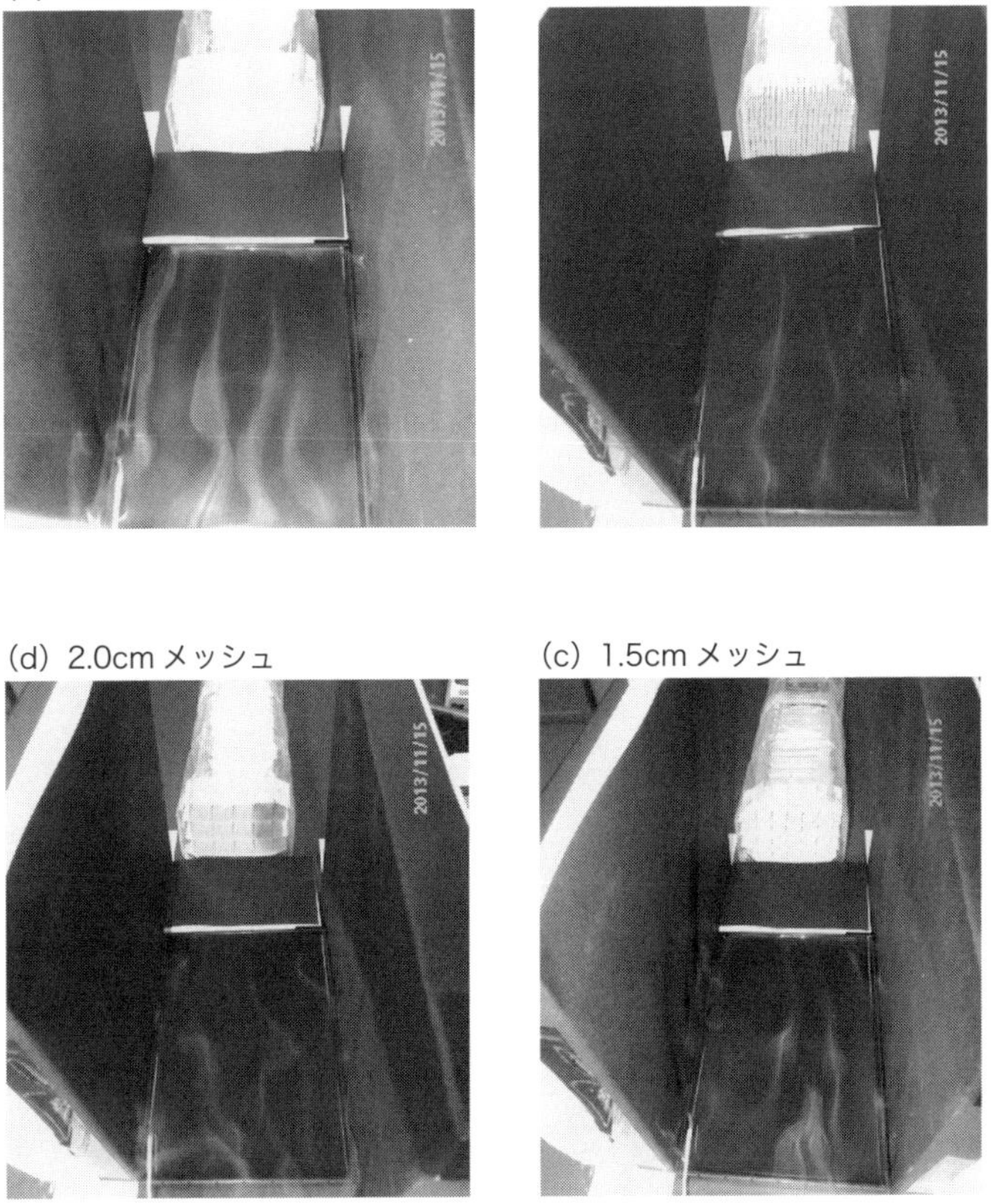

図 5.10　メッシュサイズの違いによる雲の発生の様子[1)]
水温 50℃

9)、およびセルのメッシュを0・5cmメッシュから2・0cmメッシュまで変化させたときの雲の発生の様子（図5・10）を示す。セルがない場合でも筋状雲は発生するが、筋は曲がって乱れる。セルがあると筋が明瞭に発生する。

セルのメッシュサイズが0・5cm、1・0cmのときには、雲の筋が比較的直線状になるが、メッシュサイズが1・5cmと2・0cmのときには筋状雲が乱れてくる。実験で用いる場合には、0・5～1・0cmメッシュのセルを用いる方がよい。ただし、メッシュ間隔を細かくするとセルの作成に手間がかかる。そのため、次の実験では1・0cmメッシュのセルを用いて行った。

③　風速の大小

冷気の風速の違いによる筋状雲の発生の様子について検証する。電動ファンと接続した電源装置の電圧を4Vから10Vまで電圧を1Vごとに上げ、7段階で風速をそれぞれ0・32m／s、0・43m／s、0・58m／s、0・72m／s、0・86m／s、0・95m／s、1・06m／sと変化させた。そのときの筋状雲の様子を図5・11に示す。まず、風速が0・32m／sのとき、筋状雲が発生していたが、筋の本数は3本程度である。筋がまっすぐになっている部分の長さが相対的に短い。風速を0・43m／sにすると、明瞭な筋が3～4本となった。さらに風速を大きくしていき、風速が0・95m／sを超えたときには、筋を7～8本程度確認することができた。以上のことから、風速を大きくすると、筋の本数が増えることがわかる。

(3)　冬季大陸の気温と日本海の水温を再現する実験装置の開発

前述した①と②の実験では、温度差を大きくするために、実験の経過とともに水温が下がることを考慮して海モデルの温度を50℃程度としたが、現実の日本海の海面水温と比べると水温は大幅に高い。試行授業では生徒が冷気を送り込んでいないのに水面から湯気がでていることが指摘されていた。また、50℃の水温だと長時間の水温維持は難しい。長野県の理科教育研究会における実験実技講習会で行われ

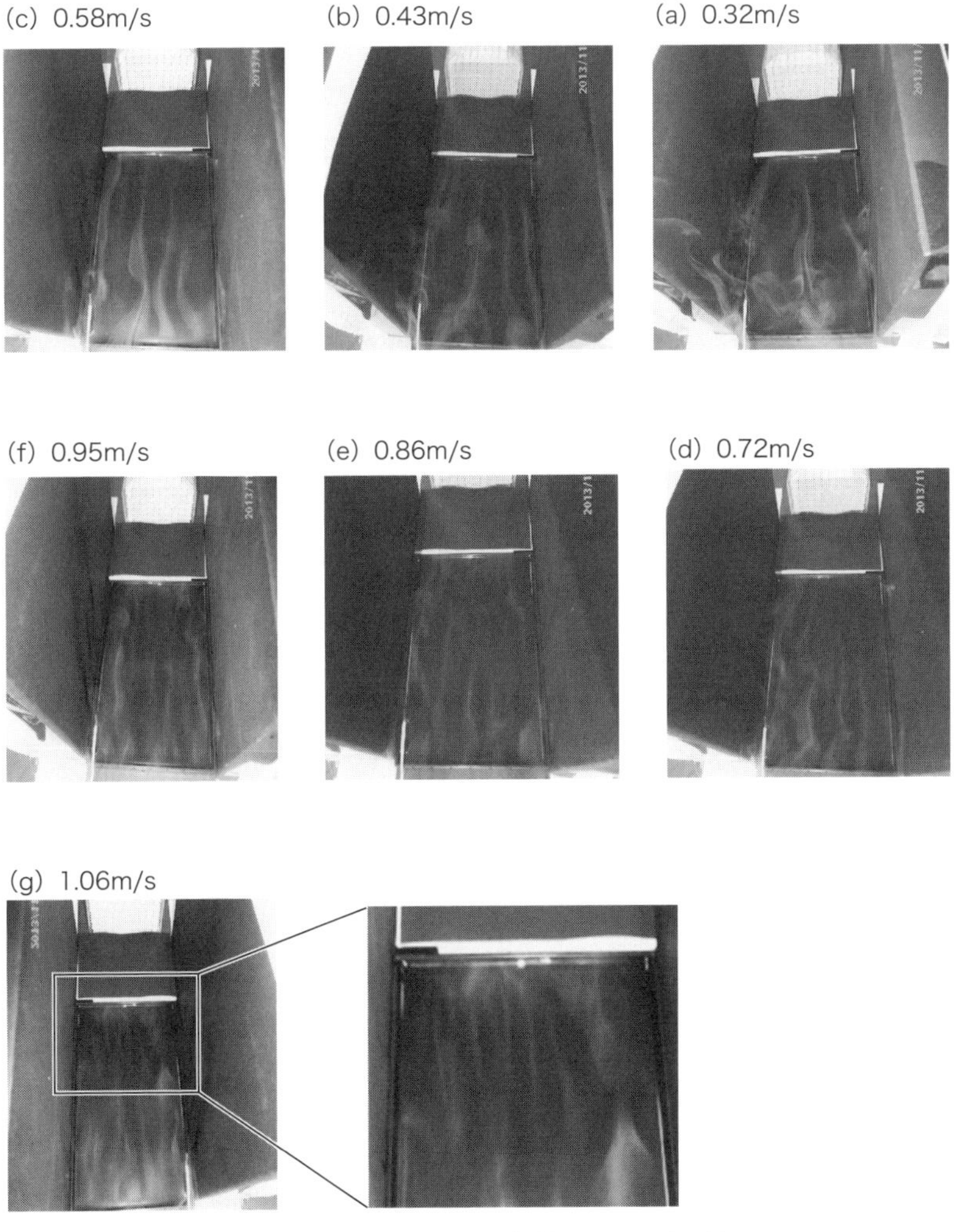

図 5.11　風速の大小による筋状雲のでき方の違い
水温 50℃

た実習では、48℃以下になると、極端に雲の発生が見られなくなると指摘された。そこで、実際の大陸から日本海に吹く季節風の気温に近づけるために、図５・４のＴ２の気温を下げること、Ｔ３の気温上昇を抑えることを可能にする実験装置を開発する。Ｔ２の気温を下げる方法に、寒剤を利用すること、氷塊のサイズを変更すること、Ｔ３の気温上昇を抑えるには、陸モデルの長さを短くすることと、セルから出てきた冷気が空気と混ざりにくくするため噴出口から海モデルまで覆いをすることを考えた。

(4) 吹き出し口から出る冷気の温度Ｔ２を下げる

実験装置は、花井ほか[1)]をベースとし、海モデルの水温を常温とした。この実験における共通条件は表５・２に示す。研究によるとセルの格子間隔が小さいほど明瞭に雲が出現するが、厚紙でセルを作る手間が少ないことも考慮し、セルの格子間隔を１cmとした。水温は、実験当日の水道水をしばらく放置したときの温度である。これにより実験中の水温変化が少なくなる。

① 寒　剤

寒剤とは、混合することで低温が得られる２種類以上の組み合わせ、またはその混合物である。本研究では氷と食塩、氷と塩化カルシウム六水和物の２つを使用した。低温を作るには昇華して気体になるドライアイスを利用することがあるが、保存が難しいこと、地域によっては入手しにくいことなどの問題があり、児童・生徒が取り扱うには注意が必要である。

柚木・津田[2)]は、ドライアイスの代わりに、大量に生産されて凍結防止剤などに利用され安価にホームセンターなどで購入できる塩化カルシウムを寒剤として用いた霧箱の実験を行っている。この手法を本実験に利用し、塩化カルシウムの二水和物から、より温度の低下を見込める六水和物を精製し使用する。以後、本項では塩化カルシウム六水和物を「塩化カルシウム」とする。

食塩と氷を22・4：77・6の割合で混ぜた場合、気温は-21・2℃まで下がり、塩化カルシウムと氷を58・8：41・2の割合で混ぜた場合、-54・9℃まで下がる。そこで、排水口用水切りネットに氷200gと食塩57・8g、そして氷200gと塩化カルシウム285・4gをそれぞれに入れて混ぜた。

表 5.2　常温の水を利用した実験の共通条件

実験条件	
室内温度	21℃（±0.5℃）
室内湿度	50%（±3%）
海モデルの水温	17.3 ～ 17.8℃
風よけのつい立て	ダンボールで加工
セルのメッシュサイズ	1.0 cm メッシュ

食塩と氷の寒剤によるT2、T3、T4の気温の時間変化を図5・12に示す。使用した氷は一辺1・2cmの立方体のものである。気温は陸モデル、海モデル面上1cmのところで測定した。T2が一番低く、次いでT3、そしてT4となった。いずれの気温も実験開始後急激に低下し、開始後3分から4分で最も下がり、その後非常にゆっくりと上昇している。そのため、これ以降は、3分後の結果で気温を比較する。

寒剤として、食塩と氷、塩化カルシウムと氷、対照実験として氷のみの結果をT2の気温で比較する（図5・13）。図からわかるように、寒剤を利用すると、氷だけのときより、セルから出てくる気温を大幅に低下させることができる。塩化カルシウムと氷の寒剤の気温低下が最も大きく、T1の気温と比べ35℃以上の低下が見られた。

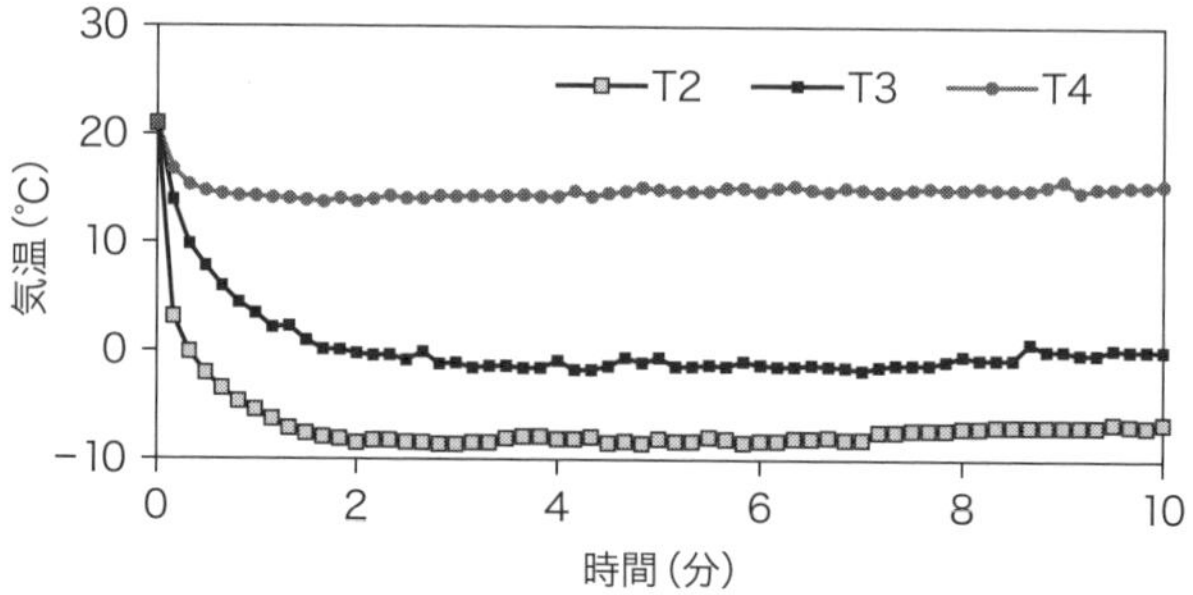

図 5.12　食塩と氷の寒剤による陸モデル・海モデル上の気温の時間変化

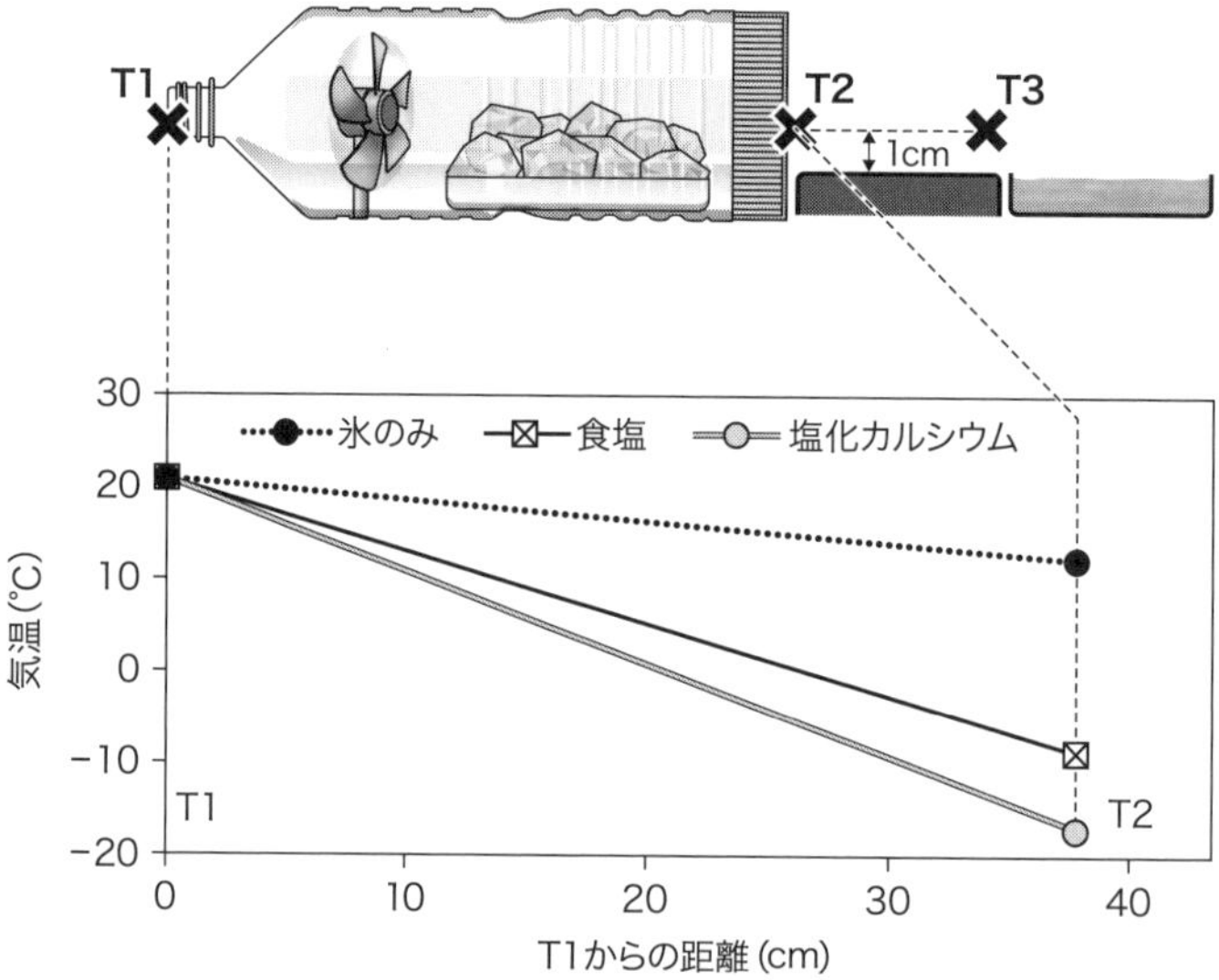

図 5.13　寒剤による T2 の気温変化

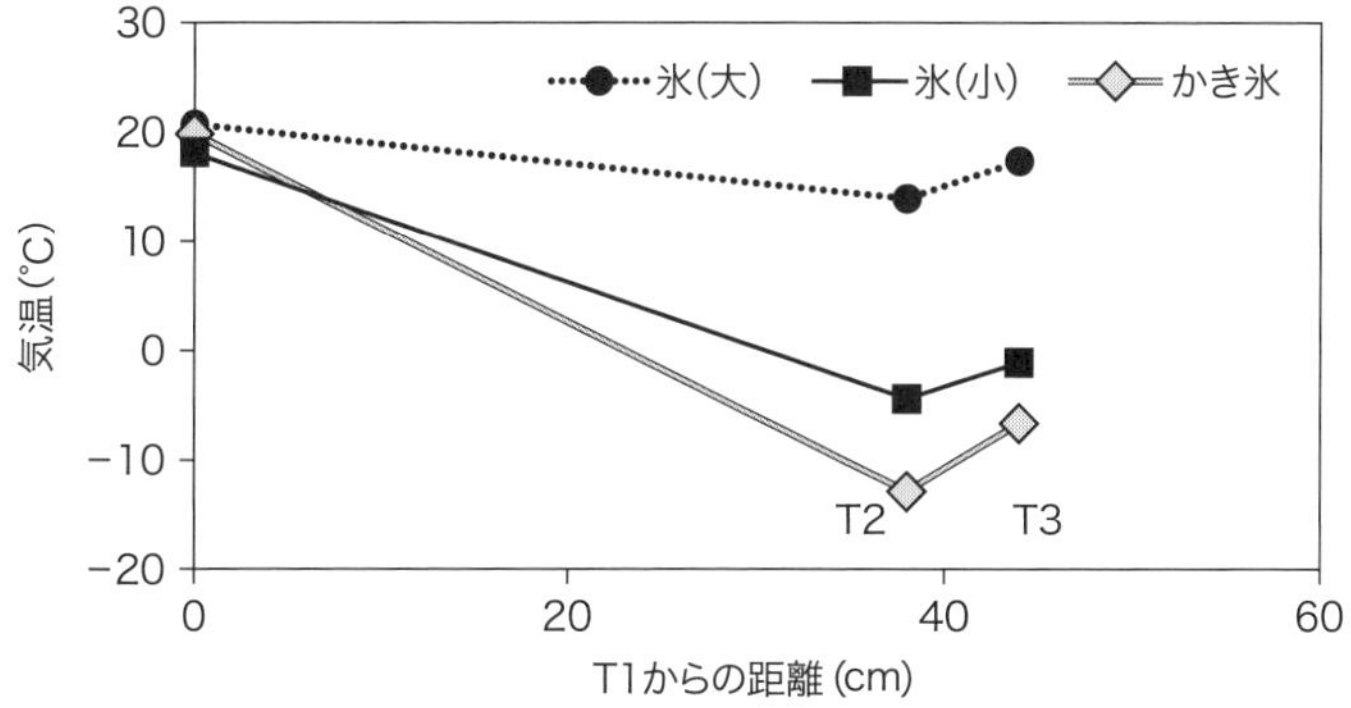

図 5.14　氷の大きさの違いによる T2、T3 の気温

②　氷ブロックサイズ

次に、氷のサイズがT２、T３の気温に与える影響について調べた。氷のサイズが異なるものとして、かき氷器で細かく砕いたもの（以下かき氷）、粒径の小さい製氷器で作成したもの（以下氷（小）、一辺１・２cmの立方体）、粒径の大きい製氷器で作成したもの（以下氷（大）、高さ３cmで底面４cm×５・８cm、天井面３cm×４・６cmのもの）を使用した。

図５・14は寒剤として塩化カルシウムを使用し、氷の大きさによるT２、T３に与える影響を示している。氷の粒径が小さいものの方がT２、T３の気温を低下させることがわかった。

以上のことから、最もT２の気温を下げるには、塩化カルシウムと氷による寒剤を利用し、冷却源としてかき氷器で細かく砕いた氷を使う方法が最も効果があることがわかる。

③　氷ブロックの並べ方

２つの氷ブロックの間隔を変化させたときと、氷ブロックを２段にしたときの気温変化を調べた。使用した氷ブロックのサイズは高さ３cm、底面４cm×５・８cm、天井面３cm×４・６cmである。

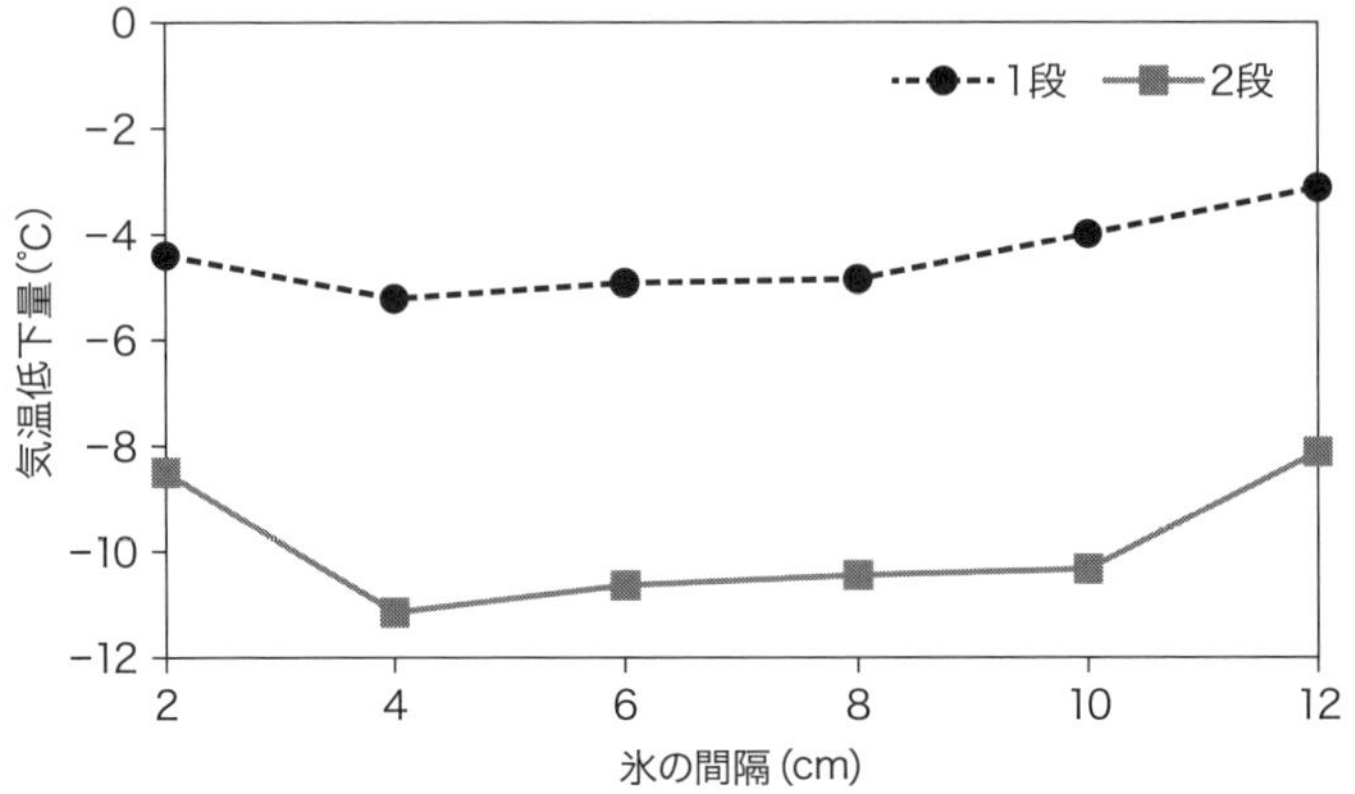

図 5.15　氷トレイの段数による気温低下量の違い

２つの氷ブロックをトレイに乗せたものを２組用意し、寒剤として塩化カルシウムを使い２段の氷トレイで実験した結果を図５・15に示す。気温低下量とは、Ｔ１の気温からＴ２の気温を引いたものであり、Ｔ１の気温は１段トレイの実験では18・８℃、２段トレイの実験では20・３℃であった。

図からわかるように、氷ブロックの間隔が４cmのときの気温低下量が最も大きく、トレイを２段にすると、気温低下量は大幅に低下する。２段トレイで氷ブロックを４cm間隔で設置したとき、Ｔ２の気温は９・１℃であった。

（５）陸モデル上での気温上昇を抑える

①　陸モデルを短くする

陸モデルの長さを変えたときのＴ２とＴ３における気温の違いを図５・16に示す。冷却方法は食塩と水による寒剤を用いた。セルから吹き出す位置であるＴ２は前回の実験と同じ地点であるが、Ｔ３の位置は、陸モデルの長さを変えたので異なる。図からわかるように、陸モデルを長くすればするほど気温は高くなる。

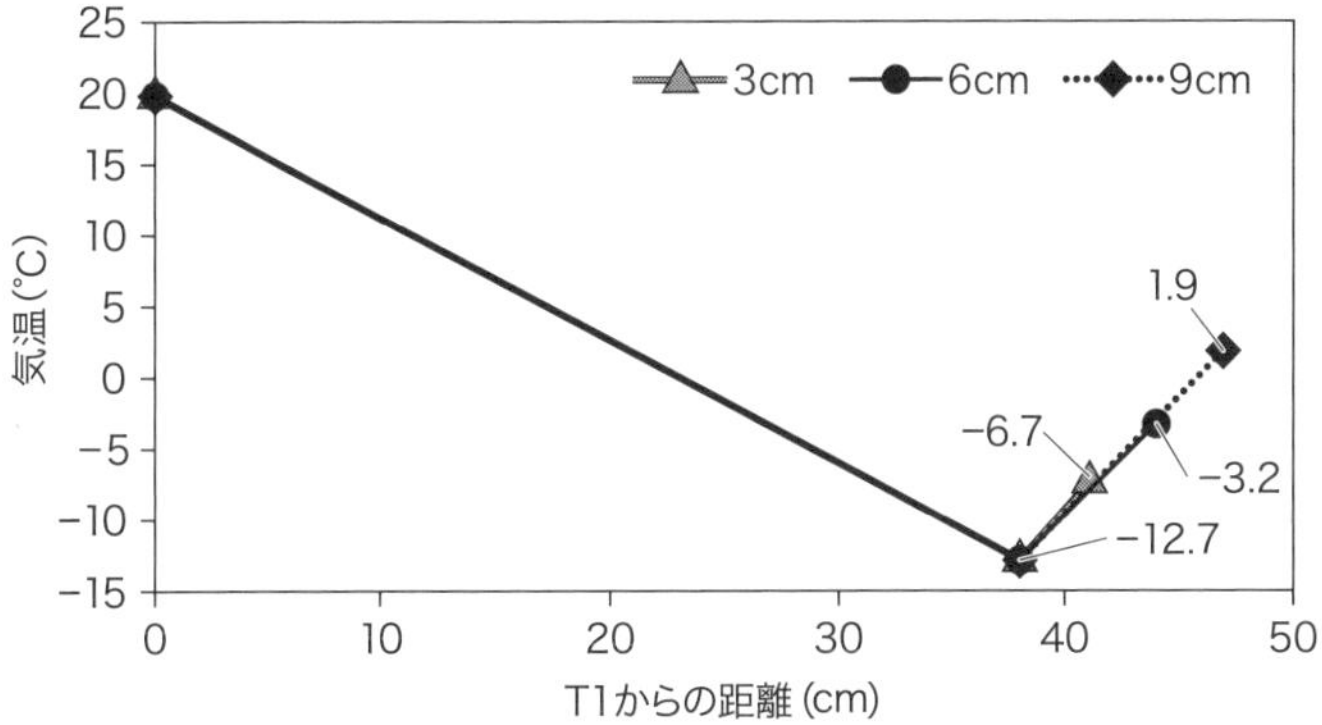

図 5.16　陸モデルの長さに対する T2 と T3 の違い

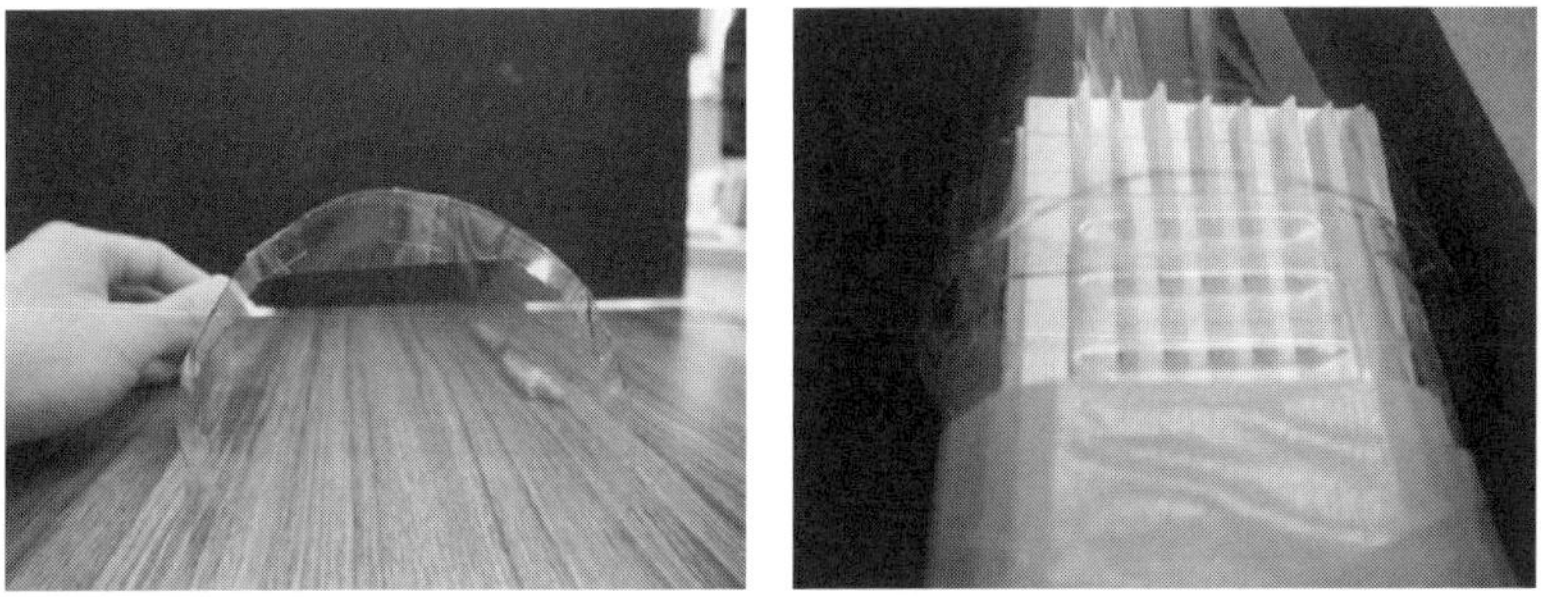

図 5.17　加工した透明シート（左）と実験装置に透明シートをかぶせた様子（右）

② 冷気噴出口から海モデルまで覆いをする

T3が上昇しているのは、まわりの空気の温度が相対的に高く、冷気が暖められてしまうことによるので、熱交換を減少させるため、冷気噴出口から海モデルまで透明なシートをかぶせた（図5・17）。図5・18にシートをかぶせたときの陸モデル、海モデル上の気温を示す。いずれの地点でもシートで覆われている部分の気温が低下した。シートをかぶせると雲の発生が明瞭になった（口絵6）。

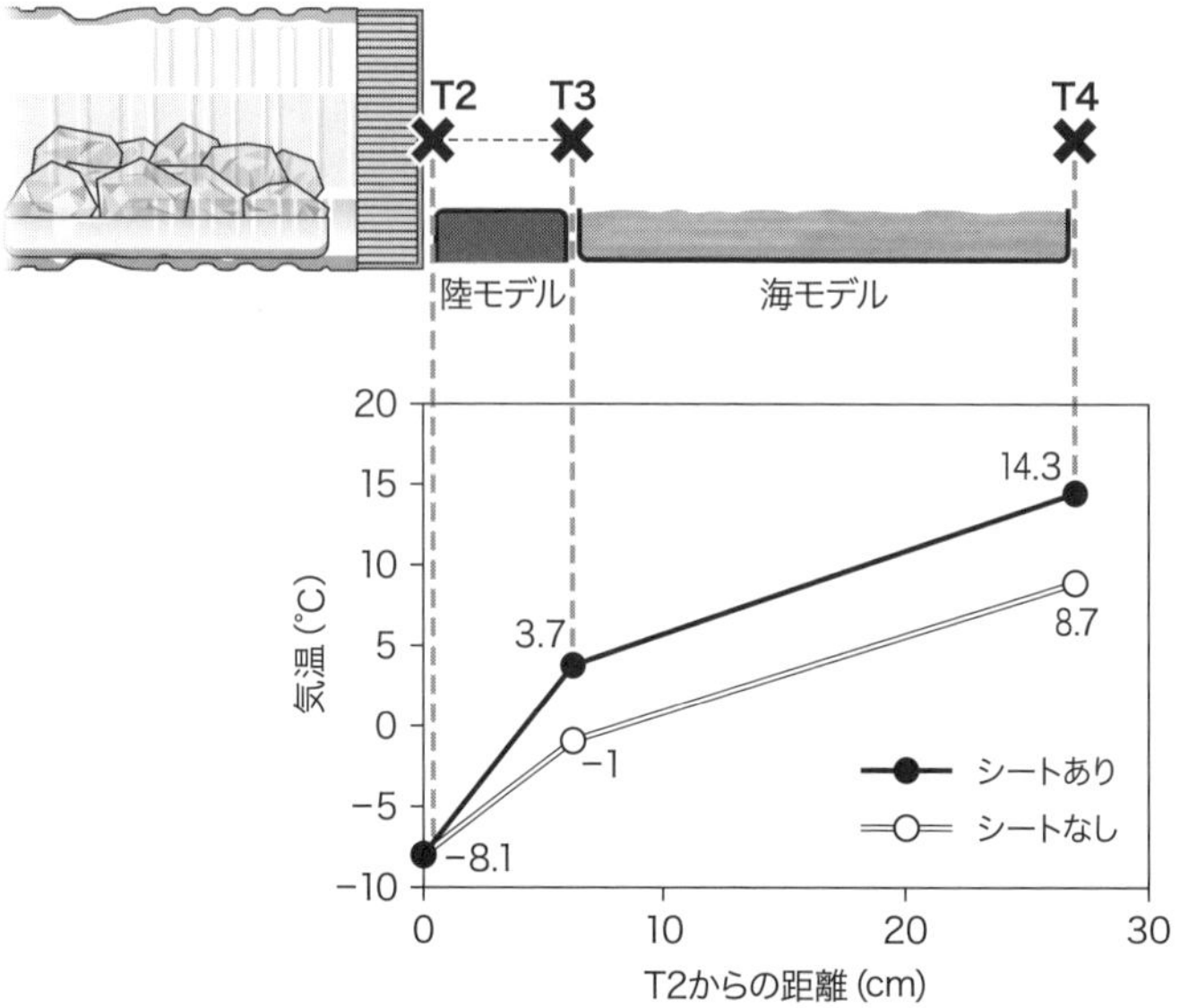

図 5.18　透明シートをかぶせたときの気温上昇

5.4 日本海と大陸を再現したモデルで雲を観察する授業（中・高・大）

海洋は日本の気象に大きな影響をもたらす。冬の日本では、対馬海流が相対的に温かいことにより海面上で対流が起こり、水蒸気が凝結して雲が発生する。本学習のねらいは、日本海側の多雪などの特徴的な気象に海洋が関わっていることに気づき、日本海上で筋状の雲が発生する仕組みを理解することである。

実験の冷却源として塩化カルシウムと氷による寒剤を用いた。陸モデルの長さを小さくすると気温上昇を小幅にできるが、長さ３ cmだと陸のモデルという印象に欠けるので、長さ６ cmのものを使用する。透明シートの覆いについても、気温上昇を抑えることができる。ただし、演示実験の場合は、近くに寄れない生徒もいることから、発生した雲の観察のしやすさを優先

表 5.3　筋状雲の実験装置を用いた授業の内容

	学習内容
導入	冬の日本では、冷たく乾燥した高気圧のシベリア気団が日本列島の上空に発達する。冬季の関東と北陸の写真を見せ、天気の違いに気づかせる。どうしてこのような天気の違いが起こるのだろうか。冬は乾燥した風が吹くのに、どうして日本海側に雪が降るのだろうか。 (事象提示) 気象衛星画像の雲の分布に着目させる。同時にシベリアの気温と日本海の海水温分布図を見せて、温度の違いに気づかせる。 学習課題：なぜ日本海上には雲があり、大陸の上には雲がないのか？ (予想) ・海には水があるので、蒸発して雲ができるのではないか (15 分)
展開	学習課題：日本海と大陸を再現したモデルで雲を観察しよう (教師による演示実験) ・大陸、日本海、日本列島の位置 ・季節風の風向はどこからどのように吹いているか ・線香の有無の実験、氷（寒剤）の有無の実験 ・送風装置から出てくる空気の温度や海モデルに入れた水の温度を確認し、現実の大陸の気温や海の温度との対応を考える ・明瞭に現れた筋状雲の観察 (25 分)
まとめ	・実験結果から日本海の筋状雲のでき方を考察する ・ワークシートに自分の言葉と図で筋状雲のでき方をまとめる (10 分)

させて、透明シートの覆いを用いない。

（1）授業の流れ

導　入

冬の日本の天気には、冷たく乾燥したシベリア気団が日本列島上空に発達することを復習した。関東と北陸の冬の景色の写真を見せ、天気の違いに気づかせた。どうして天気の違いが起こるのか、また乾燥した気団なのに、どうして日本海側で雪がたくさん降るのか尋ねた（表5・3）。ここで冬型の気圧配置が現れたときの気象衛星ひまわりの雲画像を見せ、課題「なぜ日本海上には雲があり、大陸上には雲がないのか」を提示した。冬季におけるウラジオストクの平均気温が書かれた冬季日本周辺の海面水温分布（図５・２）も示し、日本海には相対的に温かい対馬海流が流れていること、ウラジオストクの気温と日本海の水温に大きな温度差があることに注目させた。生徒は、海には水があるので、水が蒸発し雲が発生するのではないかと予想した。

そこで、教師は「冬の日本海と大陸を再現したモデルで、雲のでき方を観察しよう」と提案した。海モデルの中には湯気が発生しない水道水（20～30℃程度）を、冷却源には塩化カルシウムと氷の混合物を寒剤として利用した。

展　開

生徒を教卓に集め、実験装置を組み立てた。まず、寒剤を用いないと雲の発生が起こらないこと、寒剤を利用しても線香の煙がないと雲が明瞭に出現しないことを確認した。実験を開始し、雲が明瞭に見えたときには、生徒からは驚きの声が漏れた。そして教師は、筋状雲が発生し始める位置として陸モデルと海モデルの境を確認し、雲画像における大陸と日本海の雲の分布を思い出させた。生徒には、冷気が出てくるところに手を置かせ、送風口から吹き出す空気の冷たさ、海モデルの水温を体験させた。これにより、大陸上に吹く風や日本海の温度に対応していることを確認した。筋状の雲が発生する位置として、陸モデルと発生の様子をワークシートに書かせ、日本海上で雲が発生する理由などを考察させた。

まとめ

授業の終わりでは、シベリア地方からの乾燥した風が吹いている大陸上では雲が少ないが、日本海上に達した空気は相対的に温かい水温の海上から水蒸気の補給を受けて湿った空気となること、海の上に空気が達すると、いつでも水蒸気が蒸発し雲ができるのではなく、雲の発生には海面と空気の大きな温度差が必要であることなどをまとめた。

（2）授業の考察

実験の様子を記録したビデオから、生徒の会話分析を行った。ある班から得られた会話の内容を分類したものを表5・4に示す。一番多かった発言は、出てきた白いものが、雲なのか、湯気なのか、線香の煙なのかを疑問に持つものだった。生徒が白いところを吸って匂いを嗅いで、確かめていた。

表 5.4　実験時の生徒の発言

	生徒の発言
感嘆	あ、すごい でてきた きた、すげー すげえ
雲・湯気・線香	出てきたのは湯気ではないだろう これ本当に雲なのかな 煙じゃないかな 雲かな 湯気でしょう 雲なのかな。吸って確かめてみて 線香の煙かな 発生しているのは何だろう
発生場所	あー（雲が）でてきた。大陸の向こう側だね ここだ、この部分で雲ができている 陸の上には見えないね 何でここにできるんだろう 明らかにここでできている
その他	波があるよ、うねうねしてるね 雲の形が変わるのが面白い

次いで、生徒が注目したのは白いものの発生場所である。陸モデルの上では白いものは発生せず、海モデルに冷気が到達してから白いものの発生を確認している。授業の考察の場面で、教師が大陸の上で雲が発生していないことを確認し、白いものが線香の煙ではないことに気づかせた。

白いものについて、湯気だとこだわる生徒がいた。お湯を入れた洗面器から白いもの（湯気）を見た経験によるものだろう。間違いではないが、冬季日本海上に発生する筋状の雲のモデル実験なので、白いものが発生するだけでなく、その形態に注目させたい。衛星画像で見られるような細長い形（図５・１）になっているかどうかである。実験で発生した筋状雲をよく観察すると、雲があるところは上昇気流が見られ、雲がないところは下降気流になっている。それらの様子が交互に並んだものを上空から観測した場合に、雲が筋状に並んで見える。お湯のように十分温かくなくても吹走する空気が十分冷えていれば、常温の水でも雲を発生させることは可能である。

授業で雲が発生したことを確認した際、「あ、すごい」などの驚いた様子の発言もあった（表５・４）。これがきっかけで雲の発生に興味関心を持ち、どうしてそのようなことが生じるのか生徒は考えていた。生徒の感想は、「実験が楽しい」というものが最も多く書かれていた。「雲ができる条件をもっと調べたい」「もっと天気について知りたくなった」など、授業に対し好意的であった。その他、「線香を使う理由がわからない」というものがあり、凝結核について説明すべきであった。

コラム６：レイリー数

レイリー数は、温度差に起因する浮力の強さを特徴付ける無次元数である。雲の発生には水温と気温の温度差が関わり、レイリー数がある限界を超えると流体の自然対流が生じる。

コラム7：凝結核

気温が下がり露点に達すると湿度は100%になる。さらに気温が下がると空気中の水蒸気の一部は水滴になる。実際には、湿度100%を超えているにもかかわらず、水蒸気が水滴にならず気体のままでいることがある。この状態を過飽和という。過飽和状態の水蒸気は水滴になりやすくなっている。このとき大気中にエアロゾルがあると、これが水蒸気を結合し水滴を作る。このような働きをする物質を凝結核と呼ぶ。エアロゾルとは浮遊する微小な液体または個体の粒と周囲の気体の混合体で、重金属粒子、ディーゼル黒煙、たばこ煙、アスベスト粒子などである。線香の煙も浮遊する微小な個体で、凝結核として雲が発生するように働く。

第6章

教えにくい単元「大気中の水蒸気の変化」

中学校では気象単元において霧や雲のでき方を学習する。ここではまず窓やコップが曇るといった大気中の水蒸気が凝結して水滴に変化する現象に着目する。金属製のコップに水を注ぎ、氷を入れた試験管でかき混ぜて冷やすと、やがてコップの表面に小さな水滴が付着し、曇り始める（図6・1）。そのときの温度を露点（あるいは露点温度）であると学習する。

気温が下がって露点に達すると空気は飽和状態となり、さらに下がると水滴ができる。このメカニズムを理解するため、湿度に対する飽和水蒸気量の変化を表す曲線と空気1m^{3}に含まれる水蒸気量の関係を、重ね合わせグラフ（複合グラフ）を用いて説明する（図6・2）。

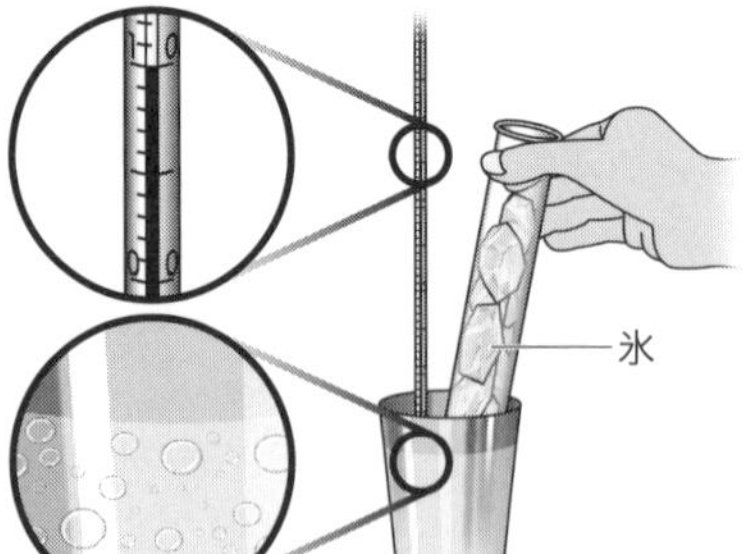

図6.1　露点の測定

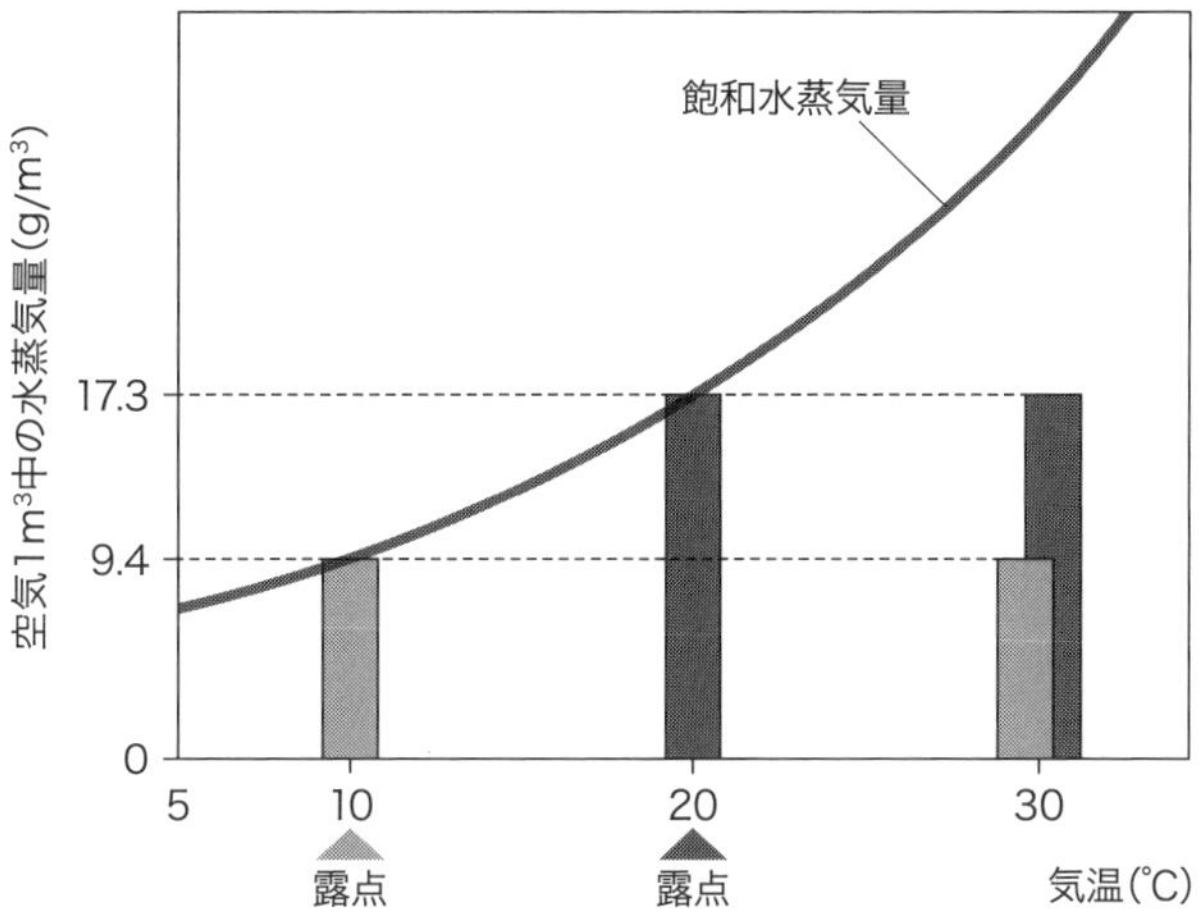

図6.2　露点を説明するための複合グラフ(注)

この単元は指導が難しいとされる。気温による飽和水蒸気量の変化や水蒸気の凝結を扱う小単元は、生徒が「よくわかった」と回答する割合が、中学校で学ぶ全27小単元中4番目に低い[1]。2015（平成27）年度全国学力・学習状況調査の中学校理科において、最も正答率が低い設問は「湿った空気が斜面に沿って上昇してできる雲について、その成因を説明した人の考えを検討して、誤っているところを改善する」というもので、水の状態変化と関連させて雲の成因を正しく説明する内容である。正答率は14・5％で、ほかの設問と比べてきわめて低い。

田村ほか[2]によれば、飽和水蒸気量を表やグラフから読み取る設問は半分以上の生徒が、さらに湿度の計算は7割の生徒が理解していないとされる。授業改善のポイントとしては、水蒸気をモデルで表す方法や言葉だけでなく、水蒸気が凝結して露点に達し水滴に変化する現象とグラフを結び付ける工夫が必要である。

（注）教科書では従来「空気1立方メートル中の水蒸気量」という表現が使われている。体積は温度によって変化するので適切とはいえないが、目に見えない水蒸気量のイメージを子どもたちに持たせるために、この表現となっている。今後の提言が期待される。

6.1 気温と飽和水蒸気量の関係

身近な飽和現象として窓ガラスが曇るなどの「結露」の現象を生徒は知っており、温度と結露の関係については、「露点」を含めてある程度の理解をしている。また、ほとんどの中学生が結露について正しい見方をしているという報告もある[3)]。しかし、露点について学習した生徒の多くは、飽和水蒸気量へと学習が進む段階で抵抗を感じてしまう。

その原因として、生徒に「飽和」の概念が定着しないうちに、気温と飽和水蒸気量の学習が始まることがある。

空気中に含まれる水蒸気量の測定には、シリカゲルのような乾燥剤に空気を送り、その空気に水蒸気を吸収させ、増加した質量を測る方法がある。吸引方法は50リットルのポリタンクの中に水を入れ、下口活栓を開いて水を排出させ、別の口から空気を吸引させるものである。

これは、空気の体積や通気速度を自由にコントロールできる上手な方法である。ところが、取り込む空気に含まれる水蒸気の量を変えられないため、気温と飽和水蒸気量の関係を調べる実習には向いていない。また、従来の取り組みでは、露点の存在、凝結、飽和水蒸気量といった新たな用語や事象が提示されていくだけで、温度が上昇すると飽和水蒸気量も増えることを理解させる実習はないため、飽和水蒸気量のグラフの意味が理解できない。ここでは、身近にあるペットボトルを用いて気温と飽和水蒸気量の関係を調べる教材を紹介する。

（1）水蒸気量の測定準備と方法

少量の水滴を入れたペットボトルに温度計付きゴム栓でペットボトルの栓をした装置を作る（図6・3）。温度計付きゴム栓はコルクボーラーを用いて自作する。コルクボーラーの使い方はコラム8を参考にしてほしい。このペットボトルをドライヤー（温風加熱器）で加熱し、水滴をすべて蒸発させた後、徐々にペットボトルを冷ます。やがてペットボトルは曇り始める。ここで、加えた水滴の質量がわかっているならば、曇り始めたときの温度における、一定体積の空気が含む最大の水蒸気の量を調べることができる。そして、班ごとにペットボトルに入れる水滴数を変えれば、温度と飽和水蒸気量の関係を見いだすことができると考えた。

なお、この実験に用意するものは、ペットボトル（5リットル）、棒状温度計、ドライヤー、ゴム栓（12号）、スポイト、ビニールテープである。加熱された温度が30℃の場合、2リットルのペットボトルでも通常のスポイト2滴で飽和してしまう。想定している実習を成立させるためには、30℃で少なくとも3滴ぐらいはすべて蒸発できる程度の容器の大きさが必要なので、ペットボトルを5リットルとし、大型焼酎の空きボトルを利用した。

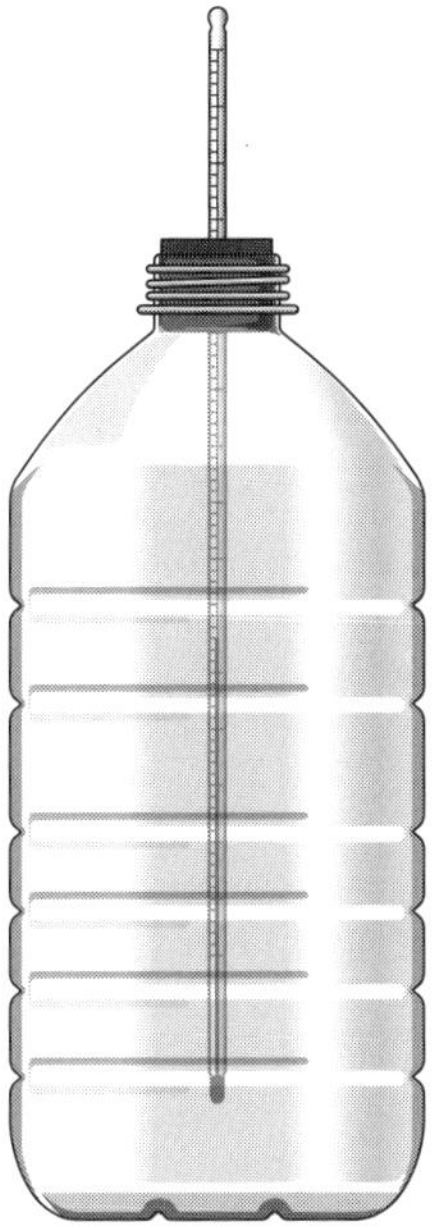

図6.3　ペットボトルにゴム栓で温度計を差した実験装置

温風加熱器として、班の数である10台のドライヤーを同時に使用すると、理科

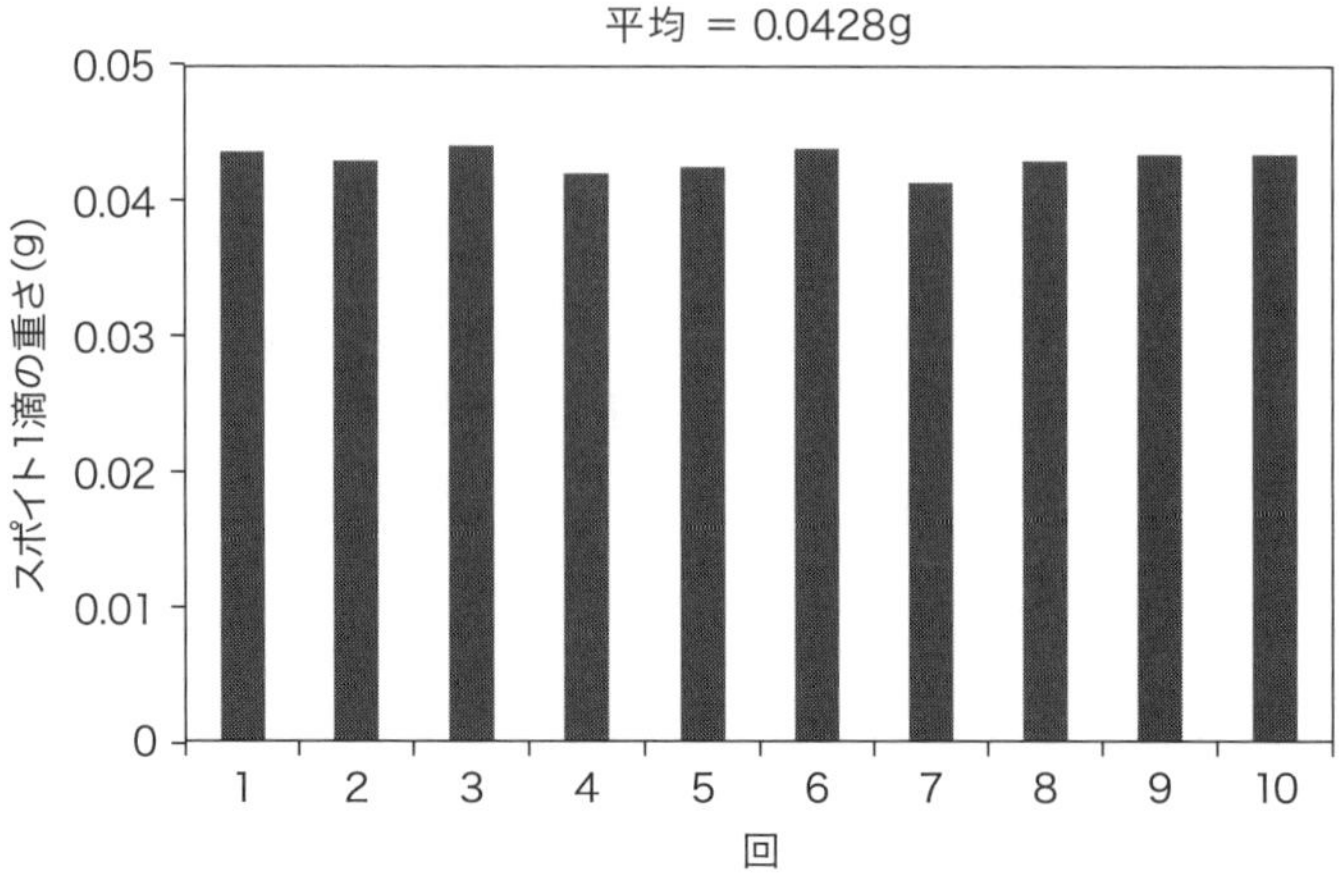

図 6.4　スポイトによる１滴の水の質量[4)]

室の電力量を超えてブレーカーが作動する場合がある。冬季寒冷地の教室で利用されることが多い丸型石油ファンヒーターは３６０度どの方向からも暖めることが可能である。このファンヒーター２台を取り囲むように生徒が並べば、班別に実験が可能である。

ペットボトルに入れる水の量は、スポイトを利用し、水滴数で決めた。1滴の水の質量は次の方法により求めた。電子天秤（SARTORIUS 社製、H51；精度 10-4）の測定台にティッシュペーパーを置き、あらかじめその質量を測る。その上にスポイトで水滴を1滴落として、その質量の増加分を測ることで、水1滴の質量を知ることができる。その行程を10回繰り返し平均の水1滴の質量を調べた（図6・4）。スポイトの1滴の水の質量のばらつきは少なく、約０・04ｇであった。

この実験では、ペットボトルの内壁表面で結露が生じる。表面温度を直接測定できる赤外放射温度計は、何台も取り揃えてある学校は少ない。そこで、授業ではペットボトルに棒状温度計を差してペットボトル中央の気温で代替

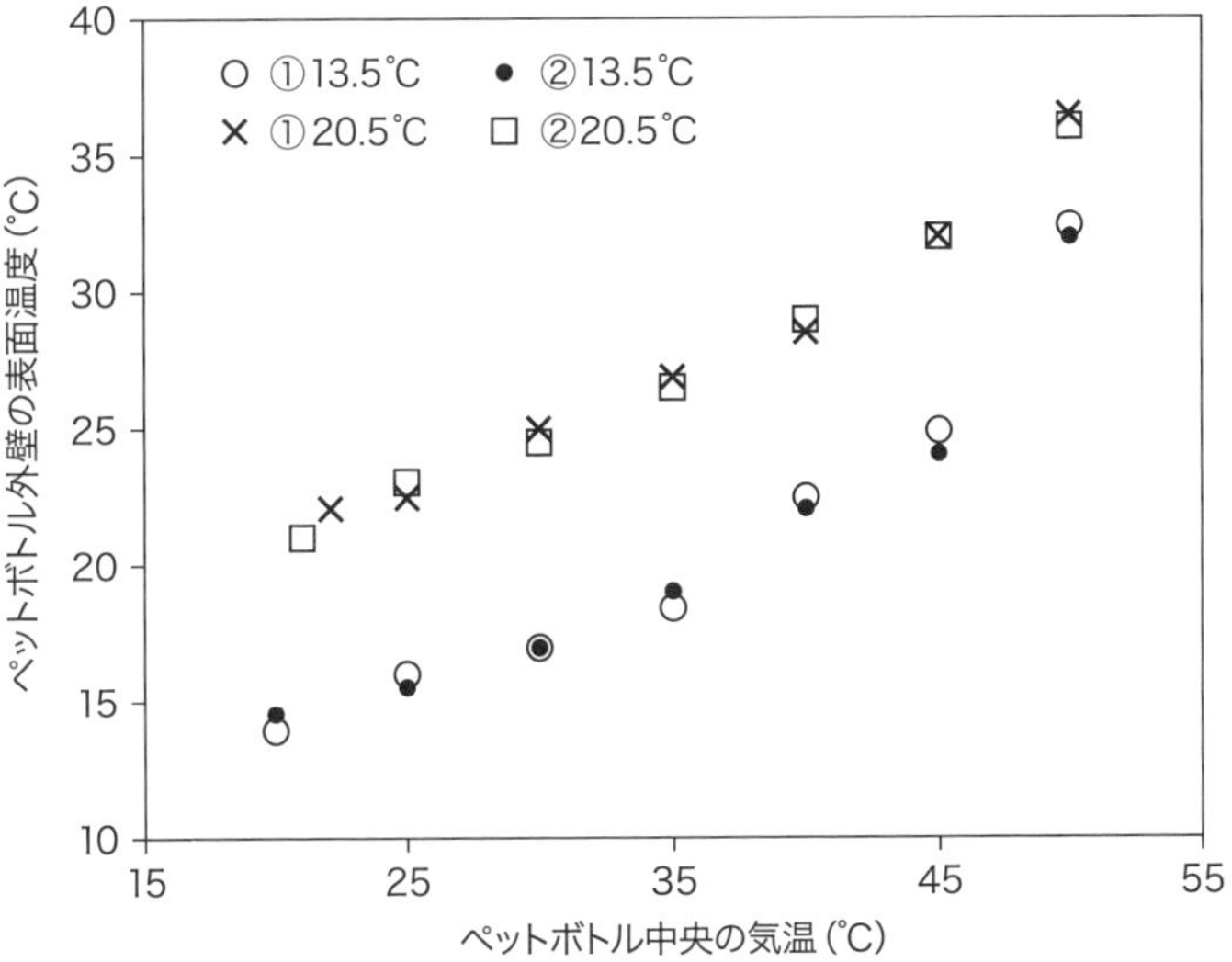

図 6.5　ペットボトル中央の気温と外壁の表面温度との関係[4)]

させた。なお、実験時に留意する点として、加熱が不十分な箇所から結露が始まると露点を決めにくいので、ペットボトルを均一に加熱すること、気密性を十分保持できるよう、ペットボトルの口に差したゴム栓をビニールテープで固定することなどを生徒に伝える。

まず、ペットボトル中央の気温とペットボトル外壁の表面温度との関係を調べる。ペットボトル中央の気温、表面温度とも55℃以上になるまでファンヒーターで暖め、加熱後自然冷却した。ペットボトル中央の気温は棒状温度計、表面温度は赤外放射温度計（ミノルタ（株）製、505、射出率＝0・95）を用いて計測した。ただし、この実験が室温の影響を受ける可能性も考えて、室温が13・5℃の場合と20・5℃の場合で、それぞれ2回ずつ計4回実験を行った。

図6・5はペットボトル中央の気温が50℃に下がったときからおよそ20℃まで冷えていく様子を示

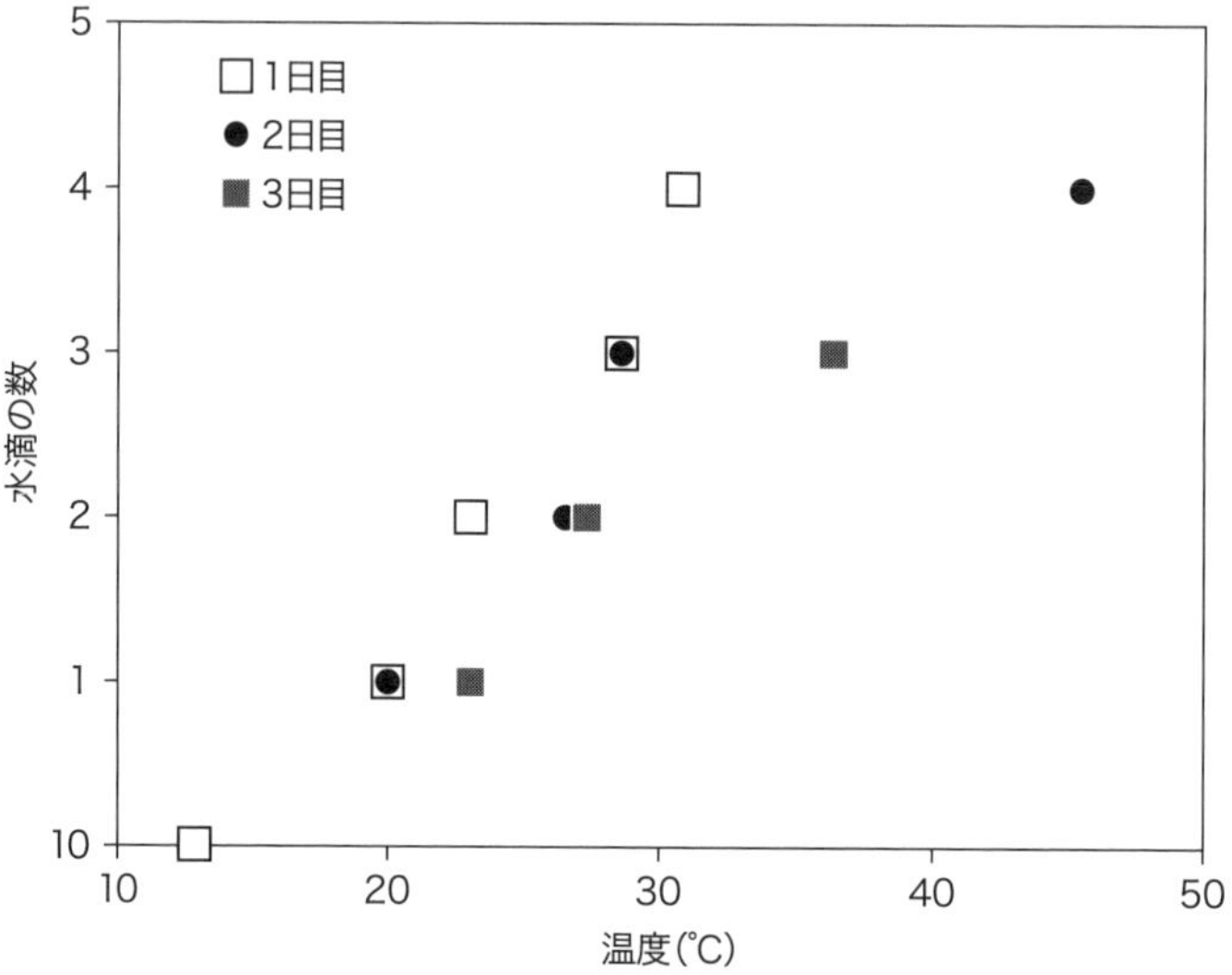

図 6.6　水滴数とペットボトルが曇り始めた温度との関係[4)]

す。ただし、○と●は13・5℃の室温の場合、×と□は20・5℃の室温の場合である。図からわかるように、その関係は室温に影響を受ける。しかしながら、同一室温ならばペットボトル中央の気温と外壁の表面温度の間には非常によい対応が見られる。

(2) ペットボトルに入れた水滴数と表面が曇り始めた温度との関係

ペットボトルは、一回実験に使用してしまうと再び乾燥させるのに時間がかかる。当初ペットボトルの数が少なかったため、実験は3日間に分けた。実験の初日(□)は0~4滴、2日目(●)は1~4滴、3日目(■)は1~3滴と延べ12回、ペットボトルが曇り始める温度(棒状温度計の示度)を測定した。

その結果、どの日においても温度が上昇するにつれて飽和水蒸気量が増加する傾向が読み取れた(図6・6)。

6.2 気温と飽和水蒸気量の関係を調べる授業（㊥・㊢・㊦）

露点について学んだ生徒が、一定体積中に含まれる水蒸気量と露点の関係を調べる実験を行い、温度が高くなるほど飽和水蒸気量が多くなることに気づくことがねらいである。

導　入

2つのフラスコを生徒に提示する。1つのフラスコは乾燥させたままで栓をしたもの、もう1つはあらかじめ息を吹き込んで、水蒸気の量を調節しておいたものである。ここで、これらを水槽の中に入れる。すると、片方のフラスコだけが曇り始める。「どうしてこのようなことが生じたのか」と生徒に質問する。

ここで前時に行った金属コップを用いた露点の実験（図6・1）を思い出させ、露点に達して凝結したことを確認する。そして、「含まれている水蒸気量の違う空気が、どのくらいの温度で露点に達するか調べてみよう」という学習課題を提示する。

次に、ペットボトルを取り出して、「5リットルの容器を準備してあります。それぞれの容器の中に異なる量の水を入れます。これを加熱して水蒸気を蒸発させた後、ゆっくり冷やすと、いったい何℃くらいで凝結するか確かめてみましょう」と尋ねた。すると、生徒の予想には、「水滴をたくさん入れると早く曇り始めるはずだ」とか、「入れた水滴の量によって露点は変わっていく」という内容があった。

実験方法をまとめた学習カードに予想を書かせ、その中の実験方法についての注意を確認し、実験を始める。

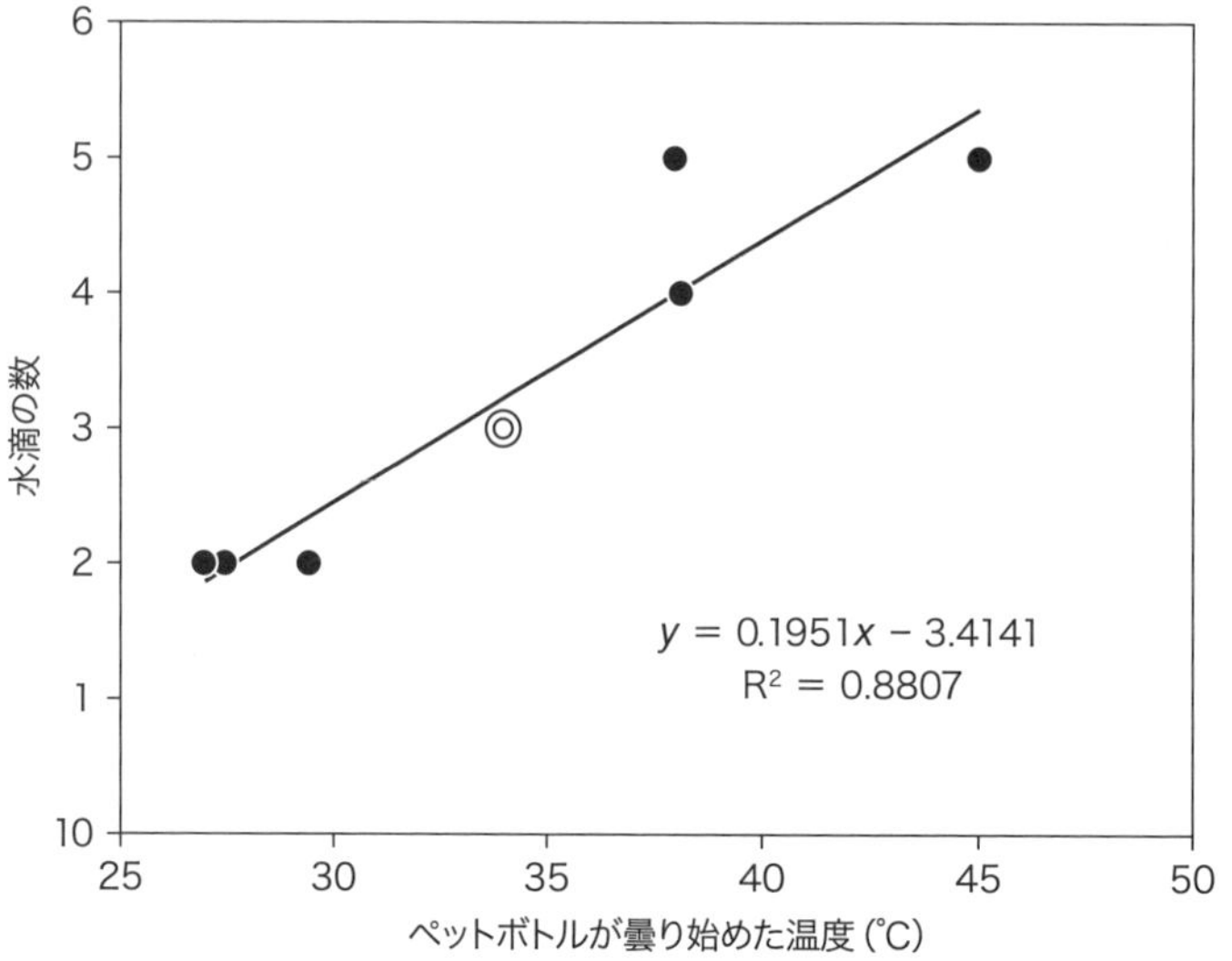

図6.7　生徒実験による水滴数とペットボトルが曇り始めた温度との関係[4)]
◎は2班が同じ結果だったことを示す

展開

ペットボトルを冷却させて露点を測る実験を行う。ペットボトルに入れる水滴の数は教師が指定した。スポイトを操作して水滴をペットボトルに入れる作業は、多少練習が必要であり、失敗した場合にやりなおしがきかないので、生徒ではなく教師が行った。水滴をペットボトルに入れた後、ゴム栓をビニールテープでしっかりと密封する。

加熱をする際、水滴がついているペットボトルの壁面に温風を当て、水滴が蒸発するのを待つ。ペットボトルを回転させると水滴が広がり、蒸発も早くなる。このような方法により徐々に全体を加熱し、完全に水滴を蒸発させる。同じ場所を加熱し続けると容器が変形してしまうので、注意してペットボトル全体を加熱させた。

まとめ

露点を測定できた班から黒板の表に数値を書き入れ、グラフに点をプロットする。図6・7は試行授業時に得られた生徒実験の結果である。ただし、実験を行った10班のうち2班は水滴を蒸発させるのに手間取り、結果を出せなかった。図からわかるように、同じ水滴数であってもペットボトルが曇り始めた温度にかなりばらつきが見られる。しかし、プロットされた点の全体的傾向から判断して、「入れた水滴が多いほど曇り始める温度が高い」「温度が高ければ同じ量の空気に含むことのできる水蒸気量は多くなる」という意見が生徒から出た。

最後に、授業導入時に見せた2つのフラスコを、再び水槽の中に沈めるという演示実験を行った。今度は、水槽に氷を入れて水温を下げてある。どちらのフラスコも曇ることを確認し、ここで気温と飽和水蒸気量の関係を説明し、授業のまとめを行った。

コラム８：コルクボーラーの使い方

図 C6.1　コルクボーラー

ゴム栓やペットボトルキャップに円形の穴を開ける器具にコルクボーラーがある。使用したものは異なるサイズの穴を開ける器具が12セットとなっており、１番の直径は４mm、12番は20mmである（図C６・１）。筒部分は中空の管で、先端はノコギリの歯のようなギザギザになっている。反対側部分には回転させやすいようにハンドルがついている。使用の際は、穴を開けたい部分に先端部分を当てて、垂直を保って押し込むようにゆっくりと回転させる。貫通する直前は板から持ち上げ、両手で丁寧に行う。

6.3 ピンポン球を用いて気温と飽和水蒸気量の関係を理解するモデル

中学校第2学年で学ぶ、気温の変化に伴う水蒸気から水滴への変化や湿度に関する学習は、生徒にとって理解しにくい。複合グラフを用いた水蒸気の飽和や凝結の説明時に、水蒸気の量を表すピンポン球やタイルを入れる箱を左右に動かしながら、次の水蒸気柱モデルを利用する。

【実験装置・モデルの作り方7】水蒸気柱モデル

製作する水蒸気柱モデルは、演示用と生徒用の2種類である（図6・8と6・9）。演示用にはピンポン球、生徒用にはタイルを利用した。考え方はどちらも同じである。

① 演示用水蒸気柱モデル

演示用水蒸気柱モデルは、後述する生徒用水蒸気柱モデルより大型であり、厚さ4 cm×幅44 cm×高さ34 cmである。見やすいように水蒸気柱モデルとしてオレンジ色のピンポン球を利用した（図6・10(a)）。

用意するもの

黒色パネル、発泡スチロール板、透明ＴＰシート（薄いアクリル板）、ピンポン球

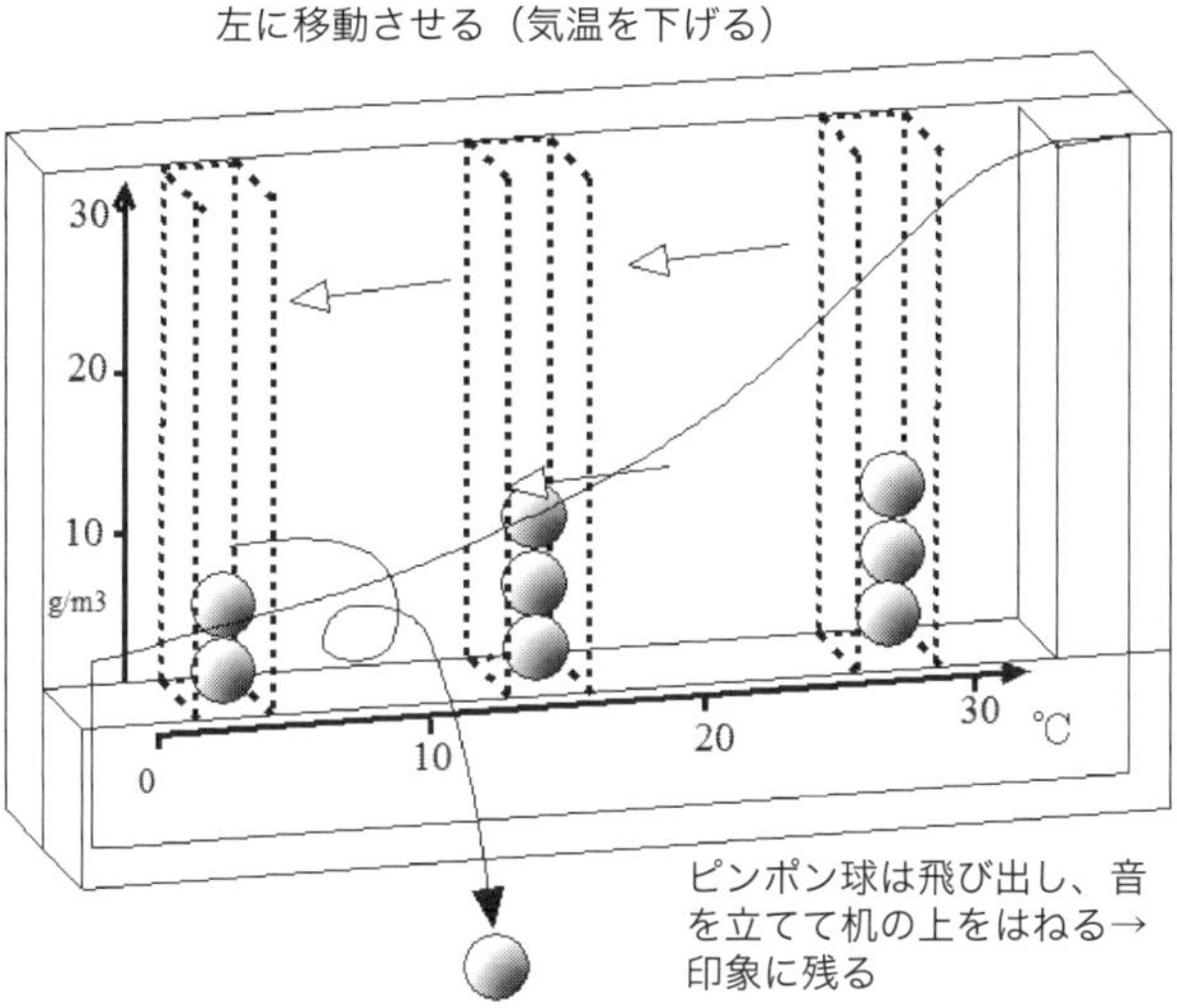

図 6.8　ピンポン球を用いた演示用水蒸気柱モデル[5)]

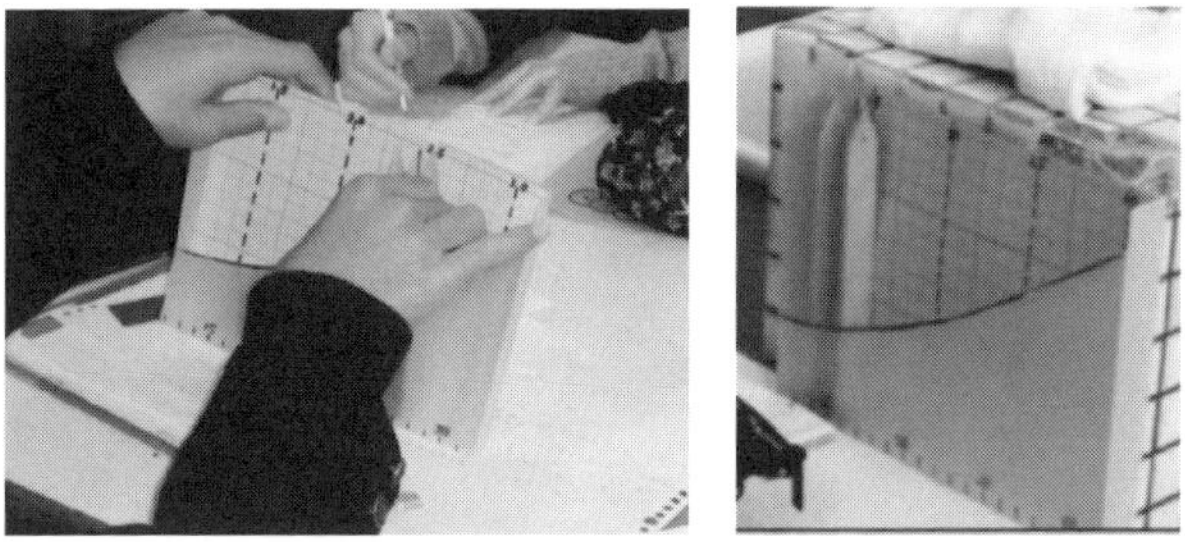

図 6.9　生徒用水蒸気柱モデル
実習でモデルを使っている様子（左）、モデルの外観（右）

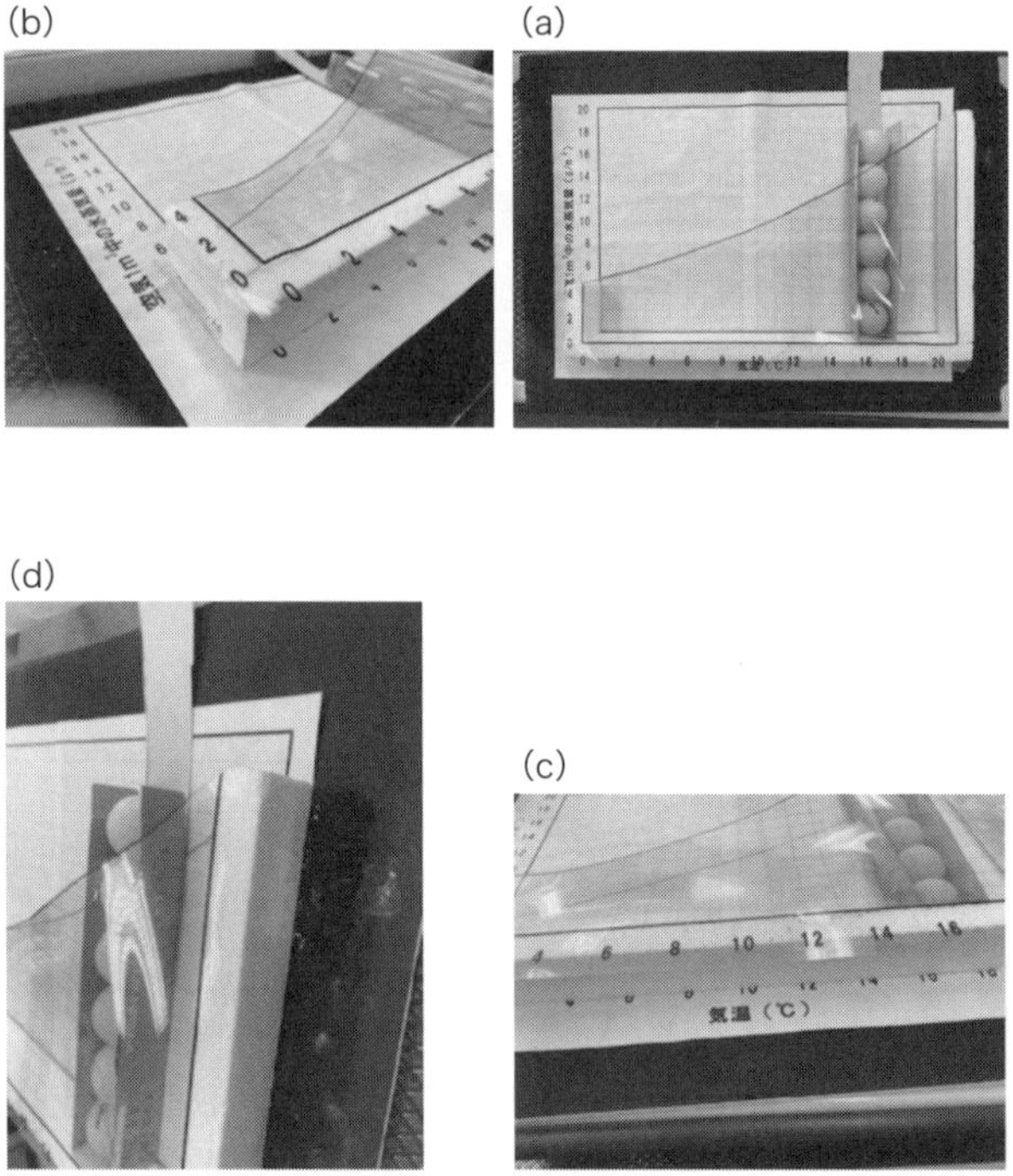

図6.10　演示用水蒸気柱モデルの製作[5)]

製作手順

① A2サイズの黒色のパネルの上に気温と飽和水蒸気量の関係の図を拡大コピーした紙を貼る。

② その上に3つのサイズの発泡スチロール板（4 cm×2 cm×9 cm、4 cm×2 cm×30 cm、4 cm×2 cm×44 cm）3本を図の縦軸と横軸にあわせて貼る（図6・10の(b)、(c)、(d)）。一番小さい発泡スチロール板は縦軸の下の部分（図6・10(b)）に透明TPシート（最近は入手困難なので、その場合薄いアクリル板を利用する）を支えるために貼るようにしてあるが、図6・8では、見やすくするために描かれていない。

③ 気温と飽和水蒸気量の関係の曲線が描かれた図をコピーし、この曲線の上の部分を取り除いたTPシートを貼る。

④ 蓋のない4cm×4cm×26cmの箱（図6・8中の破線部分）の中にピンポン球を入れる。箱を横軸の気温にあわせ、左に移動する（気温が下がる）と、やがてピンポン球が飛び出る。

② 生徒用の水蒸気柱モデル

生徒用の水蒸気柱モデル（図6・9）は、立てたクリアボックスの手前側を飽和水蒸気量の曲線にあわせて切り取った箱からできている。

用意するもの

クリアボックス、方眼紙、角柱、タイル（発泡スチロール球）

製作手順

① 箱の中に1cm目盛り方眼紙を入れ、目盛りを書く。

② 断面がコの字型になる角柱をクリアボックスの中に入る。

③ その中に、厚さが揃っているタイル（5mm×1cm×1cm）を入れる。入手できない場合は直径1cmの発泡スチロール球でもよい。

水蒸気柱モデルとしてピンポン球、またはタイルを使用するが、両者の使用方法は基本的に同じである。ここでは、生徒用水蒸気柱モデルを例に説明する。コの字型の角柱の中にタイルを積み重ねて入れ、角柱を左に移動させる（気温を下げる）。すると積み重なったタイルが切り取ったクリアボックスの上面にでてくる。これは空気が飽和している状態である。さらに角柱を左に移動させる（気温を下げる）と、モデルをやや手前に傾けておけば、飽和水蒸気量より上にあるタイルが落ちるようになる。これは、水蒸気が水滴になったことを示す。このモデルでは、モデルの縦軸は2 g／m^3を1 cmとし、厚さが5 mmであるタイルを利用しているので、タイル1枚は1 g／m^3に相当する。タイルが10枚あれば、1 m^3中に10 gの水蒸気を含むことになる。

6.4 気温変化に伴う水蒸気から水滴への状態変化を考える授業（中・高・大）

導　入

水蒸気柱モデルの柱（図6・9の点線部分）を左に動かし、同一の大気の温度が下がる様子を示し、前の授業（6・2（1））で行った「フラスコをお湯と水の中に入れると、曇ったり、曇りがとれたりする」現象を想起させ、水蒸気（水）をタイルで表したモデルを使うことを通して、気温の変化と空気中の水蒸気量の変化、そのときの湿度を説明する。

前時のワークシートを元に、教師は「（フラスコが）水につかっている部分、お湯につかっている部分を見ると、お湯につかっている場合には、晴れて、きれいになってしまう。それから水につけると

表 6.1　授業の内容

	授業の内容
導入	フラスコを冷水と温水の中に入れたときの様子を想起させる。「温度によって水蒸気量は水滴になったり、水蒸気に変化したりする」
展開	学習課題：水蒸気→水滴の変化をモデルを使って考えよう 水蒸気柱モデルの紹介 「タイルの数がその気温での飽和水蒸気量を表しているんだな」 「水蒸気柱の中央を温度目盛に置くんだ」 ①実習 A：15℃→ 20℃→ 25℃→ 30℃のときの飽和水蒸気量は？ 「温度が高くなるほど空気中に含むことができる水蒸気量は多くなるんだ」 「ある一定量（1 m^3 中）の空気中に含むことのできる水蒸気量には限界があるんだったな。それを飽和水蒸気量と言ったな」 ②実習 B：30℃で 15 g/m^3 入っている場合は、何％になるか。飽和水蒸気量は？ 「30 g/m^3 に対し 15 g/m^3 は 2 分の 1 なのだから、同じように 2 分の 1 で、50％」 ③実習 C：気温が 25℃のとき、1 m^3 中に 17 g の水蒸気を含んだ空気が凝結する温度、さらに気温が下がったときの湿度は？ 「含みきれなくなった水蒸気が水滴となってでてくるのだから、この飽和水蒸気量の曲線と重なったときに水滴になるんじゃないかな」
まとめ	気温が下がると飽和水蒸気量も小さくなる。空気が冷やされて露点に達すると水蒸気は凝結して水になる。空気中に含まれている水蒸気の量をそのときの気温の飽和水蒸気に対する百分率で表したものを湿度という

うっすらと水滴がついて曇ってしまう。つまり、暖めることによって水は水蒸気になり、冷やすことによって、水蒸気は水滴になる。状態変化をしたということがわかりましたね」と復習を行った（表6・1）。

展　開

本時の学習課題である「水蒸気から水滴への変化を、モデルを使って考えよう」を伝え、ピンポン球を利用した演示用水蒸気柱モデルを取り出した。「じゃあ、ねー、こっちを見てください。おっと、ちょっとはみ出しちゃうね」と言って落ちたピンポン球を拾った。ここで、縦軸は1 m^3 中の水蒸気量、横軸は気温であることを説明した。そして教材の一番手前に貼ってある透明のTPシートの形がそれぞれの温度のときの飽和水蒸気量を表しているカーブであると説明した。これよりも上に出ているピンポン球を生徒に取るように指示し、「ここまで水蒸気が入るようにできています」と言った。さらに気温が下がっていくケースについて説明した。

〔実習A〕

各班に配布したタイルを利用した生徒用水蒸気柱モデルを示しながら、タイル1個が水蒸気1g／m³に相当することを説明した。その後、アシスタントに選んだK君に、「タイルを入れて、その棒を15℃のところに置いてください。じゃー何個入るか数えて、その個数がイコール1個1g／m³なんだよね。つまりタイルの数を数えたら、9個なら9g／m³なんです」と言って、15℃、20℃、25℃、30℃のワークシートの欄を完成するように指示した。こうして班ごとに4つの気温での飽和水蒸気量を求める実習Aが始まった。実習Aでは温度が高くなると飽和水蒸気量が増えることを理解することが目的である。8分間の机間指導時には10回の教師による会話が記録された。そのうち、水蒸気柱モデルを立てて実験する使用方法に関する指示と水蒸気の柱の中心を注意深くその温度の目盛に一致させるという測定技能に関するものが、3回と最も多かった（表6・2）。

表6.2　実習Aにおける教師が指示した内容と回数

指示内容	回数
立ててやってほしいな	3
ちょうど真ん中を通るところにしてください	3
20℃のとき、何個入るかやってください	2
15℃のときにいくつ入るかな	1
30℃までやったら、そのところでストップして、ちょっとその装置を立てかけておいてください	1

ほとんどの班がこの実習Aを終わらせた段階で、教師が「30℃のときに飽和水蒸気量は何g／m³でしたか」と質問した。8班以外は30g／m³と答えたが、8班は29g／m³であった。そこで8班のところに行き、生徒用水蒸気柱モデルを見ながら、「これね。ずれてるじゃん。真ん中の線とずれてるよね。だからこうやってこの線と合わせないと。真ん中にくるね。30（g／m³）でいいですか」と確認し、8班の結果は訂正して30g／m³となった。ここで、教師は「30℃のときの飽和水蒸気量、タイルで入れていくと、30g／m³になります」と伝えた。このようにして、水蒸気の柱の中央部を調べたい温度の目盛の位置に正確に置いたところ、どの班も同じ結果になり飽和水蒸気量を求められることを確かめることができた。

〔実習B〕

教師は、「これを、湿度ってどのように考えるかというと、これはこれ以上入らない量だね、だから100％となる」と言い、『30g／m³→100％』と板書した。次に、同じように30℃で15g／m³入っている場合は何％になるかを質問し、『30℃　15g／m³→□％』と板書した。挙手する生徒もあったが、あえて生徒用水蒸気柱モデルを用いてグループで話し合うように指示した。このようにした理由は、わかる生徒を指名して発表させる方法ではなく、時間がかかってもモデル教材を用いて班の中で議論させる理解を深めることに意義があると考えたためである。実習Bはモデルを使用して湿度のイメージを高めるために設定した。

教師は、「友達の意見をよく聞いてください」、「このワークシートのこの部分を使って話し合っても

表 6.3　実習Bにおける生徒の回答

生徒	回答内容
B	30 g/m^3 のときを 100 としたときに、15 g/m^3 のときは２分の１になっているから 100（%）を２分の１にしたときに、50（%）になる
C	30 g/m^3 を２分の１にすると 15 g/m^3 になるので、100（%）を２分の１にしたときに、50 になる
D	15 g/m^3 は 30 g/m^3 の２分の１なのだから、100（%）を２分の１で、50（%）になる
E	30 g/m^3 に対し 15 g/m^3 は２分の１なのだから、同じように２分の１で、50%
F	30 g/m^3 を２分の１倍すると 15 g/m^3 になっているので、同じように 100（%）を２分の１倍して、50 になる
G	15 g/m^3 は 30 g/m^3 に２分の１をかけるので、100（%）に２分の１をかけて、50（%）になる

いいよ」と言いながら各班の話し合いを見守った。A君から「15というのは30が2分の1倍する数だから、50（%）でいいんですか」という質問を受けたときには、教師は「自分の考えが出たらA君それでいいんじゃないか」と応じて、答えが合っていることよりも自分自身で考えを練り上げることの大事さを強調した。

5分経過したとき、前を向くように指示した。生徒の回答は表6・3のようであった。表からわかるように、よく自分の言葉で湿度について表現できているといえる。教師は、生徒の意見をまとめ、『湿度＝15／30×１００＝50％』と板書した。そして、実際に含まれている水蒸気量を飽和水蒸気量で割ったものに１００倍したものであることを説明した。

〔実習C〕

教師は「間違っていることとか、そんなのいいから、自分の経験や自分の考えで、どんどん意見を出してみてください。「あってる」とか気にしていると意見でなくなっちゃうから」と言って、２枚目のワークシートを配った（表６・

表 6.4 実習 C におけるワークシート 2 の設問

設問	内容
①	気温 25℃で 17 g/m^3 の水蒸気を含んだ空気がある モデルにタイルを入れてその状態にしてみよう この空気中の水蒸気が凝結するときの温度を、モデルを操作しながら考えよう
②	・この空気が凝結するときの温度： (　) ℃ ・理由：
③	さらに、温度を下げて 15℃にするとどのような現象が起こるか、モデルを操作しながら考えよう ・起こる現象： ・理由： ・このときの湿度：(　) %

4）。そして、気温25℃で17 g／m^{3}の水蒸気を含んだ空気の場合を、生徒用水蒸気柱モデルを用いて表現するように指示した。「みんなのモデルでいくと25℃のところに（水蒸気の柱を）持って行ってタイルを17枚入れてもらいます」と言って、「設問①から③を行うように」と指示した。この際、単に話し合うのではなく「このモデルを操作しながら説明してください」と付け加えた。このようにして実習Cが始まった。

教師は「じゃ17枚（のタイル）を25℃のところにおいてみよう」と言って、話し合いを始める指示をした。しかし、なかなか活発な話し合いを行う班は少なく、途中、「ただ無言でやっているのではなく、言葉で説明し合ってください」、「どういうことがわかったか書いてみて」などと指示を出した。しばらくして、生徒から質問が出た際には、「いいんじゃない。そのまま書けば。今みんなが操作したことをそのまま書けばいいじゃない。今そのモデルをどうやって操作して、それでわかったんだったら。そのことをそのまんま書けばよい。難しく考えなくていい」と回答し、別の班のところに行った。

この班を担当していた観察者は、その班はそれがきっかけで

表6.5　飽和水蒸気量と湿度に関する会話プロトコル

発言者	会話の内容
生徒A	飽和水蒸気量というのはその気温における空気中に含むことができる最大の水蒸気の量でしょ。だからそれを過ぎちゃった量は空気中に入れないから水滴に変わるしかない。凝結して水蒸気じゃないものに変わる。だからここからつまり、このタイルのように量を過ぎたものは凝結しなければならないから、このタイルが凝結する温度。このタイルの数を調べれば、でる。
生徒B	23
生徒C	はじめは25℃で17グラムだよ。いい。
教師	Aさんの意見に押されてしまったようだけど大丈夫かい。
教師	Aさん、すごい一生懸命説明しているけど。
教師	わかんなかったらもう一回質問したら。 やったことをそのまんま書けば、それでいいです。
教師	それでいいです。今言ったとおりなんでしょ。それでいいじゃない。
教師	これを使ったからわかったんでしょ。いいじゃない、それ書いてみれば。
教師	難しく考えないで、今操作したことをそのまんま伝えればいい。
教師	こうやった、そうしたらその線からはみ出している部分がある。それがなんなんだ。

話し合いが活発になされるようになり、生徒たちはワークシートに自分の意見を書くようになったことを確認した。

まとめ

教師が一つの特定の答えを求めていない場合でも、一般に、生徒は受け入れられない回答をする危険性を好まない。競争好きな生徒や高い学業成績の結果を指向する多くの生徒は、危険を覚悟する人になるのを不安に思う傾向がある。生徒らの話し合いや自分の考えを出すよう導くためには、教師が一つの理想的な回答を求めていないことや生徒によく考えることを喚起する問いかけが効果的であった。表6・5はそのようなケースの会話プロトコルである。教師は、「生徒に自分がやったことや見たことをそのまま書けばよい」とか「それでいい」、「いいんじゃない」といった生徒を安心させる声かけに努めていた。このようにして、生徒は班の話し合いの中で水蒸気柱モデルの操作を通して，自分の考えを練り上げていった。

6.5 カードゲームを用いて水循環を理解する授業（小・中・高・大）

水の循環は中学校第2学年で学習する内容である。中学校学習指導要領解説理科編（平成20年7月）によると，「雨，雪などの降水現象に関連させて水の循環を扱い，循環が太陽エネルギーによって引き起こされることにも触れる。」とされる。この単元における現行の中学校理科の教科書（5社）には実験・実習はなく，水の循環のイメージ図と本文からなっている。あるベテラン教師にこの授業について尋ねると，「「雲の水はどこから来たの？」「海から」とか「川から」と対話型で進めるが，生徒主体の課題解決学習がしにくい」とのことだった。ここでは，水が自然と作られるのではなく循環していることを気づかせたい。

小学校において，物質の三態変化，水の自然蒸発と結露，雨の降り方と増水，雲と天気の変化などを学習し，中学校で霧や雲の発生を学ぶ。霧や雲のでき方を気圧，気温および湿度の変化と関連付けて捉え，地球上にある水は，液体，気体，固体と状態を変えながら，蒸発，凝結，降水，河川などの地表面での移動のプロセスを経て，地球上を循環することを総合的に捉える内容である。したがって，この小単元では実験・観察にを行って調べていくというものではなく，既存の知識をもとにして，地球上を水が循環するプロセスについて理解する。

これまで日本では学習の中にゲームを取り入れることは少なかった。単に勝ち負けで終わってしまっ

図6.11　ゲームに使用したカード

たのでは理科学習ではなくなるからである。しかし、カードゲームを用いることで、班内での対話が生まれ、自ら思考し発言する主体的な学習につながるという効果が期待できる。ここで紹介するのは、これまで学習した蒸発、蒸散、凝結、降水、浸透などの知識を生かすことにより、複雑な地球規模の水循環の仕組みを楽しく学べる実習である。

（1）水循環カードゲームの使用方法

開発したカードゲームはトランプ形式のもので、自分で考えてカードを捨てて、そのわけを説明するという学習形式で使用する。カードは、「氷河の中の水」、「植物の中の水」、「海の水」、「川の中の水」、「地下水」、「動物の中の水」、「人間の体の中の水」、「雲の中の水」、「湖の中の水」、「土壌の中の水」の10種類からなる（図6・11）。各カードは5部印刷し総計50枚のカードを使う。

カードゲームの仕方は以下のようなものである。

① 十分にシャッフルしたカードをゲームの参加者に5枚ずつ配布する。じゃんけんではじめに行う人を決める。残っ

たカードを中央に置き、一番上のカードをめくっておく。

② 一番はじめの人はそのカードに対応するカードを捨てる。どのカードを捨てるかの判断は、カードに書かれた場所から水が移動可能な場所であるかどうかである。たとえば、「海の水」のカードに続くカードは海の水が移動できる場所となるので、「川の中の水」のカードは捨てられない(注)。「人間の体の中の水」が出ると、尿や汗の関係で「氷河」「植物」「海」「川」「雲」「湖」「土壌」に移動できる。カードを捨てるときは、捨てることができるのか（水が移動できるのか）班内で相談していく。捨てることができるカードがない場合は、カードを1枚受け取る。

③ プレーヤーとなった生徒間でコンセンサスが得られない場合は、教師に聞く。

④ 手持ちのカードが一番早くなくなった人が勝利者となる。二番目になくなった人が2位となる。

（2）カードゲームによる水の循環の授業の流れ

授業のねらいは、カードゲームを行い、地球上にある水の循環ルートを図に表し、循環が引き起こされる原因を水の三態に着目して考えていくことを通して、太陽のエネルギーによって地球上の水の循環が引き起こされていることを見いだすこととした。

導　入

生徒の中で課題意識を持たせるために雨の映像を提示し、教師は「雨として降ってきた水はどこから

（注）アマゾンではポロロッカという海の水が川に逆流する現象が見られるが、一般的なケースを想定してゲームを進める。

図 6.12　授業の様子

きて、どこへ行ってしまうのか」を尋ねた。地球上の海、陸地、空が描かれた図を見ながら、雨水の動きや水が存在する場所について確認した（図６・12）。そこで、「カードゲームを行って、地球上の水の循環ルートを考えよう」と伝えた。

展　開

カードを捨てる際、水の移動の判断が正しいかどうかは生徒同士で決める。できるだけ生徒同士で話し合うことが重要であることを伝える。決められない場合は教師を呼ぶ。地球上の海、陸地、空が描かれてあるワークシートの図に水の流れを矢印で書き込むよう指示した。

ゲームが終わった後、クラス全員でできあがった水循環ルートをもとに、水の循環が生じる原因を話し合った。まず、どのようなところで水の移動が起きているのか質問した。「高いところから低いところへの移動」と「低いところから高いところへの移動」の２つがあることに気づかせ、前者は重力によるものであることを説明する。一方、後者の移動は低いところから高いところへの移動であることに疑問を持たせる。既習事項をもとに、後者の原因は蒸発であり、太陽エネルギーに視点を当てて考えられるようにする。

表 6.6　水循環カードゲームを用いた授業の内容

	学習内容
導入	雨として降ってくる水はどこから来て、どこへ行ってしまうのか考える □教師の支援 ・雨の映像を提示した後、教師は「雨として降ってきた水はどこから来てどこへ行ってしまうのか」と尋ねる ・海、陸地、空が描かれた地球の図を提示し、雨水の動きや水が存在する場所について確認する （7 分）
展開1	水循環カードゲームを行い、地球上の水の循環するルートを作成する □教師の支援 ・自分の考えでカードを捨てた後、その判断の可否について班で話し合う場を設けることを伝える ・ゲームを行いながら、水の流れを矢印で地球の図に書きこむように伝える （25 分）
展開2	できあがった水循環ルートから気づいたことを出し合った後、水循環が起こる理由を考える □教師の支援 ・どういったところで水の移動が起きているのか問うことで、「高いところから低いところへの移動」と「低いところから高いところへの移動（蒸発などの現象）」について気づいた生徒に対し、そのことが起きる原因は何かと問う。このことで既習事項をもとに太陽エネルギーに視点を当て水の循環を考えることができるようにする （10 分）
まとめ	水循環のルートとそれを引き起こす原因をもとにして、雨水の循環について自分の言葉で説明する （8 分）

まとめ

水の循環ルートとそれを引き起こす原因を自分の言葉で説明させる（表6・6）。

（3）授業の考察

授業後のアンケートでは全員が「この授業が楽しい」「やや楽しい」と回答した。その理由として、「自分で考えられた」「頭を使った」「班の仲間と話し合いながら考えた」が多くあった。また、「高いところから低いところへ水が行くのもあるが、低いところから高いところへの水の移動もありました。水が循環するために、一番必要なのは低いところから、高いところへの移動の原因となる太陽の熱であると思いました。太陽の熱があるから、雲から降ってきた雨が、ふり出しに戻れるのだと思いました」と書いている生徒がいた。水の循環を引き起こしているものが太陽であることに気づいたといえる。カードゲームを用いることで、カードを捨てる際に班の仲間と水の移動が可能であるのか検討する場面が生まれた。自ら考え取り組むといった主体的な学習を成立させるのに効果があった。

第7章

気象災害と防災教育

毎年のように気象災害は起こっている。災害が起こるたびに、防災に関する学習の重要性が再認識されるが、子どもたちへはどのように指導したらよいだろうか。２０１２年7月18日に公表された「防災対策推進検討会議津波避難対策検討ワーキンググループ最終報告書」[1]では、自然現象を理解するためには自然科学や自然災害に関する基礎的な知識が重要だと指摘している。この基礎的な知識の理解こそ、理科や社会科が担う役割である。

7.1 防災情報

(1) ハザードマップ

ハザードマップとは、自分の住んでいる地域で、大雨、地震といった災害が起こったときに、どこにどのような危険があるのかを予想した地図で、洪水ハザードマップや土砂災害ハザードマップなどがある。ハザードマップは市町村役所で無料で入手でき、ホームページでも公開されている。地域によって想定される災害は異なる。浅間山噴火の影響を受ける長野県軽井沢町や御代田町などでは火山防災ハザードマップ、南海トラフ巨大地震で被害が予想される静岡県沼津市では津波ハザードマップなどが作成されている。地図は、自分の住居などが特定できる縮尺で避難所までの道を判読できる。警戒区域が色分けされ、たとえば、土砂災害ハザードマップでは崖崩れ・土石流、地すべりなどの危険箇所も示されている。

令和元年台風第19号による大雨では、甚大な被害が長野市でも発生した。千曲川が決壊し、その近くの長野新幹線車両センターに停車していた新幹線が水没した。長野市が小型無人機ドローンを使って浸水範囲を調べたところ、市が「千年に一度程度」の降雨を想定して作った洪水ハザードマップの浸水想定範囲とほぼ一致した。ハザードマップを確認しておくことは、避難経路を考え避難場所を決めるのに役立つ。

(2) マイタイムライン

２０１７（平成29）年に「水防法」および「土砂災害警戒区域等における土砂災害防止対策の推進に関する法律」が一部改正され、市町村地域防災計画にその名称および所在地を定められた要配慮者利用施設では、水害・土砂災害を想定した避難確保計画を作成し、それに基づく避難訓練を実施しなければならないようになった。学校は要配慮者利用施設であり、防災行動計画すなわちタイムラインを作成しなければならない。災害の発生を前提に、防災関係機関が連携して災害発生時に起こる状況を想定し、共有した上で、「いつ」「誰が」「どのような防災行動をするか」に着目して防災行動とその実施主体を時系列で整理した計画である。地方自治体だけでなくマスコミも連携して住民に気象警報や避難情報をアナウンスしている。

住民の置かれた状況は個々に異なるので、住民一人一人が災害に備えて防災行動計画を立てることが重要である。これがマイタイムラインである。地震等に対応したマイタイムラインもあるが、自然災害の中でも気象災害は予報がある程度可能であるので、特にマイタイムラインが有効とされる。

マイタイムラインの作成方法は、多くの地方自治体が冊子やホームページで紹介している。図7・1は長野県飯山市のものである。左側には台風が発生してから川の水が氾濫するまでを、左の欄には時系列に台風予報、大雨・洪水注意報、氾濫注意、避難判断、氾濫危険、氾濫が発生と並べ、右の欄（一部省略）は空欄になっている。ここには各自が「いつ」「誰が」「何をするのか」を記入する。たとえば、3日前の台風予報の段階では、テレビの天気予報を注意、買い物は雨風が強くなる前に済ませる、1週間分の薬を病院に取りに行く、避難するときに持って行くものを準備する、家のまわりに風で飛ばされるようなものがないか確認する、といった内容である。また、警戒レベル3の避難判断の段階では危険が予想される場所では高齢者は避難し、警戒レベル4の避難指示の段階になると、住民すべてが避難を開始するよう示されている。

地方自治体では、広報誌やホームページで各家庭にマイタイムラインの作成を呼びかけているが、取り組みがどの程度されているのか不明である。学校では全校一斉の授業参観日を利用して、マイタイム

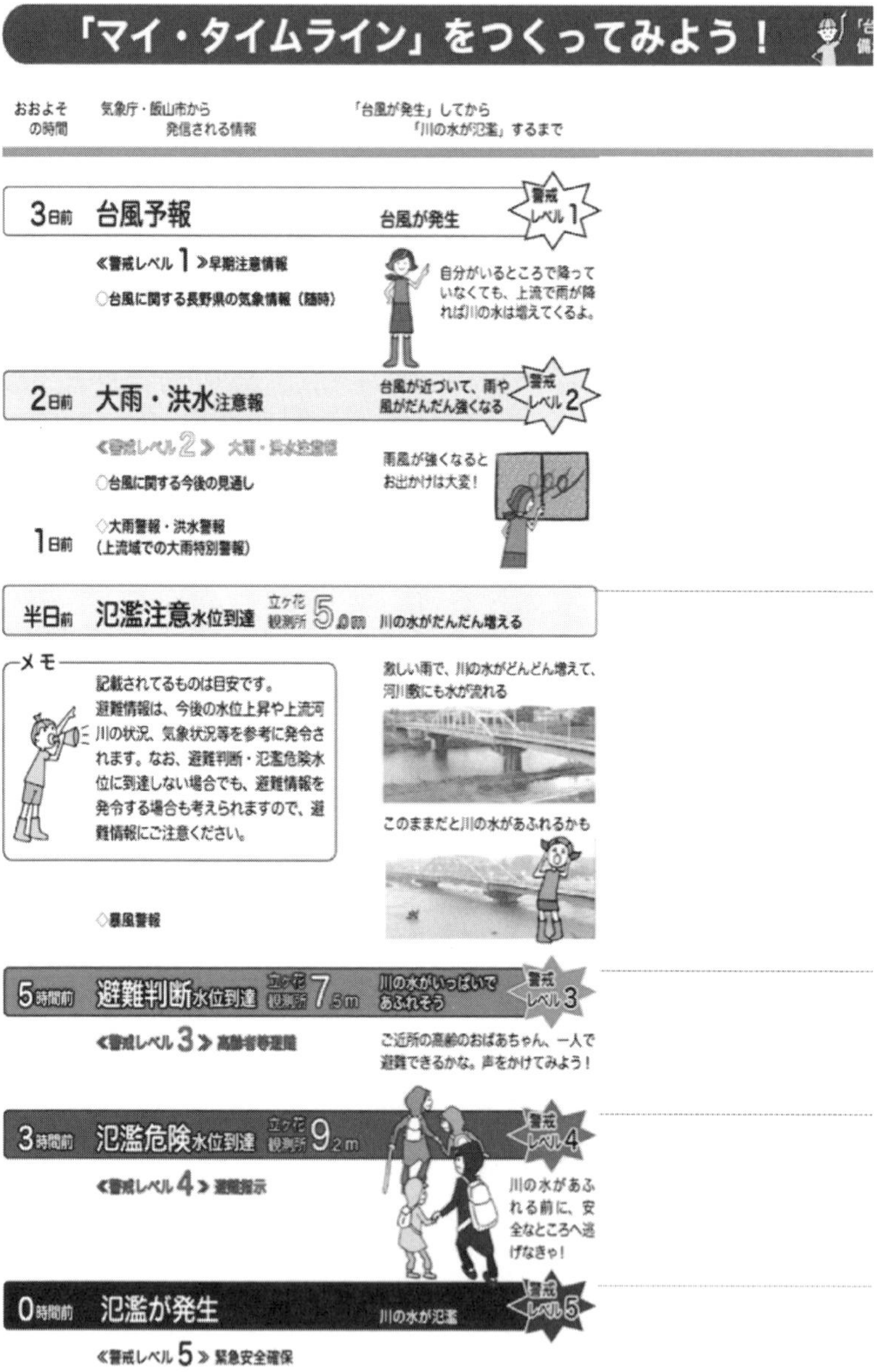
「マイ・タイムライン」をつくってみよう！
おおよその時間
気象庁・飯山市から発信される情報
「台風が発生」してから「川の水が氾濫」するまで
3日前　台風予報
台風が発生
警戒レベル1
《警戒レベル 1 》早期注意情報
○台風に関する長野県の気象情報（随時）
自分がいるところで降っていなくても、上流で雨が降れば川の水は増えてくるよ。
2日前　大雨・洪水注意報
台風が近づいて、雨や風がだんだん強くなる
警戒レベル2
《警戒レベル 2 》
○台風に関する今後の見通し
雨風が強くなるとお出かけは大変！
1日前
◇大雨警報・洪水警報
（上流域での大雨特別警報）
半日前　氾濫注意水位到達
立ヶ花観測所 5
川の水がだんだん増える
メモ
記載されてるものは目安です。
避難情報は、今後の水位上昇や上流河川の状況、気象状況等を参考に発令されます。なお、避難判断・氾濫危険水位に到達しない場合でも、避難情報を発令する場合も考えられますので、避難情報にご注意ください。
激しい雨で、川の水がどんどん増えて、河川敷にも水が流れる
このままだと川の水があふれるかも
◇暴風警報
5時間前　避難判断水位到達
立ヶ花観測所 7.5m
川の水がいっぱいであふれそう
警戒レベル3
《警戒レベル 3 》高齢者等避難
ご近所の高齢のおばあちゃん、一人で避難できるかな。声をかけてみよう！
3時間前　氾濫危険水位到達
立ヶ花観測所 9.2m
警戒レベル4
《警戒レベル 4 》避難指示
川の水があふれる前に、安全なところへ逃げなきゃ！
0時間前　氾濫が発生
川の水が氾濫
警戒レベル5
《警戒レベル 5 》緊急安全確保

図 7.1　マイタイムライン作成資料の例（長野県飯山市のホームページより）

図 7.2　マイタイムライン作成の授業の様子

ラインの作成に取り組んでいるところもある。著者が関わった長野県の公立小学校では、子どもたちを保護者と一緒に地区別に座らせ、ハザードマップを配布した。マイタイムラインの説明を行い、親子で相談しながら、家庭ごとにマイタイムラインを作成した（図7・2）。実際の場面では、収集した気象情報・危険情報などをもとに、マイタイムラインを参考にして、臨機応変に防災行動を行うべきであること、マイタイムラインはあくまでも行動の目安であることを話した。

コラム9：スマホで気象情報・防災情報を調べよう

Ｗｅｂサイトから各種情報を入手する方法は、これまで主にパソコンが利用されていたが、近年スマートフォン（スマホ）でも気軽に入手できるようになった。総務省によると、情報通信機器の世帯保有率を見ると、パソコンは2009年以降下降傾向にあるが、スマホは年々増加し2016年にパソコンを超えた伸びを示している。インターネット利用率もスマホはパソコンを超えている。スマホはパソコンと比べ軽量であり、GPSが標準で搭載され、外出先で利用しやすい。いつ遭遇するのかわからない災害時の情報収集に適している。ここではスマホのアプリ（JmaWeather）を利用した気象情報・防災情報の入手について紹介する。JmaWeather では、気象庁より発表された次の情報を確認できる。

1、天気予報

2、警報・注意報

3、アメダス

4、雨レーダーと防災情報

現在出されている警報では、日本全体の表示（図C7・1ⓐ）からより詳細な地域表示（図C7・1ⓑ）が可能で、自分が生活する地区町村の警報を知ることができる。アメダスを選ぶと、地図表示画面が表示されるので、希望する縮尺の画面表示を選んで利用する（図C7・1ⓒ）。表示する気象情報と地点名は右上のボックスをクリックして選択する（図C7・1ⓓ）。さらに希望する地点をクリックすると選んだ観測地点の各種観測要素の観測記録の表を閲覧できる（図C7・1ⓔ）。

JmaWeather の雨レーダーと防災情報を選ぶと、気象庁が発表している危険度分布「キキクル」（図C7・2ⓐ）の内容を閲覧できる。同様な日本地図画面から希望する地域を拡大表示させると、河川が現れてくる（図C7・2ⓑ）。さらに地図を拡大させると、小さい川も現れてくる。雨が降ると、雨水は地中に浸み込み土砂災害を発生させたり、地表面に溜まって浸水害をもたらしたり、川に集まって増水することで洪水災害を引き起こしたりすることが

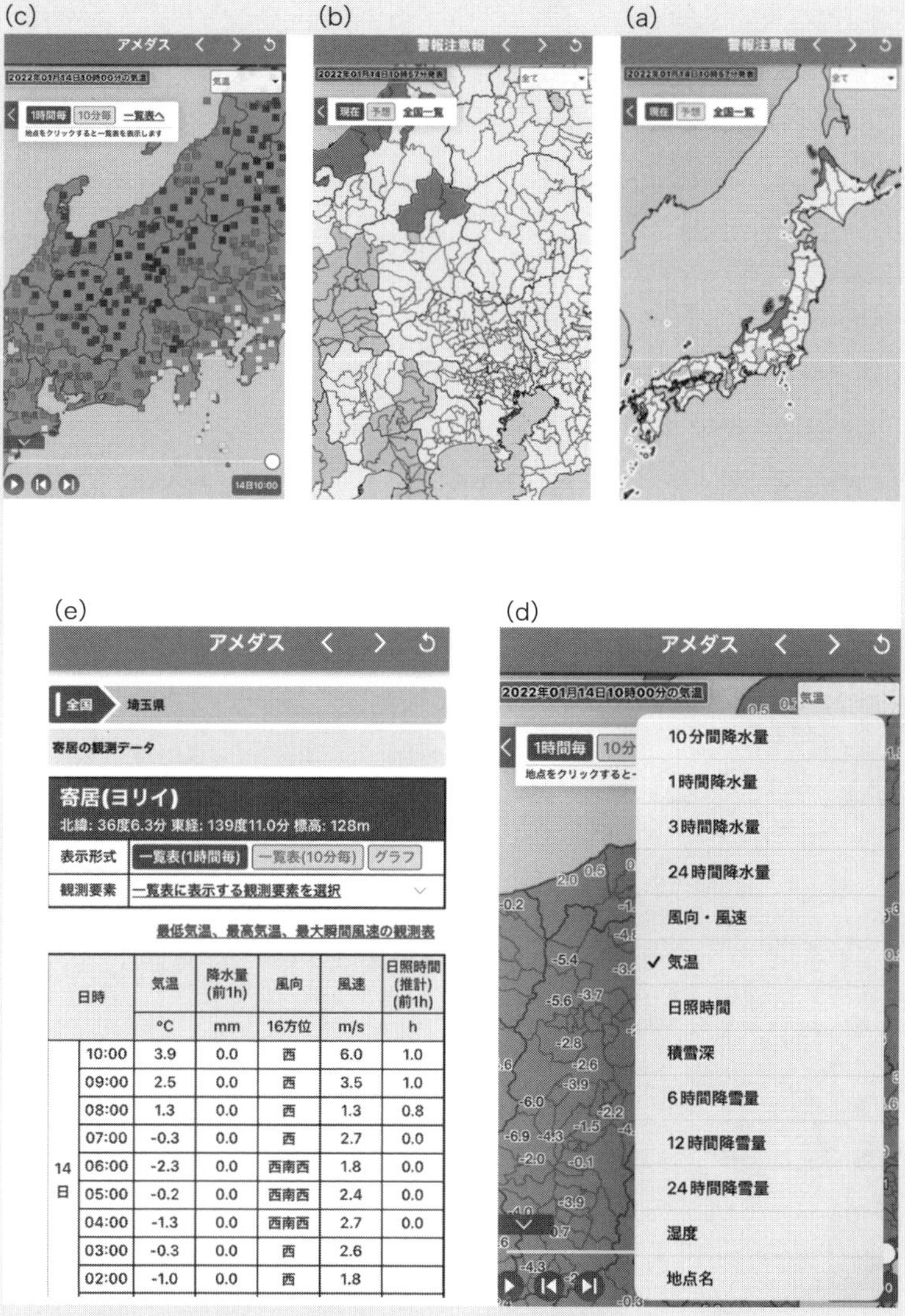

図 C7.1　スマートフォンのアプリで気象情報を入手する例
アプリ名：JmaWeather

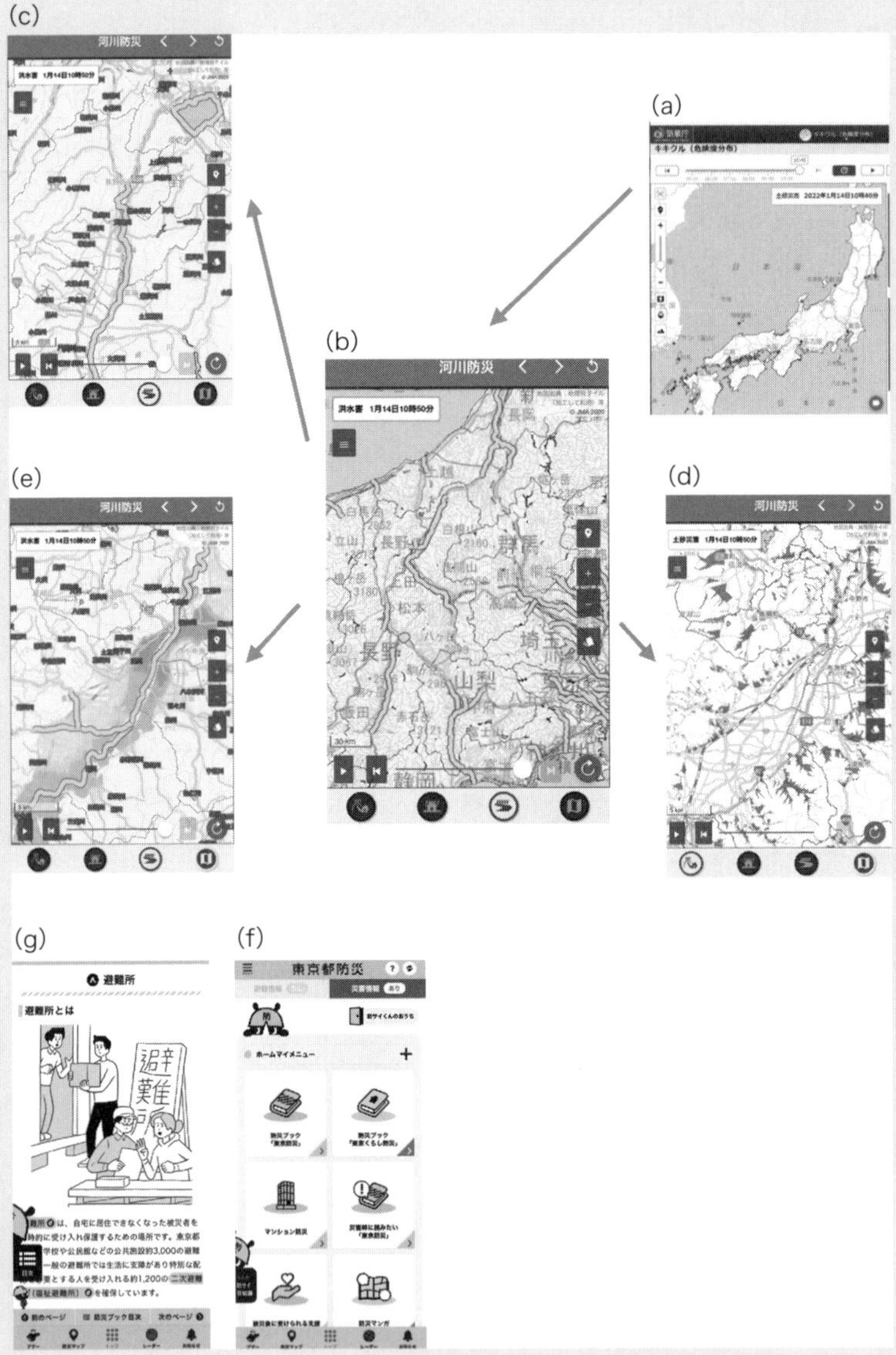

図 C7.2　スマートフォンのアプリで防災情報を入手する例
アプリ名：(a)〜(e) JmaWeather、(f)(g)東京都防災

ある。これらの災害が予想されるとき、気象庁は警報・注意報を出してきた。そのとき、どこの場所が危険なのかを面的に予想した危険度分布を公表している。

図C7・2ⓒは洪水警報の危険度分布「洪水キキクル」である。これは、対象地域の災害特性を考慮して、河川の上流域に降った雨により水がどれだけ下流の地点に集まって、洪水災害リスクが高まるのかを示すものである。自分が生活する地区の近くの河川の洪水災害リスク情報を適時注視したい。危険度に応じて、「警戒」（赤色）、「注意」（黄色）などと河川の色が変わる。

図C7・2ⓓは大雨による土砂災害発生の危険度の高まりを5段階に色分けした洪水キキクルである。2時間先までの予測値を用いて「危険」（紫色）、「警戒」（赤色）、「注意」（黄色）、「今後の情報に留意」（無色）の危険度を表示している。

地表面の多くがアスファルトで覆われている都市部では、雨水が地中に浸み込みにくく地表面に溜まりやすいという特徴がある。地表面に水が溜まることによる浸水災害の危険度分布を浸水キキクルとよぶ（図C7・2ⓔ）。浸水キキクルは、表面雨量指数の1時間先までの予測値が「注意報基準未満の場合」、「注意報基準以上となる場合」、「警報基準以上となる場合」、「警報基準を大きく超過した基準以上となる場合」および、表面雨量指数の実況値が「警報基準を大きく超過した基準以上となった場合」の5段階で色分けして浸水害発生の危険度を分布として表示している。表面雨量指数とは地表面の被覆状況や地質・地形勾配などを考慮して降った雨が地表面にどれだけとどまっているかを示す指数のことである。

アプリ「東京都防災」は東京に特化した防災情報を提供する、東京都の公式アプリである（図C7・2ⓕ）。「東京くらし防災」「マンション防災」「東京防災クイズ」は都民以外でも役立つ内容となっている（図C7・2ⓖ）。

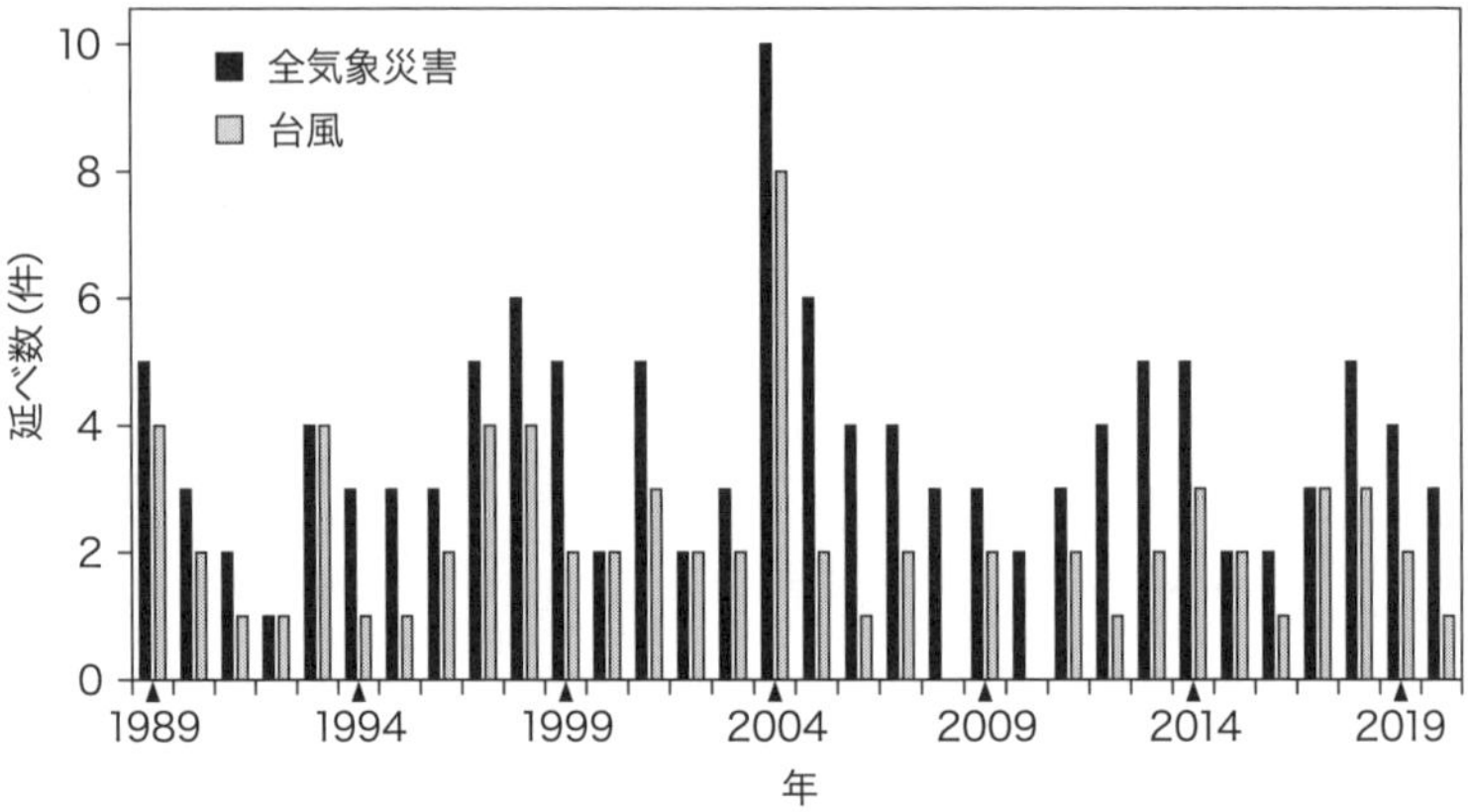

図7.3　気象災害の経年変化

7.2 気象災害と台風

気象災害とは、大雨、強風、大雪などの気象現象によって発生する災害である。これらへの防災教育は地域特性を考慮して進める必要がある。沿岸地域では津波による災害、浅間山などの火山付近の市町村では火山噴火による災害への対応は避けられない。

日本の代表的な気象災害は、台風に起因するものが多い。気象庁は１９８９（平成元）年から２０２０（令和２）年における災害をもたらした気象事例を公表している。災害ごとの事例文面に台風という用語が出てくる事例を数えると、全１２０事例中70例に見られる。図７・３は経年変化を示したものである。増加傾向とも減少傾向ともいえないが、毎年気象災害に台風が関与していることがわかる。

気象災害の月ごとの延べ数を比べると、6月から10月にかけての暖候期に多いといえる（図７・４）。暖候期に多いということは台風が関わっていることを意味する。

次に気象災害が生じた原因として、台風と同時に起こった

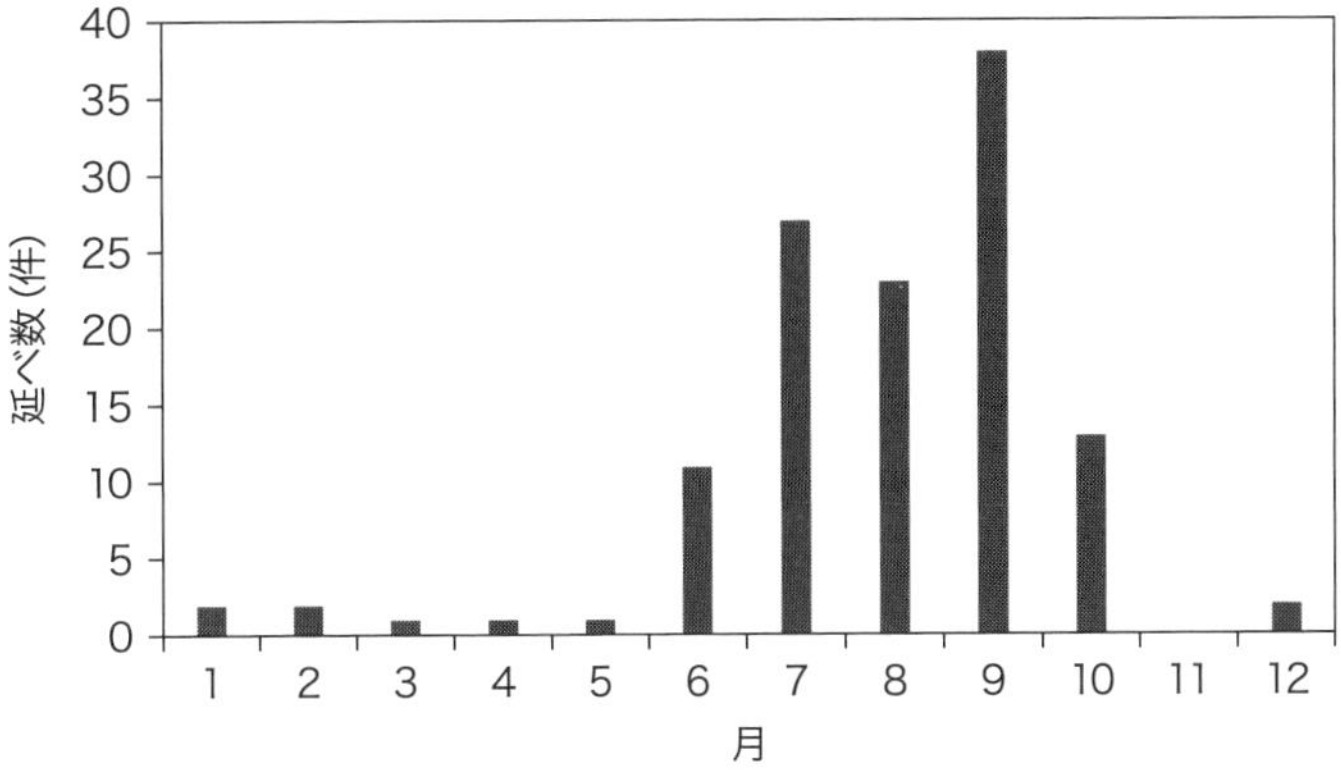

図 7.4　気象災害の月別発生度数分布（1989 ～ 2020 年）

表 7.2　台風が災害をもたらした事例における気象用語の出現頻度

災害	数
大雨・豪雨	69
暴風	50
突風／竜巻	4
大雪	0
高波・高潮	17
土石流	1
土砂災害	33
洪水・氾濫	18
浸水	69
落雷	0

表 7.1　災害時に台風と同時に起こった気象現象の延べ数

気象現象	数
梅雨前線	13
秋雨前線	1
停滞前線	14
寒冷前線	0
冬型気圧配置	0
南岸低気圧	0
低気圧	0
熱帯低気圧	0

気象現象の延べ数を示したものが表7・1である。台風が関わった70事例中、梅雨前線、秋雨前線、停滞前線という用語の総和は28例あり、4割ほどである。台風が遠方にあっても停滞前線に水蒸気を補給し大雨をもたらし災害を引き起こすものと考えられる。

　次に、台風が災害をもたらした事例に書かれてあった気象災害の用語の出現頻度を表7・2に示す。最も多かったものは大雨・豪雨と浸水で70例中69例と、台風に関係する災害が起こるときにはほとんど大雨・豪雨と浸水が伴うことがわかる。次いで暴風、土砂災害となっている。高波・高潮、洪水・氾濫はそれぞれ17例、18例であり、決して少なくない。これらはひとたび発生すると大きな被害を引き起こすので、注意する必要がある。

地震や火山噴火の予知や予報と異なり、大雨はある程度予報が可能である。気象庁が発表する警報や注意報などの気象情報を調べて、災害への備えや避難の判断に役立てることができる。積極的に活用されたい。

7.3 台風の学習

台風の学習は、小学校第6学年の単元「天気の変化」において「台風の進路については（天気が西から東に変化するという）規則性が当てはまらないことや台風がもたらす降雨は短時間に多量になることにも触れるようにする」、中学校第2学年の単元「気象とその変化」の中で日本の天気の特徴の一つとして、「台風の進路が夏から秋にかけて変化していることに気付かせ、台風の進路が小笠原気団の発達や衰退と密接に関わっていることを理解させる」となっている。

高等学校の科目「地学基礎」の教科書の中に、気象災害の「参考」扱いで日本の天気の記載があり、科目「地学」の教科書の中に、探究活動として「台風の通過と気象変化」がある。

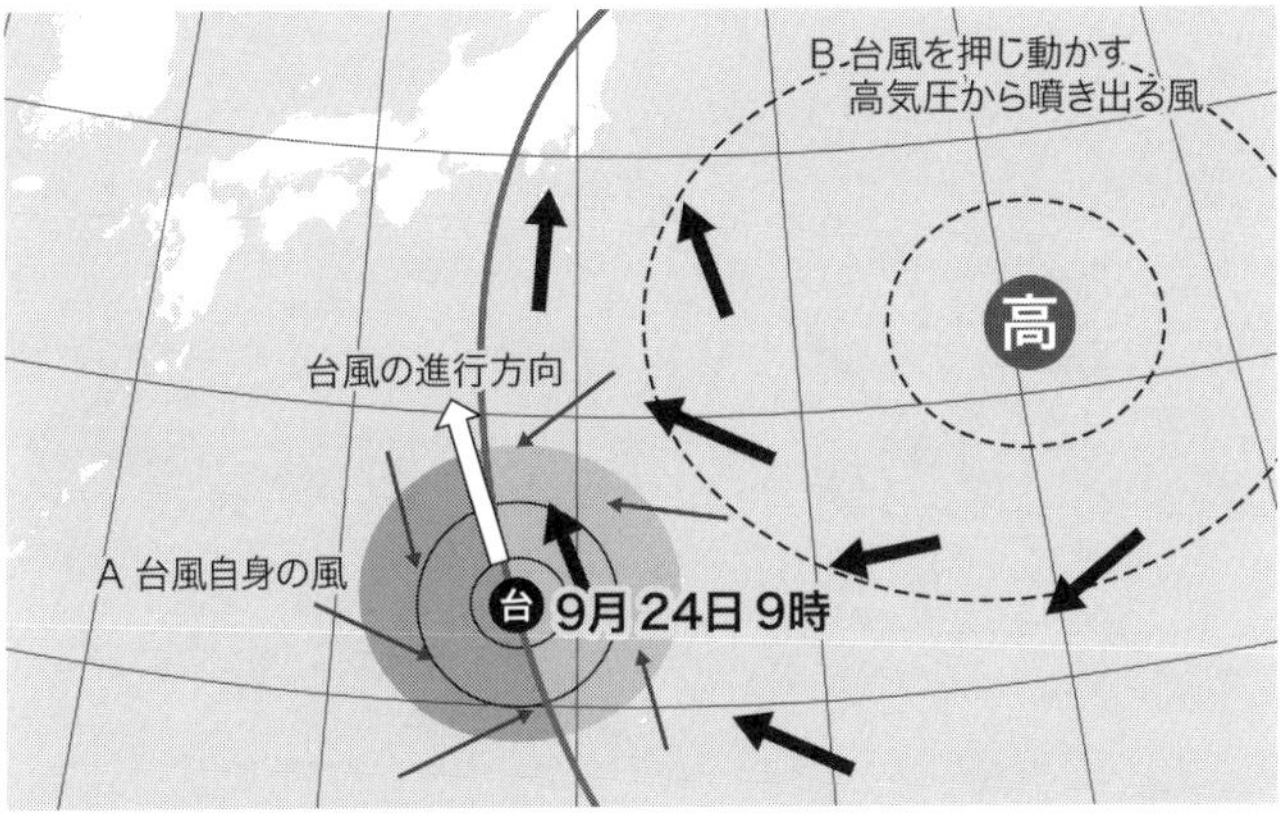

図 7.5　台風の進行方向に向かって右半円と左半円部分の風の強さの違い

7.4 台風と高潮

(1) 台風に伴う風の特性

台風は巨大な空気の渦巻きになっており、地上付近では上から見て反時計回りに強い風が吹き込んでいる（図7・5）。そのため、進行方向に向かって右の半円では、台風自身の風と高気圧による台風を移動させる風が同じ方向に吹き、風は強くなる。

台風が接近してくる場合、進路によって風向きの変化が異なる。ある地点の西側または北側を台風の中心が通過する場合、その地点では「東→南→西」と時計回りに風向きが変化し、逆に、ある地点の東側や南側を台風の中心が通過する場合は「東→北→西」と反時計回りに変化する。周囲に山地や建物などがあると、必ずしも風向がこのようにはっきりと変化するとは限らないが、風向の変化は台風に備える際の参考になる。風向が時計回りに変わる場合を風向順転、逆に反時計回りに変わる場合を風向逆転という。風向の時間変化を面的に調べることで、雲の衛星画像を見なくても台風の経路を高い精度で推定できる利点がある。

図 7.6　平成 11 年台風第 18 号の台風の上陸と進行方向

（2）台風に伴う高潮のイメージ

日本の観測記録上で最大の被害を出した伊勢湾台風（昭和34年台風第15号）の特徴は高潮である。台風の強さ、速度と進路、伊勢湾の地形、堤防の高さなどの要因が重なって、大規模な高潮を発生させた。

大雨や豪雨の経験を有する人は多いが、高潮については実際に見たり体験したりしたことのある人は少ない。そのため高潮はイメージしにくい。

平成11年9月に台風第18号は熊本県に上陸した（図7・6）。台風の勢力が強かったことと、満潮のタイミングが重なり、熊本県宇城市不知火町では高潮により12名もの犠牲者を出し、さらには山口宇部空港が完全に冠水し、数カ月にわたって機能が麻痺するという被害が出た。この台風第18号における高潮に遭遇した山口県宇部市の住民は、「波というのは寄せては返すわけですが、引かないいんですね。ズン、ズン、ズンズンズンと水がこちらに向かってくる」と報告している（図7・7）[1]。

台風に伴う風が沖から海岸に向かって吹くと、海水は海岸に吹き寄せられて「吹き寄せ効果」と呼ばれる海岸付近の海面の上昇が起こる（図7・8(a)）。さらに、台風が接近して気圧が低くなると海面が持ち上がる（図7・8(b)）。これを「吸い上げ効果」といい、外洋では気圧が1hPa低いと海面は約1cm上昇する。このようにして起こる海面の上昇を高潮と呼ぶ。

前述したように台風に吹き込む風は反時計回りで、通常、進行方向に対して右側で強くなっている（図7・9）。そのため、南に開いた湾の場合は台風が西側を北上した場合には南風が吹き続け、高潮が

平成11年台風第18号（平成11年9月）

朝いつものとおり起きて、台風で風も雨もあったけれど、ウイークデーでしたから、主人も私も車で出勤するつもりでした。カーテンのすき間から外をのぞいた夫が、「車で行けるんじゃないか」と言いよるわけです。

ご飯を食べてしたくをしている時に、主人が「あれ、道路に水が来ているで」って言うんです。「じゃあ、今日は休んだらいい」とか、まだそんなことを言っていたんです。

うちの土地は高いほうで、それが川に向かって低くなり、川は港、海につながっています。だから、うちの家の前を道路が冠水しているということは、てっきり降った雨が川へ向かって流れているのだと思ったのです。

これが大間違いで、水は逆さまに流れて、あれよ、あれよと言う間に、どんどん水位が上がってきました。それが『高潮』だったわけです。普通、波というのは寄せては返すわけですが、引かないんですね。ズン、ズン、ズンズンズンと水がこちらに向かってくるんです。「車を移動したほうがいいね」って、夫が長靴をはいて外に出て行ったんですが、見ると、もう夫の胸のあたりまで水が来ていました。車をあきらめるというよりも、命の危険を感じて、私は「はやく家に戻って！」
と叫んでいました。　（宇部市60代女性）

図7.7　読み物「「水は「ズンズンズン」と押し寄せた」[1)]

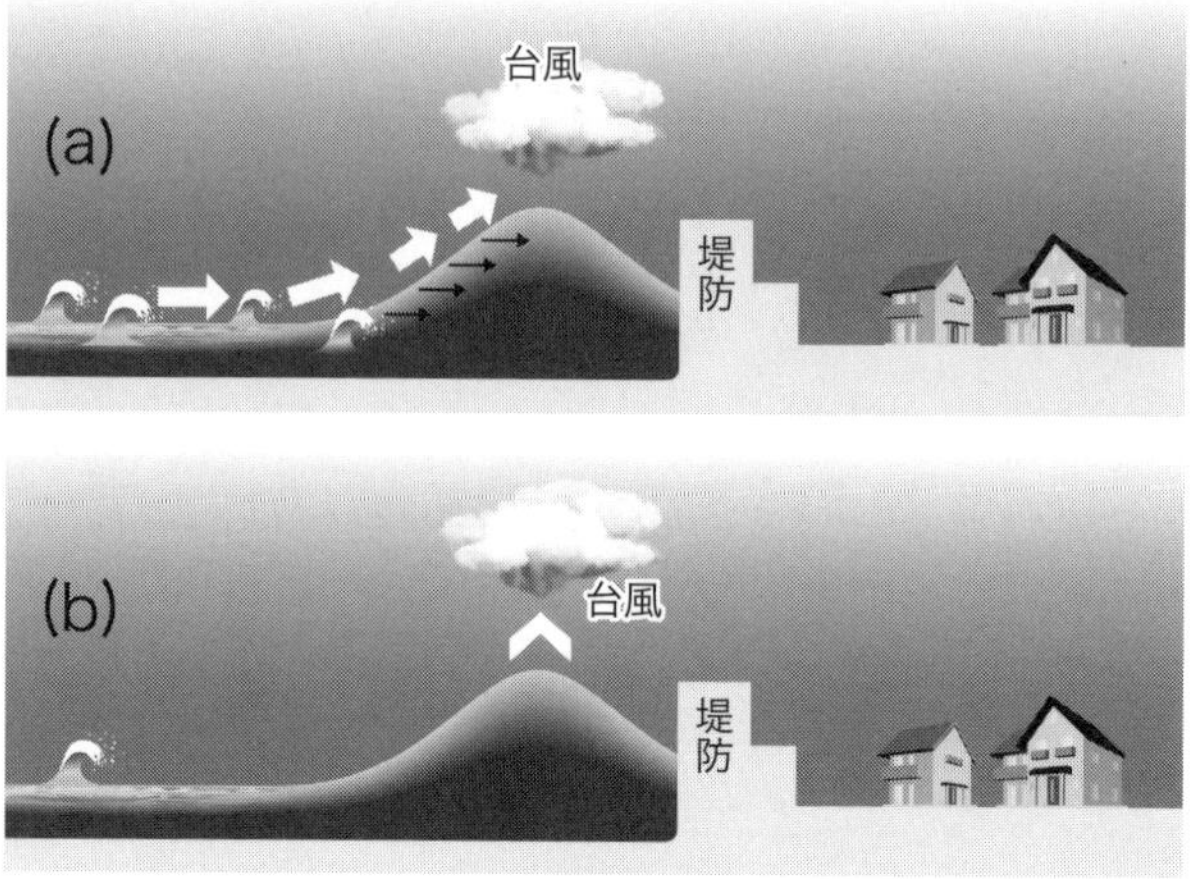

図 7.8　高潮の仕組み[2)]
(a)吹き寄せ効果、(b)台風の吸い上げ効果

起こる。さらに強風によって発生した高い波も沖から押し寄せるので、高潮に高波が加わって海面は一層高くなる。

7.5　台風の進行に伴う風向変化を表す教材

(1)　風向変化のきまり

地表付近の風は、空気塊に対し、気圧差による気圧傾度力と自転の影響により右へ曲げる転向力（コリオリ力）および地表面の摩擦力が働くため、台風の中心に向かって右へ約60度の方向に吹く（図７・10(a)）。この角度は摩擦力の大きさによって変化する。

磁石のS極を台風中心に見立てると、方位磁針のN極が指し示す方向が気圧傾度力の方向（台風中心の方向）となる（図７・10(b)）。磁針のN極が示す方向から右へ約60度向いた矢印を加工して付けることにより、台風中心方向と風向の関係を方位磁針と棒磁石で再現できる。気圧傾度力と転向力については高等学校

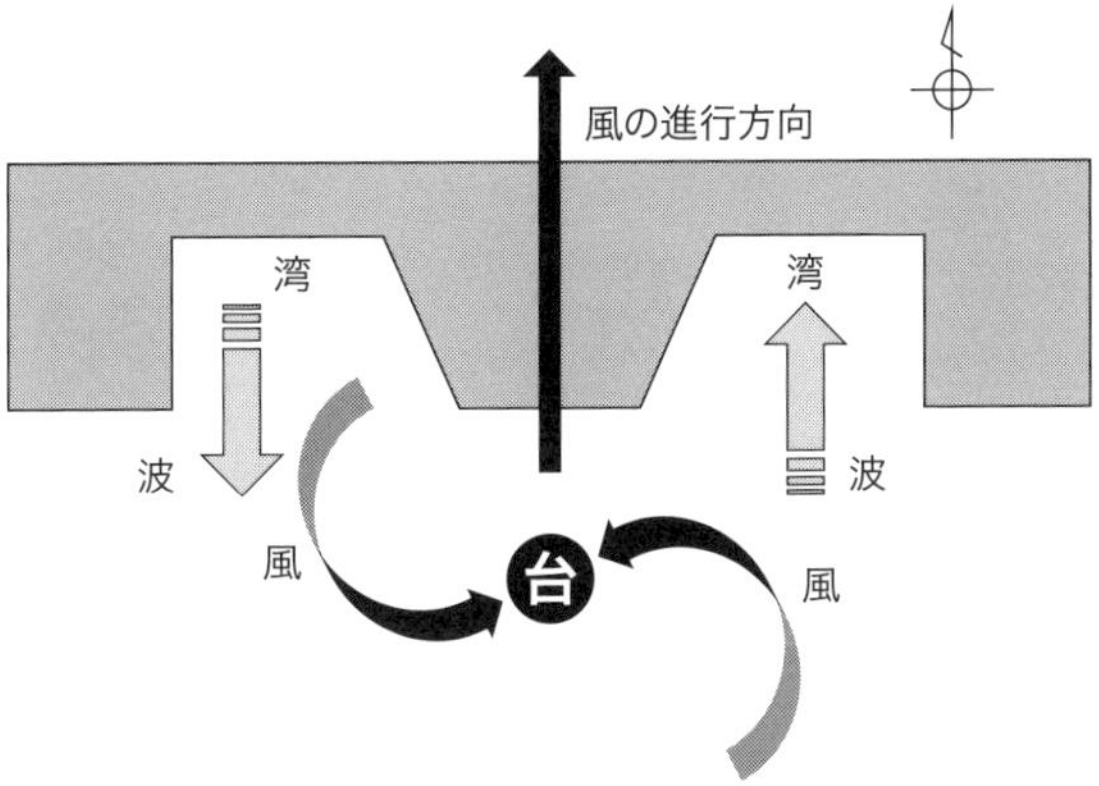

図 7.9　台風の位置による風と波の模式図[2)]

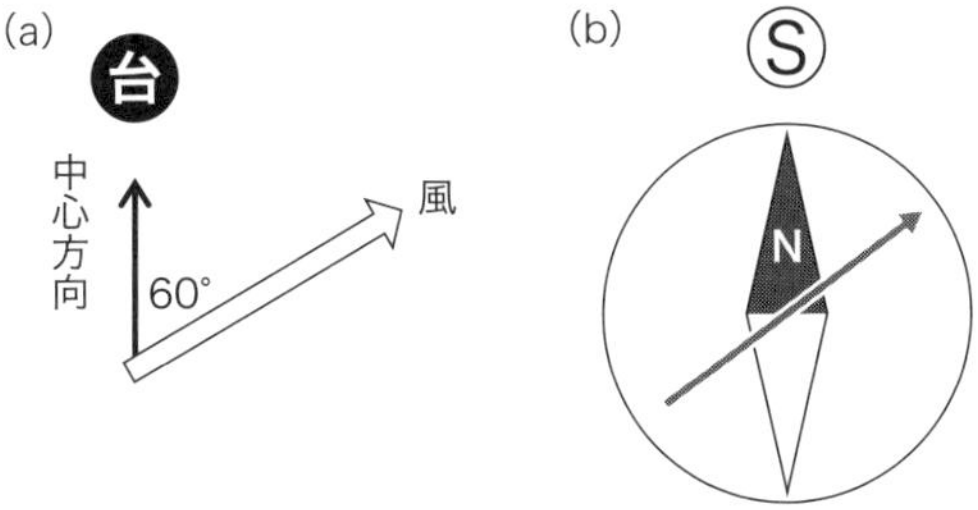

図 7.10　台風中心方向と風向[2)]
(a)関係模式図、(b)方位磁針の上に取り付けた矢印

科目「地学」で学習済みであり、次に提案するモデル教材は習得した知識の応用である。

（2）台風の風向モデルの製作と移動モデルの製作と使用

この授業は中学校第2学年の小単元「日本の天気」の発展的内容そして高等学校地学の単元「台風の通過と気象変化」で実施できる。授業に用いた教材は、台風の進行方向に向かって右側と左側とで風向の時間変化が異なる様子を確認するために使われ、低気圧周辺の風向を表現する風向磁針モデルと台風の地図上での移動の様子を再現する台風モデルからなる。

(a)　(b)

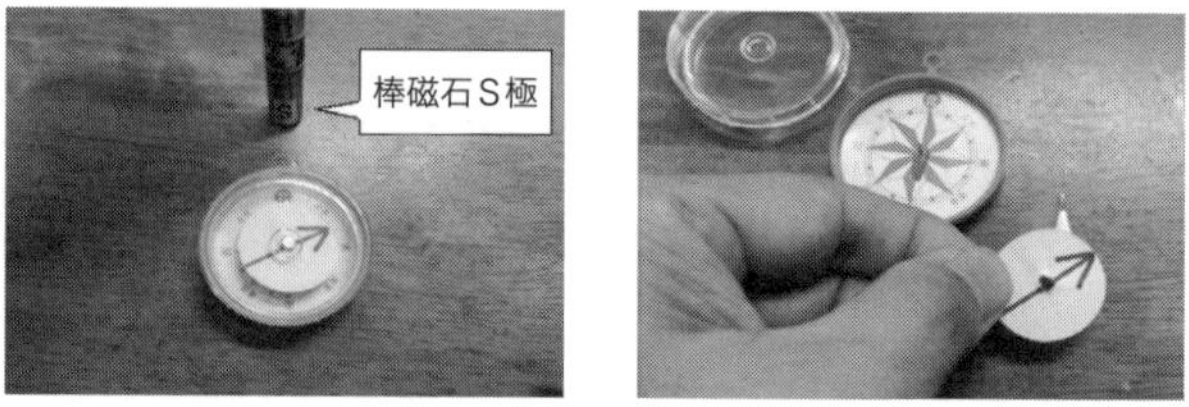

図 7.11　低気圧周辺の風向を表現するモデルの製作[2)]
(a)方位磁針に矢印を貼り付ける様子、(b)風向磁針モデル

【実験装置・モデルの作り方８】風向磁針モデル

用意するもの

円形の紙、方位磁針、マジックペン、糊、棒磁石

製作手順

① 円形の紙にマジックペンで矢印を描き、中心に小さな穴を開ける。この穴は方位磁針中央の突起に差して固定するためのものである。

② 方位磁針の蓋を外し、磁針を取り出す。

③ 磁針の一部に少量の糊を付け、その上に矢印を描いた紙を重ねて、紙に描いた矢印の向きがＮ極から右へ約60度回転するように貼り付ける。

④ 風向モデルの近くに台風中心に見立てた棒磁石のＳ極を置くと、方位磁針のＮ極が台風の中心方向を指し、紙に描いた矢印が台風により引き起こされる気流の流れ（風）の向きを示すようになる（図７・11）。

【実験装置・モデルの作り方9】台風モデル

磁力で台風モデル（図7・12(e)）が動く仕組みのものである。

用意するもの

地図、クリアボックス、透明TPシート、サークルカッター、両面テープ、円盤型磁石、マジックペン（赤）、棒磁石

製作手順

① 気象庁ホームページの「過去の台風資料」を参考に、台風の進路を想定した範囲の地図を作成する（図7・12(a)）。

② 台風の強風域を示すシートを作成するため、透明TPシートをサークルカッター（NTカッター製、C-1500P）を利用し円形に切り抜く。今回作成したものの大きさは直径10cmとした（図7・12(b)）。

③ 切り抜いた円の中央部に両面テープで小型の円盤型磁石（超強力磁石、直径13mm）を貼る（図7・12(c)）。中央の位置を特定するのが難しいので、紙に直径10cmの円と中央の位置に13mmの円を描く（図7・12(d)）。この上に切り取った透明TPシートを下絵に合わせながら置き、中央の位置に両面テープを貼った円盤型磁石を貼る。この際、円盤型磁石の上がS極となるようにする。

④ 透明TPシートの外縁には、暴風域を示すため赤いマジックで色を付ける（図7・12(e)）。

⑤ これをクリアボックスの中に入れる（図7・12(f)）。

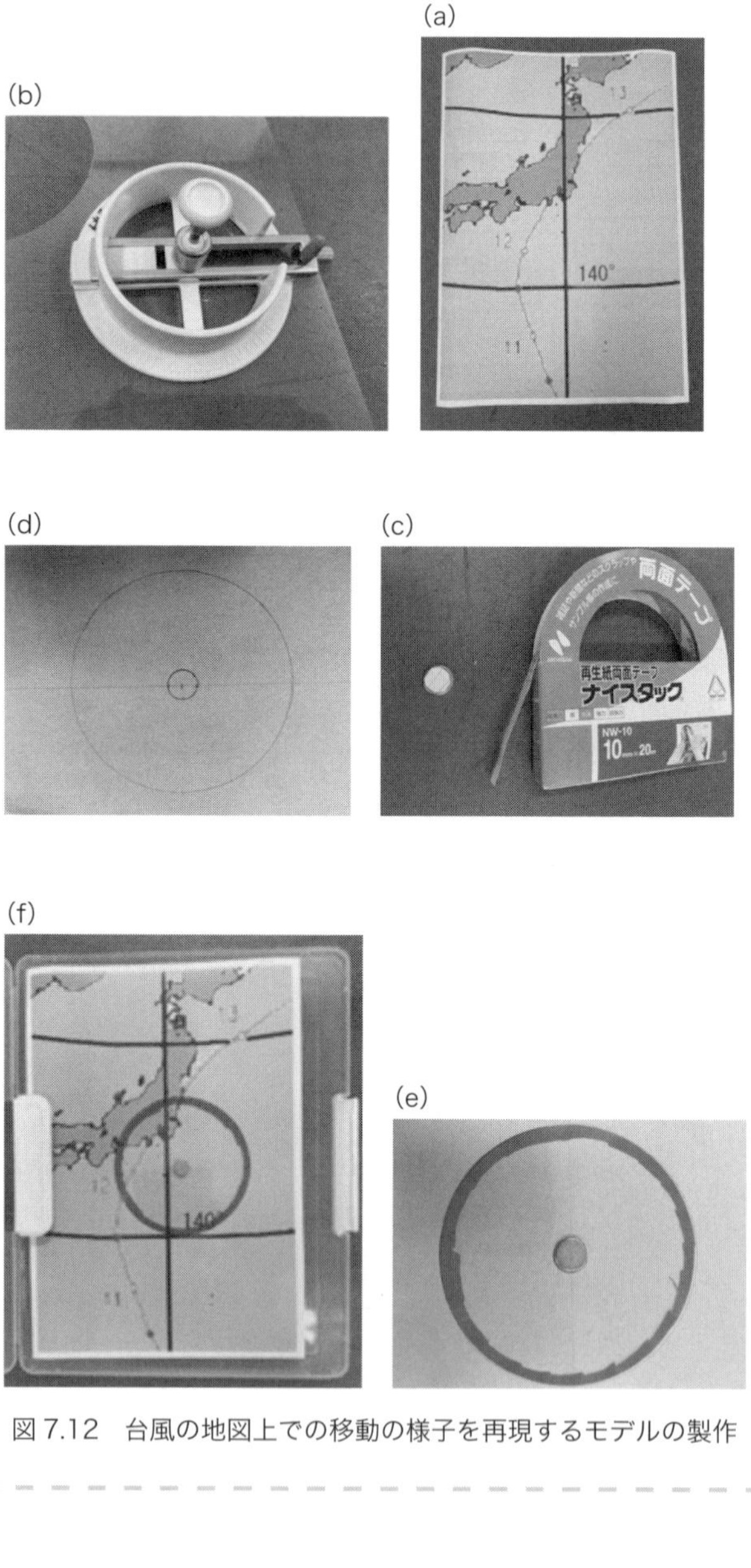

図 7.12　台風の地図上での移動の様子を再現するモデルの製作

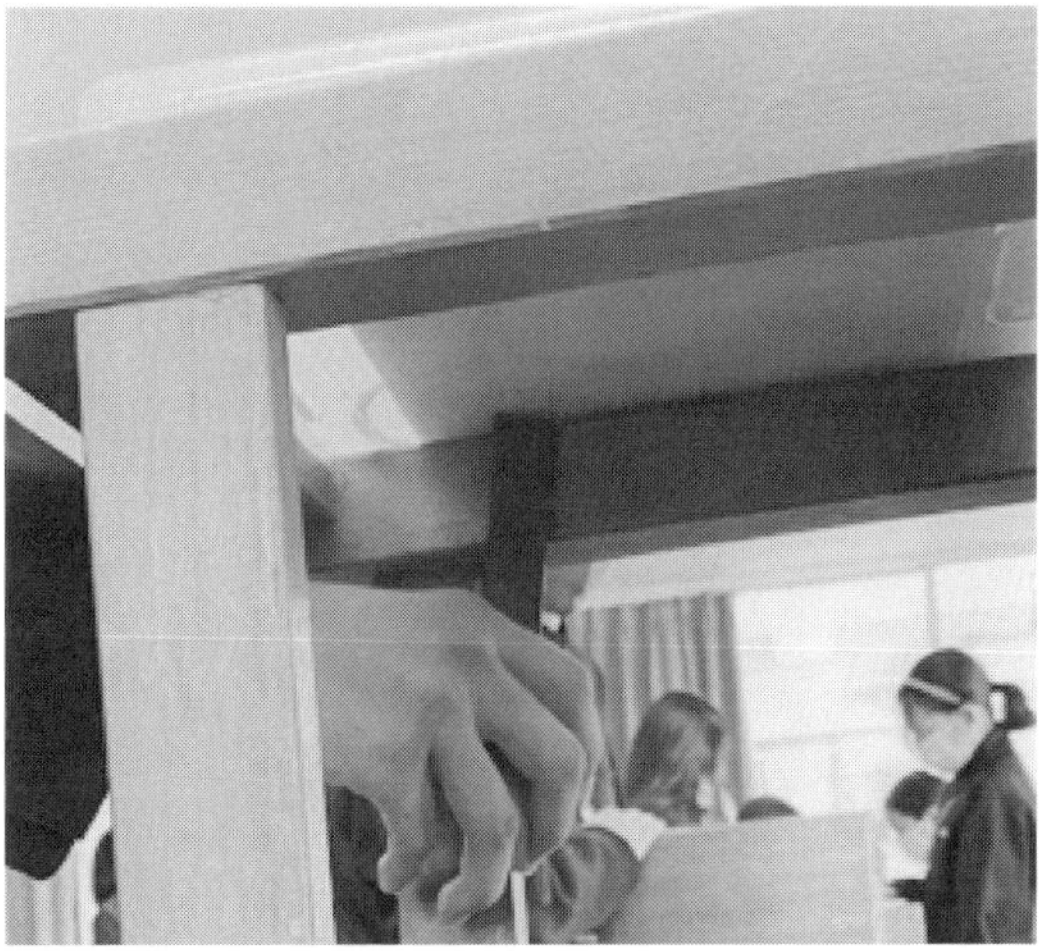

図 7.13　下から棒磁石を当て、台風モデルを移動させている様子[2)]

使用にあたり、まず、実験室にある木製の椅子を、板がない部分を上にして横に倒す。その上に、台風の地図上での移動の様子を再現するモデルのクリアボックスを置き、さらにその上に風向磁針モデル2つを台風の進行方向に向かって右側と左側に置く。方位磁針の揺れが収まってから、クリアボックスの下から棒磁石のS極が上になるように当ててゆっくり移動させる（図7・13）。すると、円盤型磁石を取り付けた台風モデルが棒磁石の動きに伴い動き出す。さらにクリアボックスの上に置いた風向磁針モデルも回転する。

（3）台風の進路と風向モデルの動き

台風の進行方向に向かって観測地点が左にある場合の例を図7・14に示す。風向磁針モデルを台風の進行方向を描いた台紙の上に置き、棒磁石のS極（＝台風の中心と見なす）を矢印に沿って北上させると、方位磁針のN極が棒磁石のS極を追いかけるように動き、磁針の動きに連動して磁針に付した風向の矢印が反時計回りに変化

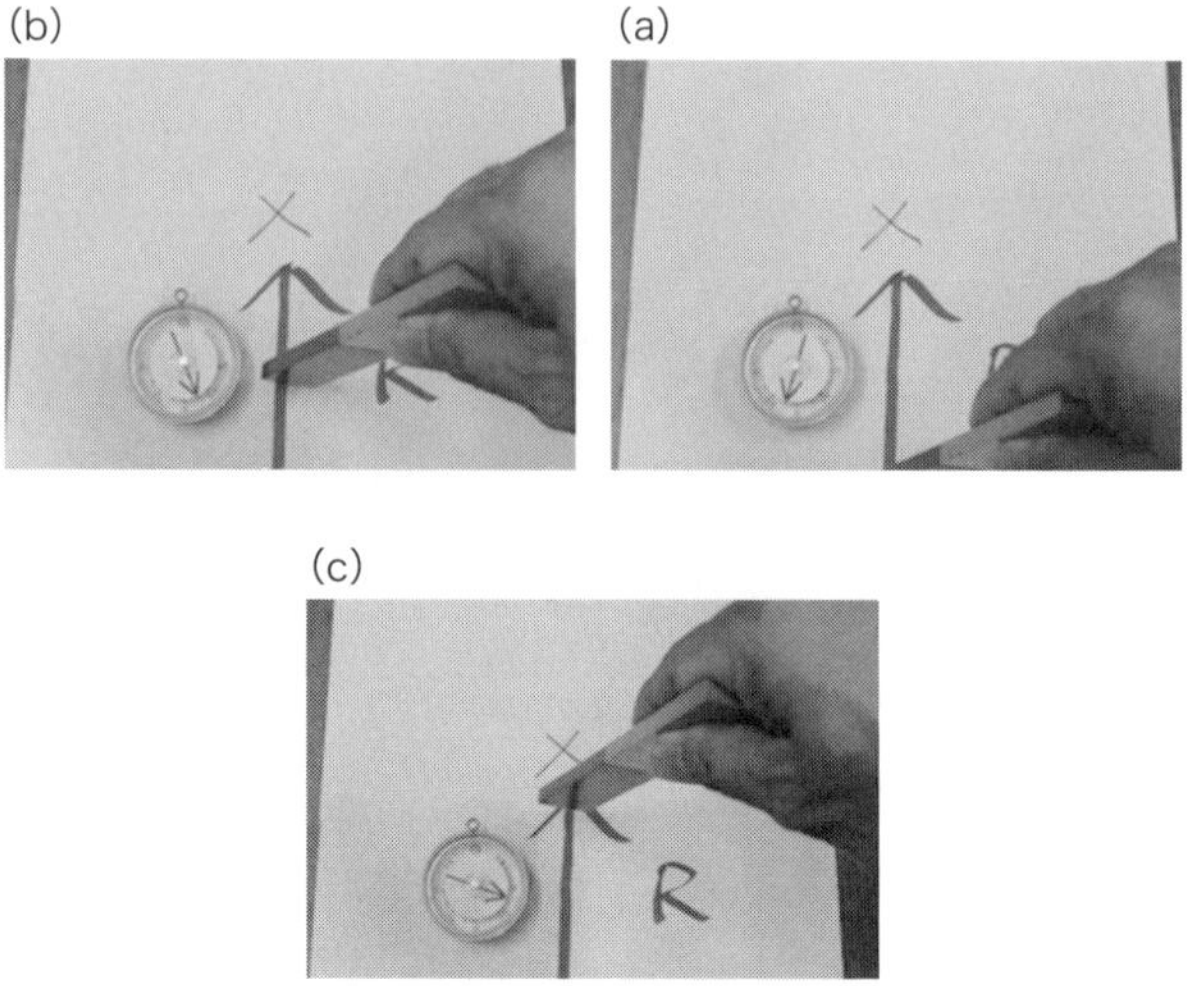

図 7.14　棒磁石を上に動かしたときの風向磁針モデルの動き

する。また、風向磁針を矢印の近くと遠くの2カ所に置くと、風向の時間変化は、観測点が進路に近いと大きく、遠いと小さくなる様子を再現できる。

(4) 台風の中心と暴風雨域を表すモデル

授業では、台風の周囲に吹く風の向きと関連させて、台風の進行方向に向かって右側と左側で風向の変化の仕方が異なることを理解させる。

口絵7をよく見ると、台風の進路方向の左側の風向は反時計回り、右側は時計回りに変化するのが読み取れる。図7・15(a)は台風の位置および暴風域を示す台風モデルであるが、透明の円盤の上に脱脂綿で台風周辺の雲の分布を表現し、棒磁石をゆっくり反時計回りに回転させながら移動させるとリアルに見える（図7・15(b)）。

(a)　(b)

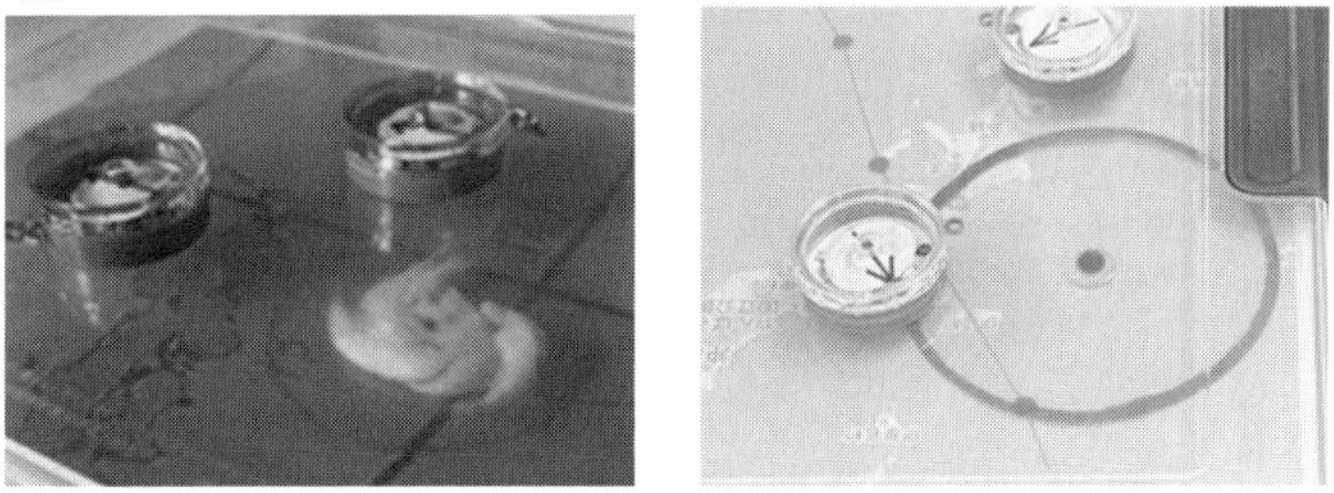

図 7.15　台風の実習キットの外観

7.6　台風通過に伴う高潮発生の仕組みを理解する授業（高・大）

（1）授業のねらい

授業は台風上陸が多い沖縄県立コザ高等学校の第3学年の生徒を対象とし、気象災害の一つである高潮を取り上げた。高潮は台風の進行方向の右側の湾で発生する。それは台風の右側の湾では湾に向かって風が吹き込むからである。台風が近づくとき、自分に高潮災害の危険があるかは、風向が時計回りか反時計回りなのかを調べることで知ることができる。

台風の予想進路を見て、自分が生活する地区に接近する場合、雨や風が強くなることは経験上予想できるが、風向の時間変化についてはどうだろうか。

本授業は、台風の進行方向の右側か左側かによって、風速の大きさの違いや風向変化の違いが生じることに着目し、日本付近にやってくる台風の進路から見て右半円にある湾が高潮被害を受けやすいことに気づき、その仕組みを理解するための風向変化の特徴を理解することが目的である。

（2）授業の内容（第1時）

授業を行ったのは、高等学校地学の単元「台風の通過と気象変化」であ

図 7.16　伊勢湾台風の上陸と進行方向

る。授業は50分間の２コマからなる。第１時は、過去の気象災害で観測史上最も被害が大きかった伊勢湾台風のビデオを視聴し、名古屋を中心に被害が大きいことを知る。伊勢湾台風は上陸時の気圧が９２９hPaで、１９３４（昭和９）年の室戸台風における９１２hPa、１９４５（昭和20）年の枕崎台風における９１６hPaに次ぐ低い記録であった（図７・16）。死者・行方不明者の数は５０００人を超え、明治以降の日本における台風の災害史上最悪の惨事となった。台風は紀伊半島に上陸し北上したが、死者のほとんどは伊勢湾で発生した大きな高潮によるもので、それと比べ台風の進路の左側の大阪では被害は少なかった。

導　入

教師は「なぜ高潮は進路の右側で起こるのか」と質問し、観測データを調べてみようと言った。当時の気象観測記録は十分揃っていないことや、生徒が生活しなじみがあることから、沖縄県の気象観測記録を利用した。利用した観測データは那覇と名護における

2014年10月11～12日の時別値を選んだ。この期間に、平成26年台風第19号がこの2つの地点の間を通過している。

展　開

授業はコンピュータ室で行い、「台風が沖縄本島を通過したときのアメダスデータを利用して、台風の進行方向の右側と左側で気象要素の変化の違いを調べよう」と課題を提示した。2人一組で那覇と名護の観測地点を割り振って、台風通過に伴って気圧、風速、風向がどのように変化していくのか、表計算ソフトを用いて解析を行った。その結果、気圧と風速の変化については両地点の違いはなかったが（図7・17(a)(c)）、風向については、台風の進路の右側の名護では接近時に南寄りの風となった（図7・17(d)）のに対し、進路の左側の那覇では、北寄りの風であった（図7・17(b)）。また、名護の風向は時計回り、那覇は反時計回りに変化した。

ま と め

生徒たちは伊勢湾台風において名古屋で大きな被害が見られた理由は風向に関係しているのではないかと予想した。名古屋での高潮発生の原因は、伊勢湾に向かう風が吹き、海水を湾に押し集め海面を高めたのではないかという考えである。

（3）授業の内容（第2時）

導　入

第2時では、地学実験室で台風周辺の風向を表すモデルを用いて、台風の進行方向の右側と左側での

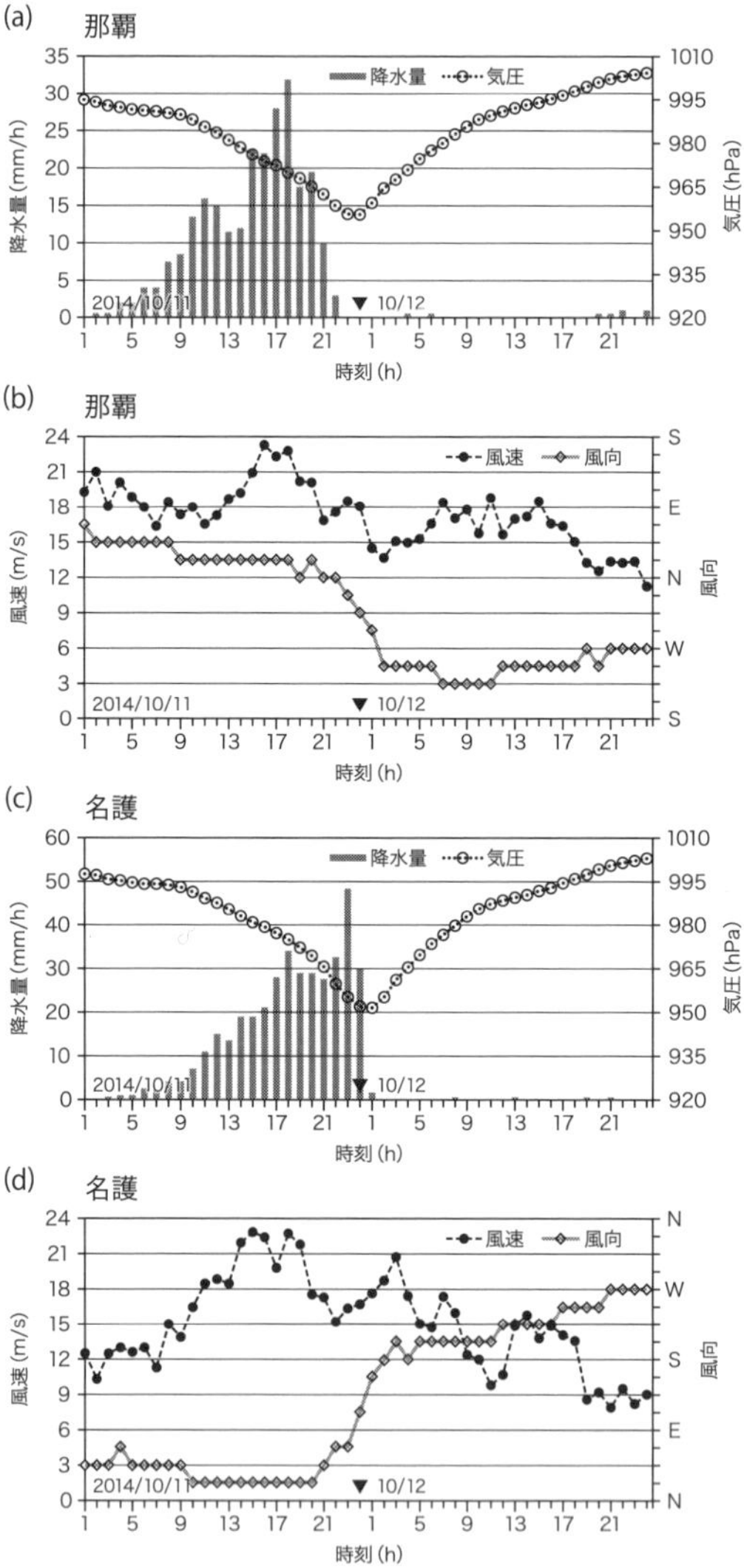

図 7.17　台風接近通過時の気象要素の変化

表 7.3　授業の流れと学習内容

<table>
<tr><th colspan="3">学習内容</th></tr>
<tr><td rowspan="3">第2時</td><td>導入</td><td>・前時の内容および低気圧の周辺の地上では風が反時計回りに吹き込むこと、低気圧の中心に向かって右へ約 60 度方向に吹くことを復習する</td></tr>
<tr><td>展開</td><td>・「潮」とは海面の水位を意味すること、高潮発生の仕組みとして台風が近づくと台風の進路の右側で起こる吹き寄せ効果や気圧が下がることによる吸い上げ効果があることを説明する

<u>モデル実験：風向磁針モデルを使って、台風接近による風向変化の特徴を調べよう</u>

・那覇と名護に風向磁針モデルを置き、棒磁石のＳ極をクリアボックスの上に置いた台風モデルに下から近づける。風向磁針モデルの揺れが収まるのを待ち、台風モデルを進路に沿ってゆっくり動かし、風向変化の様子を観察する。
・自分が位置する場所のどちらを台風が通過するのか知る方法として、風向変化を調べる方法がある。</td></tr>
<tr><td>まとめ</td><td>・今回の授業を通して、わかったこと、気づいたことや感想を書くように指示して授業を終える</td></tr>
</table>

風向変化の違いを調べた（表7・3）。台風周辺に吹く風の特徴として、低気圧の周辺における地上では反時計回りに吹き込むこと、低気圧の中心に向かって右へ約60度方向に風が吹くことを復習した。

さらに伊勢湾と大阪湾の位置と台風の進路をもとに、伊勢湾台風で高潮が発生したときの伊勢湾と大阪湾の風向を考えさせた。ここで、教師は、そもそも「潮」とは海面の水位を意味すること、高潮発生の仕組みとして台風が近づくと台風の進路の右側で起こる吹き寄せ効果や気圧が下がることによる吸い上げ効果があることを説明した。

そして、台風の進路の右側の湾は吹き寄せ効果のため危険であることを説明した。自分の位置が進路の右側に入っていることが事前にわかれば、準備や避難ができる。何を知ればよいかと質問したところ、前時の授業の結果から、進路の右側では台風が近づいてくるときの風向変化は時計回りになるので風向の変化を調べればよいと回答があった。

展　開

そこで、教師は「風向磁針モデルを使って、台風接近による風向変化の特徴を調べよう」と言い、台風の中心に向いて右へ60度方向に風は吹くことと、矢印を描いた円形の紙を方位磁針の上に右へ60度方向に置いた風向磁針モデルについて説明した。その後、風向磁針モデル、棒磁石、平成26年台風第19号の台風の進路図と暴風域を示す台風モデルの入ったクリアボックスの使い方の説明を行った。

那覇と名護に風向磁針モデルを置き、棒磁石のS極をクリアボックスの上に置いた台風モデルに下から近づけた。風向磁針モデルの揺れが収まるのを待ち、台風モデルを進路に沿ってゆっくり動かし、風向変化の様子を観察した。さらに、沖縄県の地図を見せて、台風第19号の進路で高潮になりそうな湾はどこかと質問した。

次に、伊勢湾台風の進路図の用紙に差し替えて、風向磁針モデルを動かし、風向の変化を観察した。教師は、自分が位置する場所のどちらを台風が通過するのか知る方法として、風向変化を調べる方法があると言った。

ま と め

今回の授業を通して、わかったこと、気づいたことや感想を書くように指示して授業を終えた。

（４）生徒の感想

授業後の生徒の感想では、モデル実験のことが多く書かれてあり、「自分で動かして理解できた」「言葉だけではわかりにくい、実験でわかった」などの記述が見られた。台風が近づくにつれての気象変化は、気象データを使ったパソコン実習でわかっているはずであるが、モデル実験により理解が深まったと思われる。特に台風の進行方向の右側と左側で風向きの変化の仕方が逆になることは日常生活の中で体験しにくいので、本実習は現象のイメージを強化する上で有効であったと思われる。台風の接近に伴う風向の変化の仕方がわかれば、自分が台風の進行方向の右にいるのか左にいるのかがわかり、高潮の危険性を察知できる。気象情報を入手したり、自分で観測したりして、危険を予測し、自分の身を守る行動が期待できる授業だといえる。

コラム10：線状降水帯とは

集中豪雨発生時に気象レーダー画像や解析雨量分布を確認すると、線状の降水域が頻繁に見られる。その見た目の特徴から「線状降水帯」と呼ばれるようになった。次々と発生した積乱雲が列をなして、同じ地域に強い雨を長い時間降らせる。近年、毎年のように内水氾濫や河川の越水、土砂崩れを引き起こし、被災者の救助はもちろん、被災自治体への財政援助や被災者への助成が必要なほどに被災規模が拡大している。線状降水帯の発生には、大量の暖かく湿った空気の流入、その空気を上昇させる強制力（地形、前線など）の存在、不安定な大気成層状態などの要因が関係しているが、そのメカニズムには議論の余地が残されている。線状降水帯という用語は、２０１４年８月広島県の大雨以降、多くの報道機関で使われ、２０１７年には「ユーキャン新語・流行語大賞」にノミネートされた。一般市民の関心や防災意識が高まりつつあるのではないかと期待している。

自然災害は地域で起こる。現象や想定被害は様々であるので、地域に応じて災害を選び、教材化に取り組んでほしい。以下、海外での事例を紹介する。

7.7 ネパールで見られる自然災害〜氷河湖決壊洪水

開発途上国に暮らす人々は世界の全人口の8割以上であり、世界の自然災害犠牲者の80％以上がアジアに集中する。南アジアのネパール連邦民主共和国（以下ネパール）は、２０１５年4月に大地震に遭遇し、被災による死者は約９０００人に達した。世界遺産の寺院をはじめ多くの学校の校舎が全壊し、授業を再開するのに手一杯であった。ネパールでは現在、ＪＩＣＡが防災教育に取り組んでいる。

ネパールのような開発途上国は、保健、衛生、教育など開発課題が多く残され、財政的な余裕もなく、行政能力は発展途上である。このような国では日本の防災教育を直ちに導入することが難しい。まずは学校を安全な場所にすること、そのために防災管理体制の構築に力を注ぐことになる。

ネパール大震災後、現地の人に対する聞き取り調査では、「地震のような自然災害はいつ起こるのかわからないのに、避難訓練を行っても無駄である」という意見が多かった。このような状況であるため、ネパールでは学校現場の教師や児童・生徒の防災への意識を高めることが求められる。ネパールでは、自然災害は第９学年の理科・地学領域において扱われている。そこでは、「自然災害（Natural Hazard）」という単元があり、地震、地すべり、火山の噴火、氷河湖決壊洪水等が紹介されている。氷河湖決壊洪水は日本ではなじみがないが、ヒマラヤ山脈付近のネパールやブータンでは氷河湖決壊洪水がたびたび起こり災害の一因となっている。第９学年の教科書では、「氷河や氷河湖は基本的な自然資源である。（中略）氷河湖は自然災害の源である潜在能力を有する」と書かれ、「氷河湖のモレーンダムが壊れると、ダムは決壊しせき止められていた水は流れ出し、大規模な洪水を引き起こす」ことやその対策等が紹介されている。しかし、災害の仕組みを学習しなければ、多様なケースが想定される災害時には意思決定や行動選択にはつながりにくい。

日本人研究者がネパールの学校を訪問し防災教育の授業を行う先進的な取り組みがある。小中学校において、土石流災害の紙芝居とパラパラ漫画を用いた防災教育の授業実践や地震・土砂崩れの防災教育絵本や振動台実習などを行う普及活動である。ネパールの授業では、実験実習教材がほとんど使われず、簡単な実習も行われていない。そこで、これらの授業では、現地の小中学校の教育環境を考慮して親しみやすさに重きを置いていた。

（1）氷河湖決壊洪水

ブータンを含むヒマラヤ山脈の国々では、地球温暖化の影響による山岳氷河の縮退により、氷河湖の拡大、ならびにその決壊による洪水災害（氷河湖決壊洪水）がたびたび報告されている。

要因として、①貯えられた大量の水の存在、②氷河なだれ・斜面崩落・氷河（氷山）分離などによる急激な水位上昇・大波の発生、③モレーンダムの脆弱化（脚部の侵食、氷の融解、漏水など）の進行がある（図7・18）。これらの特にネパールの氷河湖決壊洪水はモレーンダムの崩壊によることが多い。

ネパールで氷河湖決壊洪水の発生が顕著になったのは１９６４年以降であり、その後は現在までに14件、約3年に一度の高い頻度で発生している（表7・4）。図7・19はネパールで決壊した氷河湖の分布

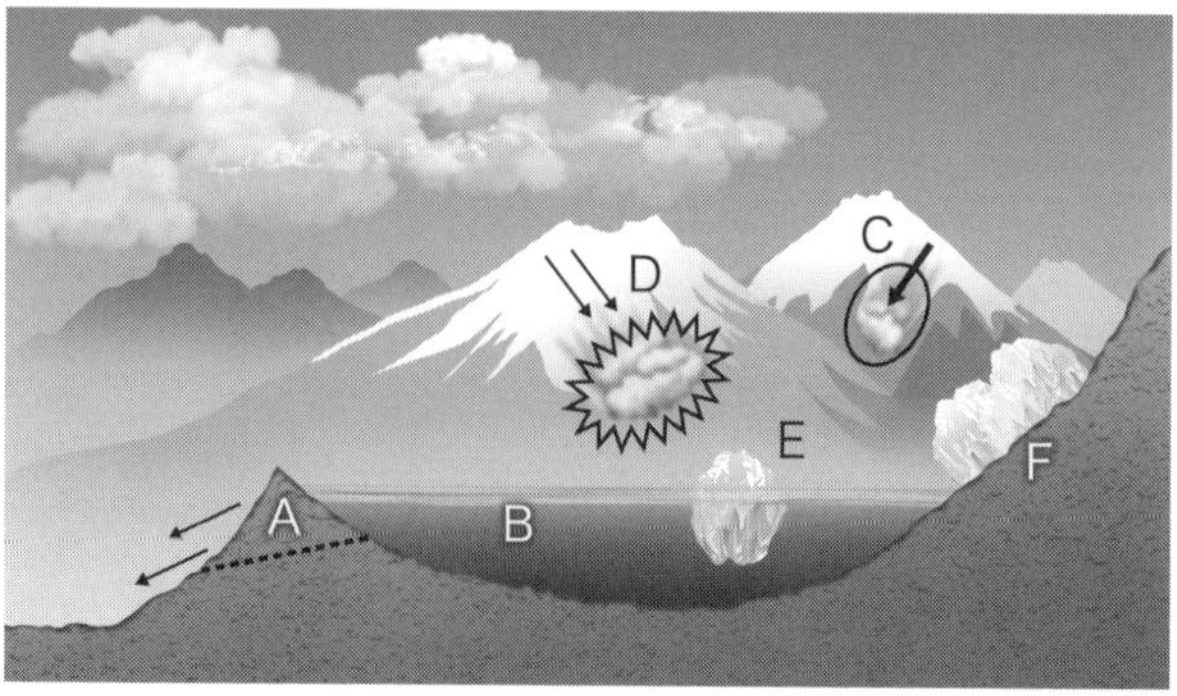

図 7.18　危険度の高い氷河湖の模式図とその要因　（岩田[3]を著者が修正）
A：モレーン（ダム）、B：氷河湖の水、C：斜面崩落、D：氷河なだれ、E：氷河（氷山）分離、F：氷河

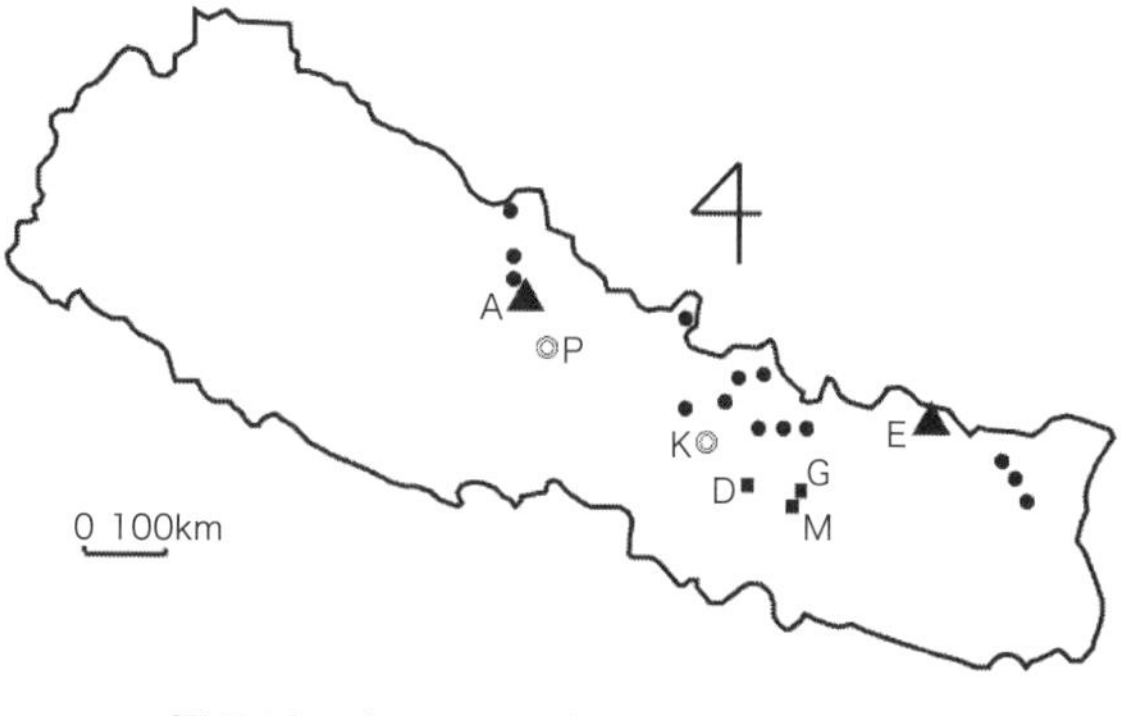

図 7.19　ネパールで決壊した氷河湖の分布
P：ポカラ、K：カトマンズ、A：アンナプルナ山、E：エベレスト山、G：ゴトパニ村、M：マンタリ市、D：ドゥリケル市、●：決壊した氷河湖

である。発生地域はネパール東部に偏っている。この地域に生活する人にとっては氷河湖決壊洪水対策は喫緊の課題である。

（2）氷河湖決壊洪水モデル

授業はネパールの中等学校で行った。開発した教材は現地で安価に入手できる材料を利用し、現地教員が自作できるものを目指し、構造が単純で仕組みが理解しやすいものとした。

表 7.4 過去にネパールを襲った氷河湖決壊洪水（山田[4]を著者が抜粋和訳）[5]

No	年月日	流域	湖名	氷河湖決壊洪水の原因
1	450 年前	Seti Khoia	Machhapuchhare	氷河（氷山）分離によるモレーン崩壊
2	1935 年 8 月	Sun Kosi (Targyailing Gully)	Taraco	透水によるモレーン崩壊
3	1964 年 9 月 11 日	Arun	Geihapco	湖に滑走（斜面崩落）した氷河によるモレーン崩壊
4	1964 年	Sun Kosi	ZhangZangbo	透水によるモレーン崩壊
5	1964 年	Trisuli	Longda	
6	1968 年	Arun (Zongboxan river)	Ayaco	1968 年、1969 年、1970 年の 3 回の湖破裂
7	1969 年	Arun	Ayaco	
8	1970 年	Arun	Ayaco	
9	1977 年 9 月 3 日	Dudh Kosi	Nare	氷河（氷山）分離によるモレーン崩壊
10	1980 年	Tamur	Punchan	
11	1981 年 7 月 11 日	Sun Kosi	ZhangZangbo	湖への氷河落下によるモレーン崩壊
12	1982 年 8 月 27 日	Arun	Jinco	湖に滑走した氷河によるモレーン崩壊
13	1985 年 8 月 4 日	Dudh Kosi	Dig Tsho	氷河なだれによるモレーン崩壊
14	1991 年 7 月 12 日	Tama Kosi	Chubung	Ripimo Shar 氷河によるモレーン崩壊
15	1995 年 5 月	Kali Gandaki	?	
16	1998 年 9 月 3 日	Hinkhu Khola	Sabai Tsho	氷河なだれによるモレーン崩壊

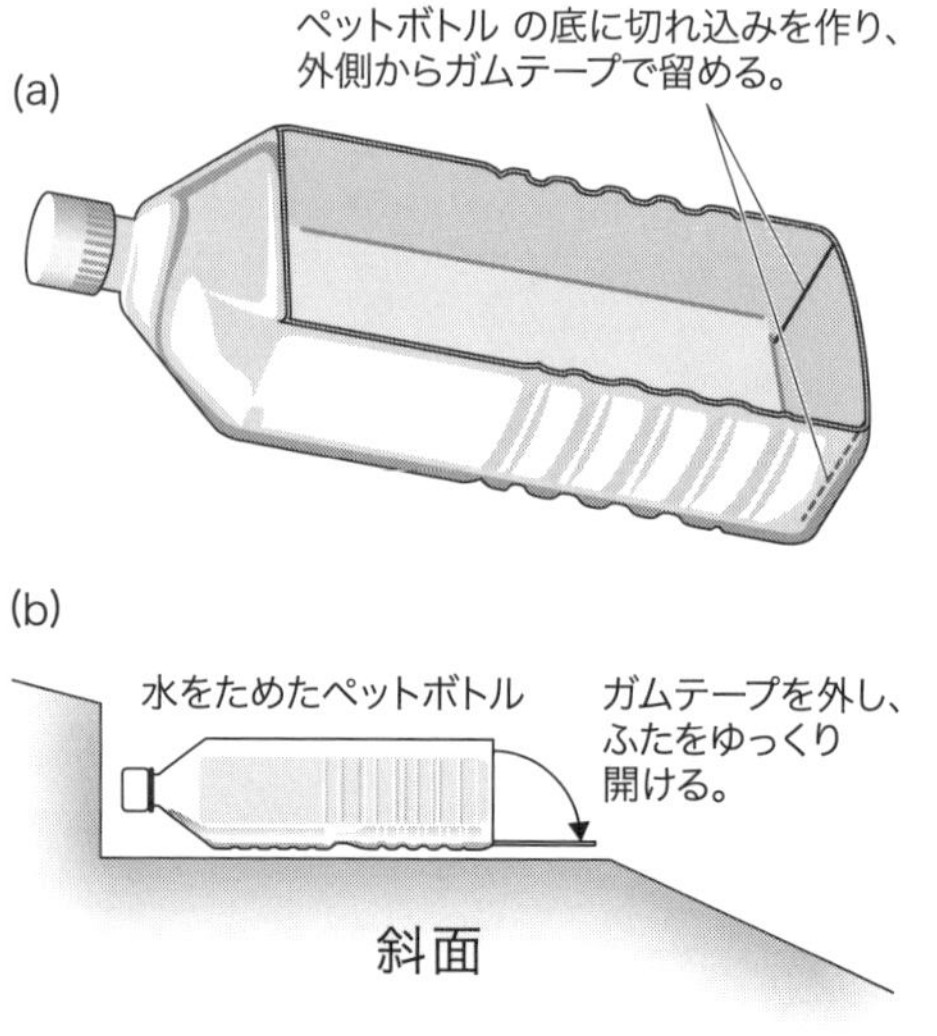
(a)
ペットボトル の底に切れ込みを作り、
外側からガムテープで留める。
(b)
水をためたペットボトル
ガムテープを外し、
ふたをゆっくり
開ける。
斜面

図 7.20　氷河湖決壊洪水モデル[5)]

【実験装置・モデルの作り方10】
氷河湖決壊洪水モデル

用意するもの

ペットボトル、ガムテープ、石（土砂）

製作手順

① 側面を切り取ったペットボトルの底に切り込みを入れる。

② ガムテープで補強した氷河湖モデルを校内の斜面に埋め込み、水を注ぎ、水を一杯に満たす。

満たした水は、（1）で述べた氷河湖決壊洪水の要因①に相当する。生徒の住む集落の上流にこの氷河湖があると想定し、斜面にある石や土砂を氷河や土石と見なし、氷河湖モデルにそれらを落とし（要因②）、ガムテープを外す（要因③）などして、水が流れくだる様子を観察する。

氷河湖決壊洪水は越水し洪水域に水が広がるものではなく、短時間に水が溢れ出す一過性の洪水で、多量の土砂を含み土石流の様相を示す。この点を考慮して実験斜面中腹に氷河湖モデルを埋め込んだ。

7.8　ネパールの中等学校での氷河湖決壊洪水の仕組みを理解する授業（中・高・大）

（1）試行授業対象校と実施時期、ねらい

これまでネパールでは、青年海外協力隊ＪＯＣＶ（Japan Overseas Cooperation Volunteers）の教育部会が防災教育、安全教育に取り組んできた。

ネパールでの試行授業は首都カトマンズの東方のカブレパランチョーク郡の中等学校およびラメチャップ郡の２つの中等学校、計３校で２０１９年３月に実施した（表7・5）。

授業対象学年と人数はシュリチャンデショウリ中等学校（以下チャンデ校、図7・19のG）では第8学年（日本では中学校第2学年）31名、マンタリ中等学校（以下マンタリ校、図7・19のM）では第11学年と第12学年の10名、サンジャワニ中等学校（以下サンジャワニ校、図7・19のD）では第9学年の39名であった。３校ともネパール東部に位置し、これまで決壊した氷河湖の下の盆地に位置する学校である。マンタリ校とサンジャワニ校は市街地の学校であり、チャンデ校はかなり田舎の学校である。後者は２０１５年のネパール大地震で校舎が崩壊し、しばらく仮設校舎で授業が行われていたが、授業を実施した前年の２０１８年12月に校舎が再建されたばかりであった。

授業のねらいは、氷河湖決壊洪水の発生の要因を理解させ、この現象に興味を持たせることである。

（2）ネパールにおける授業と授業進行

本授業はネパールを訪問し現地中等学校で理科の特別授業として実施した。それゆえ本時の授業内容

表 7.5　試行授業の実施校と所在地、対象学年[5)]

学校名	所在地	対象学年
シュリチャンデ ショウリ中等学校	ラメチャップ郡 ゴトパニ村	第８学年
マンタリ中等学校	ラメチャップ郡 マンタリ市	第 11 学年と第 12 学年
サンジャワニ中等学校	カブレパラン チョーク郡ドゥ リケル市	第９学年

は前時や次時の授業と関連はない。授業時間は１００分間であり、授業は著者が日本語で行い、現地校に勤務するＪＯＣＶ隊員がネパール語に通訳するスタイルで授業を進めた。

一般に開発途上国の授業は教え込みの授業が多く、実験観察のような実習がない。ネパールの高校生における世界の地震分布の授業では、緯度・経度の言葉は知っていても緯度・経度で表される震央の地点を世界地図上で特定できず、さらには世界地図のイギリスの場所を答えられなかった。著者の経験によると、アフリカから来た教員養成校の教師らは、分度器という言葉は知っていても、使用した経験がなく分度器で角度を測れなかった。

このように、発展途上国の生徒の学習経験・生活状況や理解度は日本の文脈とは大きく異なり、様々であるので、予想を立てることは難しいことが多々ある。また、生徒は教え込みの授業スタイルに慣れているので、日本の探究型の授業を計画してもすぐには上手くいかない。子どもの状況を見極め、現状にあった授業方法を考えることから開始することで、授業が成立し、一過性に留まらない防災教育の定着につながる。

現地中等学校に勤務している現職派遣のＪＯＣＶ隊員から通訳の他、授業進行のサポートを受け、生徒の発言をよく聞くようにした。生徒の反応を想定して授業計画を立て授業を進めるのではなく、授業の目的を意識しなが

表 7.6　洪水災害の授業の学習内容

	学習内容
導入	・「洪水とは何だろう？」と問いかけ、平成 29 年 7 月九州北部豪雨の写真を A1 サイズに印刷したポスターをホワイトボードに掲示する ・ワークシートに自分の考えを書かせ、発表させる ・資料 1「ブータンの洪水災害」(図 7.21) を読み、資料の中にあった「この突然の洪水に人々は当惑した。10 月のブータンは乾季である。洪水の前に上流に大雨が降ったという情報もない」という文章に注目させ、「人々はなぜ当惑したのか？」と質問する 学習課題：どうして乾季に洪水が起こったのだろう？ ・ワークシートに生徒の考えを書くように促す （氷河湖決壊）洪水モデルを作り、洪水が起こる理由を考えよう （40 分）
展開	実験：教室外の斜面に作った氷河湖モデルに水を溜め、氷河や土砂に見立てた石を氷河湖モデルに落としたり、せき止めていたモレーン部分を壊して、水が流れていく様子を観察する ・皆さんが上流からたくさんの水が流れることを知ったらどちらに逃げたらよいかな？ ・以下の 2 つの資料を見ながら話しあう ・資料 2「過去にネパールを襲った氷河湖決壊洪水」(表 7.4) ・資料 3「ネパールで決壊した氷河湖の分布」(図 7.19) （50 分）
まとめ	・本時でわかったこと気づいたことなどを発表する （10 分）

ら、生徒の理解状況や発言に応じて授業を進めようと心がけた。なお、ネパールでは停電が頻発し液晶プロジェクターが使えないことが多いので、日本で大判プリンターにより印刷したA1サイズのポスターを持参した。

(3) 授業の流れ

表7・6は、試行授業の学習内容である。試行授業を行った3校ともほぼ同じ流れで授業が行われた。

導　入

まず、日本における豪雨による洪水災害の例を紹介した。そしてブータンで生じた洪水災害の資料（図7・21）を配付し、皆で読み合わせた。資料の中で「人びとは当惑した」という記述がある。洪水は通常は雨季に大量に降

ブータンの洪水災害

1994年10月7日の朝、ブータン王国の古都プナカの住民たちは、街を流れるポチュウ（チュウは川の意味）が突然増水し洪水を起こしたことでパニックに陥った。増水した河水は川沿いに建つ民家を押し流し21人の住民が死亡した。さらに、川沿いに建つプナカゾンの壁の一部を破壊した。ゾンは城塞・要塞などと訳されているが、宗教と政治の拠点でもあり街の中心にある大きな城のような建物である。洪水の最中にプナカから十数キロメートル下流のウオンディホダンで撮影されたテレビ画像をみると、川幅いっぱいに流木で埋め尽くされている。住民によると死んだ魚もいっぱい浮きあがり、燃料の薪と食料が一度に手に入ったと喜ぶ人もいたという。

この突然の洪水に人びとは当惑した。10月のブータンは乾季で、洪水の前に上流に大雨が降ったという情報もなかった。

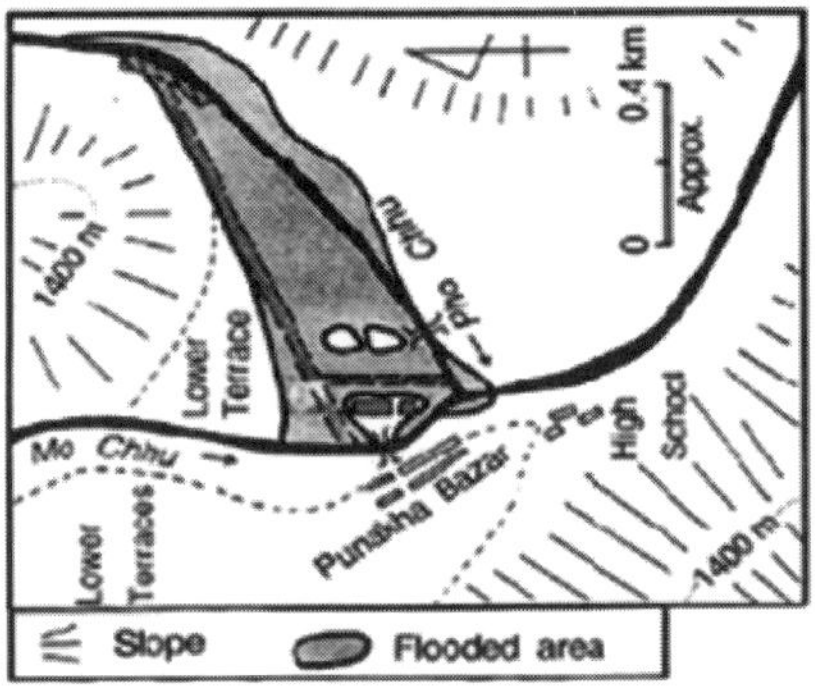

図7.21　授業で用いた読み物資料の和訳（授業では、本文はネパール語、岩田[3]から抜粋）[5]

る雨により川が増水し引き起こされるが、乾季に洪水が発生しているからである。教師は「洪水モデルを作り洪水が起こる理由を考えよう」と言い、子どもたちと教室の外に出た。

展　開

斜面に埋め込んだ氷河湖モデルに水を入れ、モデルの底にあるガムテープを外し、水が流れる様子を観察させた。教室に戻り、観察した様子や気づいたことを発表させた。そして、ホワイトボードに図7・20のような絵を描いて、氷河湖決壊洪水の仕組みをまとめた。資料（図7・21）とこれまでに洪水を引き起こした氷河湖の発生年月日が載っている資料（表7・4）の大型ポスターを貼り、ネパールでは氷河湖決壊洪水が近年約3年に一度の頻度で起こっていること、発生場所はネパール東部で多いことを読み取らせた。

表 7.7 授業が楽しかったか否か

	チャンデ校	マンタリ校	サンジャワニ校	全体
大変楽しかった	30	9	26	65
やや楽しかった	2	1	10	13
やや楽しくなかった	3	0	4	7
全く楽しくなかった	0	0	0	0

まとめ

その後、本時でわかったことや気づいたことなどをワークシートに書かせ、一部の生徒に発表させた後、授業を終えた。

（4）ワークシートの感想と授業のアンケート結果

ワークシートにより、本時でわかったこと、気づいたことは、防災と氷河湖決壊洪水の仕組みに関することに大別できた。記述があった80名のうち22名が「どのように逃げるかについて学んだ」、34名が「洪水がどのように起こるのか学んだ」と記載があった。試行授業後のアンケート調査によると、「大変楽しかった」「楽しかった」と回答した生徒が多かった（表7・7）。その理由で最も多かったのが「授業の内容を理解できたから」であり、次いで「授業の中で活動（演示実験）があったから」とする回答であった。ネパールの理科の授業では実験実習教材がほとんどなく、簡単な実習も行われていない。そのため生徒にとって今回の授業は実験結果を示され、納得のいくものであったと思われる。教師の氷河湖決壊洪水に興味関心を高めるかについても「もっと知りたくなった」の回答が最も多く、「もっと知りたい」「少し知りたい」の総数はそうでない総数と比べ、有意に多いという結果であった。本授業を受け学習意欲の向上につながったものと思われる。

コラム11：授業以外での学びの博物館の利用

児童・生徒の実感を伴った理解を図るために、それぞれの地域にある博物館や科学学習センター、プラネタリウム、植物園、動物園、水族館などの施設を活用することが考えられる。これらの施設は科学技術の発展や地域の自然に関する豊富な情報源であり、実物に触れたり、専門的な説明を受けたりできる。ただし、気象に関する博物館や施設となると非常に少ないのが現状である。

一つ、特色ある気象に関する展示を行っている施設を紹介したい。石川県加賀市にある「中谷宇吉郎雪の科学館」である。中谷宇吉郎は、１９３６年に北海道大学の低温研究室にて人工雪をつくることに世界で初めて成功した人である。さらに彼は気象条件と雪の結晶が形成される過程の関係を解明し、雪の形から上空の温度と水蒸気量を推定できることから、「雪は天から送られた手紙である」という有名な言葉を残した。同氏がこの博物館の近くの町で生まれたことから、この科学館は設立された。科学館には中谷宇吉郎の生涯や研究者としての姿が紹介され、雪氷に関する実験の実演・体験ができるコーナーもある。雪や氷に関するイベントも時折あり、気象に関係した内容が充実している。このような施設の活用を指導計画に位置づけることは、児童・生徒が学習活動を進める上で効果的な方法の一つである。

おわりに

教育現場で気象を教える教師や将来教壇に立つ学生に、児童・生徒を引き付ける気象単元の授業の仕方をできるだけ多くの人に知っていただき、そして授業の中に取り入れていただきたいと思い、この本を書きました。私は40年以上にわたり地学教育、理科教育の研究をしてきました。中でも気象教育の研究は一番長く続けています。気象単元は、実験・観察を重視する理科教育の中にあって、実験・観察がしにくい単元の一つです。それだけに子どもの主体的活動は少なく教師中心の授業となりがちで、それを何とかしようと思い、取り組んできました。

小中学生の好きな教科の中に理科があります。その背景には実験・観察・実習を楽しみにしている子どもがいます。楽しみにしていた授業を受けた時、観察・実験が全くなく、興味を失ってしまうのでは残念です。

そこで、子どもたちに気象観測やモデル実験などを体験させたいと思い、教材開発に取り組みました。その方針を整理すると、以下のようになります。

① 教育現場は教材購入の予算が十分ないので、比較的安価で入手可能な素材を利用して自作できる教材を開発する。

② その教材を利用した試行授業を通して効果的な授業展開や学習プログラムを開発する。

地学の内容は他の分野と比べ観察・実験が行いにくいとされます。身近に露頭がない、太陽や月以外の天体は授業中にみられない、前線のような気象は授業時に都合よく現れないなど、実際に体験や再現がしにくいといった地学の特性が背景にあります。

気象災害に関連した内容は、中学校2年の単元「天気の恵みと気象災害」、中学校3年の「地域の自然災害」などで取り扱いがあります。また、高等学校社会科の新必修科目「地理総合」では防災と持続可能な社会を学ぶようになっており、災害に関する内容が重視されています。しかし、教科書を見ると自然災害に関する読み物が中心です。理解を深めて命を守る行動につなげるために、気象災害の仕組みを実感させる実習形式の授業ができないかと思っています。気象災害には、今回紹介した高潮のほか、台風による洪水、梅雨・秋雨末期の集中豪雨、オホーツク気団の張り出しが長期化するときの冷害、小笠原気団の張り出しが長期化することによる太平洋側の干ばつ、冬季日本海側の豪雪、雪崩による災害などがあります。これらの内容について実習としてどのように進めていくのかが今後の課題です。

今回紹介した内容は、私の研究室を卒業した多くの学生・院生（特に5章は、花井嘉夫さん、尾町光太さん、篠澤幸平さん）の協力を得て行われました。また、気象学や気象教育の基礎について故大井正一先生、故西沢利栄先生、伊藤久雄先生、中川清隆先生にご指導いただきました。この場を借りて深く感謝申し上げます。最後になりますが、本書の出版に当たり、成山堂書店の小川啓人社長、編集グループの方々、「気象ブックス」出版企画編集委員会の日下博幸さん、山口隆子さんをはじめ皆様に多くのコメントをいただくことで今日の出版に至ることができました。心からお礼申し上げます。

2023年11月

榊原　保志

役立つウェブサイト（2023 年 11 月 20 日閲覧）

(1)　長野県飯山市，マイ・タイムラインをつくろう
https://www.city.iiyama.nagano.jp/assets/files/kikikanri/mytimeline/timeline_panfu.pdf
(2)　高知大学，気象情報頁
http://weather.is.kochi-u.ac.jp/
(3)　気象庁
https://www.jma.go.jp/jma/index.html
(4)　国立教育政策研究所，「平成 27 年度全国学力・学習状況調査」中学校理科　解説資料
https://www.nier.go.jp/15chousa/pdf/15kaisetsu_chuu_rika.pdf
(5)　内閣府，防災情報のページ，「水は「ズンズンズン」と押し寄せた」
https://www.bousai.go.jp/kyoiku/keigen/ichinitimae/cgh22027.html
(6)　日本気象協会
https://tenki.jp/
(7)　ウェザーニュース
https://weathernews.jp/
(8)　気象庁，過去の台風資料
https://www.data.jma.go.jp/fcd/yoho/typhoon/index.html

参考文献

第 1 章
(1)　伊藤久雄（1981）「中学校における気象観測指導の問題点とその改善」『理科の教育』10 月号，68–673.
(2)　中林俊明（2013）「小学校教員に対する地学教育の意識調査－学ぶ機会の充実と指導力に向けて－」『科学教育研究』37（3），256–263.
(3)　文部科学省（2018）『小学校学習指導要領（平成 29 年告示）解説理科編』（東洋館出版社），73.
(4)　文部科学省（2018）『中学校学習指導要領（平成 29 年告示）解説理科編』（学校図書），96.
第 2 章
(1)　榊原保志・吉澤 秀・澤田奈々（2004）「小学校における気温測定指導の実践的研究」『地学教育』57（2），37–46.
(2)　榊原保志（1988）「紙製電動式乾湿計の製作と校内の気温分布の観測」『天気』35（2），93–104.
(3)　榊原保志（2002）「校舎の鉛直気温を調べる実習の開発」『地学教育』55（3），67–74.
(4)　浅井辰郎・太田信行（1974）「夏季・冬季における中層ビル内の壁面温度分布」『気象研究ノート』199，318–329.
第 3 章
(1)　榊原保志・竹内 淳（1999）「吹き流しを用いた風の成因を追求する教材の開発」『地学

教育』52（6），223–230.
(2)　榊原保志・小高正寛（2007）「ペットボトル簡易気圧計の教材開発とその教材を利用した気象観測実習」『理科教育学研究』48（2），35–44.
(3)　渡邊清光（1990）『わかる気象器械』（定文堂），1–440.

第 4 章

(1)　榊原保志・伊藤　武・巽　勇吉（2000）「小学校教員養成における理科カリキュラムの検討」『小学校理科指導法における実践的カリキュラム開発（平成 12 年度から 13 年度教職課程における教育内容，方法の開発研究報告書）』2–13.
(2)　中澤美三・榊原保志（2003）「初心者のための雲に関するデジタル図鑑の開発」『地学教育』56（1），47–54.
(3)　榊原保志・中川清隆（2004）「雲に関する野外学習実施の問題点と手立て」『地学教育』57（5），145–154.

第 5 章

(1)　花井嘉夫・尾町光太・榊原保志（2017）「冬季日本周辺海上に発生する筋状雲の教材開発」『信州大学教育学部研究論集』11，85–96.
(2)　柚木朋也・津田将史（2012）「塩化カルシウムを寒剤とした拡散霧箱の開発」『物理教育』，60（3），184–187.

第 6 章

(1)　榊原保志・伊藤　武・巽　勇吉（2000）「小学校教員養成における理科カリキュラムの検討」『小学校理科指導法における実践的カリキュラム開発（平成 12 年度から 13 年度教職課程における教育内容，方法の開発研究報告書）』2–13.
(2)　田村充ほか（2006）「思考力のつまずきに焦点を当てた提言～『群馬県児童生徒学力診断テスト』の結果の分析を通して」『平成 18 年度長期研修員研究報告書，群馬県総合教育センター』Retrieved from http://www2.gsn.ed.jp/houkoku/2006c/06c20/8-chu-rika.pdf（2012 年 6 月 24 日閲覧）
(3)　松浦典文・遠西昭寿（1987）「水の沸騰・蒸発・結露に関する子供の認知」『日本理科教育学会研究紀要』27（1），1–10.
(4)　榊原保志ほか（1997）「気温と飽和水蒸気量の関係を調べる実習教材の開発」『地学教育』50（4），121–125.
(5)　Sakakibara Y. and Fujioka T.（2018）Development of teaching material about the state change of vapor to water drop caused by cooling, Terra, 14（3），487–492.

第 7 章

(1)　内閣府（2012），防災対策推進検討会議 津波避難対策検討ワーキンググループ 最終報告書，中央防災会議
https://www.bousai.go.jp/jishin/tsunami/hinan/index.html（2023 年 8 月 10 日閲覧）
(2)　榊原保志・永井秀行（2022）「台風通過に伴う高潮の発生の仕組みを理解する授業プログラムの開発とその評価」『地学教育』75（1），47–58.
(3)　岩田修二（2007）「氷河湖決壊洪水の危機にさらされるブータン王国－緊急に必要な監視調査－」『E-journal GEO』2（1），1–24.
(4)　山田知充（2000）「ネパールの氷河湖決壊洪水」『雪氷』62（2），137–147.
(5)　榊原保志・山下さくら・喜多雅一（2020）「ネパール中等教育学校における氷河湖決壊洪水の仕組みに関する授業プログラムの開発とその評価」『地学教育』61（1），119–127.

索引

欧文

あ行

か行

さ行

た行

な行

は行

ま行

や・ら行

気象ブックスの刊行について

気象ブックスは、私達が日常接している大気現象を科学的に、わかりやすく解説したシリーズです。昔から気象は人間を取り巻くいろいろな分野に関係していますが、人口が増え社会が複雑になるにつれ、一段と大きく人間社会に影響するようになりました。

たとえば、成層圏オゾン量の減少は老化を促進する紫外線を増やし、毎年のように襲来する台風や集中豪雨は、人命と財産を奪います。エルニーニョ現象も一因にあげられる世界的な異常気象は、農業生産や流通業に大きく影響しています。最近は、人間活動が原因とされる地球温暖化や海面上昇が二一世紀の社会にあたえるさまざまな問題点が提起されています。

本シリーズは、これら社会の関心の高い現象を地球環境、学問、社会、文化的側面に分けて、各分野の専門家に執筆して頂きました。子供から大人まで気象に親しみを持つ多くの人達の知的好奇心をみたし、日ごろ抱いている疑問にも答えています。

気象予報士の受験者数は予想された以上に増えていることなど、気象への関心は強まる一方です。本シリーズは社会の要望に耳をかたむけ、手軽に読めるが内容のこい科学書を目指し、企画しました。気象界では前例のない一〇〇冊を㈱成山堂書店から出版いたします。

本企画について、多くの方々から忌憚のないご意見をお寄せ下さるよう願っています。

気象ブックス出版企画編集委員会

著者略歴

榊原　保志（さかきばら　やすし）

博士（理学）。信州大学教育学部防災教育研究センター特任教授、公益財団法人CIESF（シーセフ）理事。
東京都公立中学校教諭を経て、信州大学教育学部助教授、同学部教授を経て、2023年より現職。
専門は都市気候学、地学教育、防災教育、理科教育。
日本気象学会より奨励金（現奨励賞、1987年）、日本地学教育学会より学術奨励賞（1998年）、教育実践優秀賞受賞（2003年）、学会賞（2022年）を受賞。

気象ブックス 048

観測《かんそく》・実験《じっけん》・モデルで伝《つた》える
気象教育《きしょうきょういく》

定価はカバーに表示してあります。

2023年12月28日　初版発行

著　者　榊　原　保　志
発行者　小　川　啓　人
印　刷　倉敷印刷株式会社
製　本　東京美術紙工協業組合

発行所 株式会社 成山堂書店
〒160-0012　東京都新宿区南元町4番51 成山堂ビル
TEL：03（3357）5861　　FAX：03（3357）5867
URL　https://www.seizando.co.jp
落丁・乱丁はお取り換えいたしますので、小社営業チーム宛にお送りください。

ISBN978-4-425-55471-3